U0387413

建筑与市政工程施工现场专业人员职业标准培训教材

资料员岗位知识与专业技能

（第三版）

中国建设教育协会　组织编写
李　光　主　编

中国建筑工业出版社

图书在版编目（CIP）数据

资料员岗位知识与专业技能 / 中国建设教育协会组织编写；李光主编. — 3版. — 北京：中国建筑工业出版社，2023.3（2024.7重印）
建筑与市政工程施工现场专业人员职业标准培训教材
ISBN 978-7-112-28343-9

Ⅰ. ①资… Ⅱ. ①中… ②李… Ⅲ. ①建筑工程－技术档案－档案管理－职业培训－教材 Ⅳ. ①G275.3

中国国家版本馆CIP数据核字(2023)第017600号

本书为建筑与市政工程施工现场专业人员职业标准培训教材之一，主要内容分为岗位知识和专业技能两篇。上篇主要内容有：建筑工程资料管理相关的规定和标准，建筑工程竣工验收备案，建设工程文件归档管理，施工资料管理，施工前期、施工期间、竣工验收各阶段建设工程文件形成管理的知识，建筑业统计的基础知识，资料安全管理的有关规定；下篇主要内容有：编制施工资料管理计划，建立施工资料收集台账，施工资料交底，收集、审查与整理施工资料，施工资料的处理、存储、检索、传递、追溯、应用，建设电子工程文件、信息安全管理，建立项目施工资料计算机辅助管理平台，应用专业软件进行施工资料的处理，建筑工程资料管理专业技能案例。本书可作为相关技术人员参加资料员考试的复习用书，也可供相关专业技术人员参考。

责任编辑：葛又畅　李　明　李　杰
责任校对：姜小莲

建筑与市政工程施工现场专业人员职业标准培训教材
资料员岗位知识与专业技能
（第三版）
中国建设教育协会　组织编写
李　光　主　编
*
中国建筑工业出版社出版、发行（北京海淀三里河路9号）
各地新华书店、建筑书店经销
北京红光制版公司制版
北京圣夫亚美印刷有限公司印刷
*
开本：787毫米×1092毫米　1/16　印张：18½　字数：459千字
2023年4月第三版　2024年7月第五次印刷
定价：**55.00**元
ISBN 978-7-112-28343-9
(40689)

建筑与市政工程施工现场专业人员职业标准培训教材

编 审 委 员 会

出版说明

建筑与市政工程施工现场专业人员队伍素质是影响工程质量和安全生产的关键因素。我国从20世纪80年代开始，在建设行业开展关键岗位培训考核和持证上岗工作，对于提高建设行业从业人员的素质起到了积极的作用。进入21世纪，在改革行政审批制度和转变政府职能的背景下，建设行业教育主管部门转变行业人才工作思路，积极规划和组织职业标准的研发。在住房和城乡建设部人事司的主持下，由中国建设教育协会、苏州二建建筑集团有限公司等单位主编了建设行业的第一部职业标准——《建筑与市政工程施工现场专业人员职业标准》，已由住房和城乡建设部发布，作为行业标准于2012年1月1日起实施。为推动该标准的贯彻落实，进一步编写了配套的14个考核评价大纲。

该职业标准及考核评价大纲有以下特点：(1) 系统分析各类建筑施工企业现场专业人员岗位设置情况，总结归纳了8个岗位专业人员核心工作职责，这些职业分类和岗位职责具有普遍性、通用性。(2) 突出职业能力本位原则，工作岗位职责与专业技能相互对应，通过技能训练能够提高专业人员的岗位履职能力。(3) 注重专业知识的完整性、系统性，基本覆盖各岗位专业人员的知识要求，通用知识具有各岗位的一致性，基础知识、岗位知识能够体现本岗位的知识结构要求。(4) 适应行业发展和行业管理的现实需要，岗位设置、专业技能和专业知识要求具有一定的前瞻性、引导性，能够满足专业人员提高综合素质和适应岗位变化的需要。

为落实职业标准，规范建设行业现场专业人员岗位培训工作，我们依据与职业标准相配套的考核评价大纲，组织编写了《建筑与市政工程施工现场专业人员职业标准培训教材》。

本套教材覆盖《建筑与市政工程施工现场专业人员职业标准》涉及的施工员、质量员、安全员、标准员、材料员、机械员、劳务员、资料员8个岗位14个考核评价大纲。每个岗位、专业，根据其职业工作的需要，注意精选教学内容、优化知识结构、突出能力要求，对知识、技能经过合理归纳，编写为《通用与基础知识》和《岗位知识与专业技能》两本，供培训配套使用。本套教材共28本，作者基本都参与了《建筑与市政工程施工现场专业人员职业标准》的编写，使本套教材的内容能充分体现《建筑与市政工程施工现场专业人员职业标准》的要求，促进现场专业人员专业学习和能力的提高。

第三版教材在上版教材的基础上，依据考核评价大纲，总结使用过程中发现的不足之处，参照最新法律法规及现行标准规范，结合“四新”内容，对教材内容进行了调整、修改、补充，使之更加贴近学员需求，方便学员顺利通过培训测试。

我们的编写工作难免存在不足，因此，我们恳请使用本套教材的培训机构、教师和广大学员多提宝贵意见，以便进一步的修订，使其不断完善。

建筑与市政工程施工现场专业人员职业标准培训教材编审委员会

第三版前言

建筑与市政工程施工现场专业人员职业标准培训教材《资料员岗位知识与专业技能》（第三版）主要是在第二版的基础上进行修订编写。修订的内容包括近几年建设行业不断更新和实施的法律法规、标准规范及新技术、新材料、新设备、新工艺等。此外，部分章节的内容和顺序也做了适当的调整，使教材的整体结构更加合理。

本教材第一章主要依据《建筑工程施工质量验收统一标准》GB 50300—2013 与新版的部分专业规范做了修订。同时还调整了部分分部、分项质量验收划分的内容，对分项工程验收依据做了部分补充。关于“建设工程项目管理”章节中“建设工程项目信息与知识管理”，依据新版《建设工程项目管理规范》GB/T 50326—2017 的修订内容，做了部分修编。“施工组织设计规范”章节中，依据《危险性较大的分部分项工程安全管理规定》（住房和城乡建设部令第 37 号）及建办质〔2018〕31 号文的规定，修订了“安全专项施工方案”的相关内容。

本教材第二章“建筑工程竣工验收备案”补充了有关备案文件的内容。

本教材第三章“建设工程文件归档管理”主要依据《建设工程文件归档规范》GB/T 50328—2014（2019 年版），完善了施工文件归档文件的编码体系，修订了部分条款。章节结构也做了部分调整，如原第十四章“施工资料的立卷、归档、验收与移交”的全部内容调整到本章新的第五节和第七节。

本教材第四章“施工资料管理”对施工资料管理的内涵和施工文件分类做了补充描述，对施工文件的编号做了修订。

本教材第五章“施工前期、施工期间、竣工验收各阶段建设工程文件形成管理的知识”，依据更新的专业施工质量验收规范和新的编号规则，补充了各类文件的编号，增补了相关文件，并修订了部分文件的内容。

本教材第十三章原为“安全保管施工资料”，结合教材实际内容修改为“建设电子工程文件、信息安全管理”，并结合《建设电子文件与电子档案管理规范》CJJ/T 117—2017 的规定对相关内容做了修订。

本教材由新疆建设职业技术学院李光担任主编，新疆伊犁建设工程有限责任公司李虎进、罗明刚、李静怡、新疆建筑设计研究院李萍、湖州职业技术学院刘晓勤、河南科技大学何向阳、新疆建设职业技术学院张耿参与教材编写，在此表示感谢。

本教材参考借鉴了其他学者的部分研究成果，在此向他们表示衷心的感谢。

本教材的重新修订，限于时间和能力，难免存在不足之处，敬请广大读者批评指正。

第二版前言

建筑与市政工程施工现场专业人员职业标准培训教材《资料员岗位知识与专业技能》是按照住房和城乡建设部发布的《建筑与市政工程施工现场专业人员职业标准》JGJ/T 250—2011和中国建设教育协会配套编制的《建筑与市政工程施工现场专业人员考核评价大纲》中有关资料员的职业标准和考核要求编写的，并严格依据《建设工程文件归档规范》GB/T 50328—2014、《建筑工程资料管理规程》JGJ/T 185—2009、《建筑工程施工质量验收统一标准》GB 50300—2013及建筑工程施工质量专业验收规范、《建设工程监理规范》GB/T 50319—2013等现行国家的有关规范、规程和技术标准。

本教材在再版修订的编写过程中依然根据建筑施工现场从事资料档案管理工作的岗位职业标准的要求，重点突出建筑施工现场资料档案管理人员必备的岗位知识和专业技能。岗位知识主要包含了与资料员岗位工作有关的相关规定、技术标准、工作职责和岗位要求。此外，针对工程资料在不同阶段资料的来源和形成单位的不同，依据资料管理的特性第一次提出将资料管理分为资料的形成管理（填写、编制、审核、审批）、使用安全管理和收集归档管理（计划、收集、整理、立卷、归档）。划分的目的便于界定资料员岗位的工作范畴和职责。专业技能主要体现资料收集归档管理的工作内容、工作方法、工作程序及如何运用相关知识完成资料管理工作任务的能力，完善了资料管理计划编制方法，调整了资料管理计划编制导则的内容，特别是依据工程实例，按照资料管理程序，形成前期的资料管理计划的编制、中期资料技术交底的管理过程、后期资料收集、分类组卷移交的全过程管理模式。本教材的编写力求提高建筑与市政工程施工现场资料员的职业素质，规范其工作行为，提高施工文件档案资料的管理水平。

本套教材的修订，限于时间和能力，难免存在不足之处，敬请广大读者批评指正。

本套教材由新疆建设职业技术学院李光担任主编，并编写了“岗位知识”一、二、三、四、五篇；“专业技能”八、十七篇。李虎进编写“岗位知识”第六、七篇及“专业技能”九、十、十一篇；李萍编写“专业技能”十二、十三、十四篇，何向阳、李静怡编写“专业技能”十五、十六篇。同时杨海萍、周双杰参与编写，在此表示感谢。

第一版前言

《建筑与市政工程施工现场专业人员职业标准》JGJ/T 250—2011 于 2012 年 1 月 1 日正式实施。资料员是此次住房和城乡建设部设立的施工现场管理八大员之一。本教材是按照住房和城乡建设部发布的《建筑与市政工程施工现场专业人员职业标准》JGJ/T 250—2011 和中国建设教育协会配套编制的《建筑与市政工程施工现场专业人员考核评价大纲》中有关资料员的职业标准和考核要求编写的，并严格依据《建设工程文件归档整理规范》GB/T 50328—2001、《建筑工程资料管理规程》JGJ/T 185—2009、《建筑工程质量验收统一标准》GB 50300—2001 及建筑工程质量专业验收规范等国家现行的有关规范、规程和技术标准。

本教材在编写过程中根据建筑施工现场从事资料档案管理工作的岗位职业标准的要求，重点突出建筑施工现场资料档案管理人员必备的岗位知识和专业技能。岗位知识主要包含了与资料员岗位工作有关的相关规定、技术标准、工作职责和岗位要求。专业技能主要体现工作内容、工作方法、工作程序及如何运用相关知识完成资料管理工作任务的能力。特别是在专业技能部分依据工程实例，按照资料管理程序，形成前期的资料管理计划的编制、中期资料技术交底的管理过程、后期资料收集、分类组卷移交的全过程管理模式。本教材的编写力求提高建筑与市政工程施工现场资料员的职业素质，规范其工作行为，提高其管理水平。

本套教材由新疆建设职业技术学院李光主编，李虎进任副主编。李光编写了岗位知识一、二、三、四、五及专业技能五、七、十；李虎进编写了岗位知识六、七及专业技能一、二、三、四、六、十；周海涛编写专业技能八、九，李顺江编写专业技能十；程玉兰、马桂珍参与编写岗位知识部分内容。

本教材由黑龙江建筑职业技术学院郭泽林主审。

本套教材的编写限于时间和能力，难免存在不足之处，敬请广大读者批评指正。

目 录

上篇　岗位知识

一、建筑工程资料管理相关的规定和标准

建筑工程资料管理是指在建设过程中形成的有关建筑工程各种形式信息记录，是计划、填写、编制、审核、审批、收集、整理、组卷、移交、备案、归档及储存、保管和检索、应用等管理工作的统称。目前我国建筑工程资料管理主要是根据《建设工程文件归档规范》GB/T 50328—2014（2019年版）规定的资料管理的基本要求，依据现行的《建筑工程施工质量验收统一标准》GB 50300—2013、《建设工程监理规范》GB/T 50319—2013、《建设工程项目管理规范》GB/T 50326—2017等与资料管理有关的规范，确定归档资料的范围、来源、内容和管理方法及要求。结合资料收集的范围和资料来源两个基本关系确定资料管理计划。以此，可建立计划、实施、检查、调整的建设工程项目的资料管理体系。建筑工程资料管理体系的核心工作可分为资料的形成管理、资料的收集归档管理和资料的保管、应用、追溯管理。

（一）建筑工程施工质量验收统一标准

1. 建筑工程施工质量控制的基本规定

建筑工程施工质量控制应符合《建筑工程施工质量验收统一标准》GB 50300—2013规定：

（1）建筑工程采用的主要材料、半成品、成品、建筑构配件、器具和设备应进行进场检验（对其质量、规格及型号等是否符合要求做出确认的活动）。凡涉及安全、节能、环境保护和主要使用功能的重要材料、产品，应按各专业工程施工规范、验收规范和设计文件等规定进行复验，并应经监理工程师检查认可。

（2）各施工工序应按施工技术标准进行质量控制，每道施工工序完成后，经施工单位自检符合规定后，才能进行下道工序施工。各专业工种之间的相关工序应进行交接检验，并应记录。

（3）对于监理单位提出检查要求的重要工序，应经监理工程师检查认可，才能进行下道工序施工。

2. 建筑工程施工质量验收要求

建筑工程施工质量应符合《建筑工程施工质量验收统一标准》GB 50300—2013及相关专业验收规范的规定，建筑工程质量应按下列要求进行验收：

（1）工程质量验收均应在施工单位自检合格的基础上进行。

（2）参加工程施工质量验收的各方人员应具备相应的资格。

（3）检验批的质量应按主控项目和一般项目验收。

（4）对涉及结构安全、节能、环境保护和主要使用功能的试块、试件及材料，应在进场时或施工中按规定进行见证检验。

（5）隐蔽工程在隐蔽前应由施工单位通知监理单位进行验收，并应形成验收文件，验收合格后方可继续施工。

（6）对涉及结构安全、节能、环境保护和使用功能的重要分部工程，应在验收前按规定进行抽样检验。

（7）工程的观感质量应由验收人员现场检查，并应共同确认。

建筑工程质量验收合格条件是：符合工程勘察、设计文件的规定；符合相关标准和专业验收规范的规定。

3. 建筑工程施工质量验收的划分

按照《建筑工程施工质量验收统一标准》GB 50300—2013 的规定，建筑工程质量验收应划分为单位工程、分部工程、分项工程和检验批。

（1）单位工程的划分可按照具备独立施工条件并能形成独立使用功能的建筑物或构筑物为一个单位工程；对于规模较大的单位工程，可将其能形成独立使用功能的部分划为一个子单位工程。

（2）分部工程的划分可按专业性质、工程部位确定。当分部工程较大或较复杂时，可按材料种类、施工特点、施工程序、专业系统及类别将分部工程划分为若干子分部工程。

（3）分项工程可按主要工种、材料、施工工艺、设备类别等进行划分。

（4）检验批可根据施工、质量控制和专业验收的需要，按工程量、楼层、施工段、变形缝进行划分。

（5）建筑工程的分部工程、分项工程划分宜按《建筑工程施工质量验收统一标准》GB 50300—2013 的规定采用，见表 1-1。

（6）施工前，应由施工单位制定分项工程和检验批的划分方案，并由监理单位审核。对于规范未涵盖的分项工程和检验批，可由建设单位组织监理、施工等单位协商确定。

（7）室外工程可根据专业类别和工程规模按《建筑工程施工质量验收统一标准》GB 50300—2013 的规定划分单位工程和分部工程，见表 1-2。

（8）建筑工程质量验收划分的处理

《建筑工程施工质量验收统一标准》GB 50300—2013 对工程质量验收的划分有相关的规定，但需要注意的是，在某些特殊情况下要使项目实体结构（即单位、分部、分项、检验批组成）和文本结构（即资料的类、章、节、项、目）划分得更加合理，应根据其特点和数量，在不脱离标准、规范的前提下，做到理论与实际相结合，且应由监理单位和施工单位协商确定。

建筑工程的分部工程、分项工程、检验批划分及代号索引　　表 1-1

分部工程代号	分部工程名称	子分部工程代号	子分部工程名称	分项工程
01	地基与基础	01	地基	素土（天然地基）；灰土地基，砂和砂石地基，土工合成材料地基，粉煤灰地基，强夯地基，注浆地基，预压地基（人工地基）；砂石桩复合地基，高压喷射注浆地基，水泥土搅拌桩地基，土和灰土挤密桩复合地基，水泥粉煤灰碎石桩复合地基，夯实水泥土桩复合地基（复合桩地基）
		02	基础	无筋扩展基础（素混凝土、砖、石等基础，又称刚性基础）；钢筋混凝土扩展基础，（钢结构基础，钢管混凝土结构基础，型钢混凝土结构基础又称柔性基础）；筏形与箱形基础，钢筋混凝土预制桩，泥浆护壁成孔灌注桩，干作业成孔灌注桩，长螺旋钻孔压灌桩，沉管灌注桩，钢桩，锚杆静压桩；岩石锚杆基础，沉井与沉箱
				基础子分部除应按《建筑地基基础工程施工质量验收标准》GB 50202—2018的规定验收外，还应按相关专业规范验收，如《砌体结构工程施工质量验收规范》GB 50203—2011、《混凝土结构工程施工质量验收规范》GB 50204—2015等。 钢结构基础应按《钢结构工程施工质量验收标准》GB 50205—2020第10.2条的规定验收；钢管混凝土结构基础应参照《钢管混凝土工程施工质量验收规范》GB 50628—2010第4.3条的规定验收；型钢混凝土结构基础应参照《钢-混凝土组合结构施工规范》GB 50901—2013的规定验收
		03	特殊土地基基础	湿陷性黄土、冻土、膨胀土、盐渍土
			特殊土地基基础工程检验批划分规定	特殊土地基基础子分部的各分项宜按施工段划分检验批
		04	基坑支护	排桩，板桩围护墙，咬合桩围护墙，型钢水泥土搅拌墙，土钉墙，地下连续墙，重力式水泥土墙，内支撑，锚杆，与主体结构相结合的基坑支护
			基坑支护工程检验批划分规定	基坑支护子分部的各分项应根据分区分层开挖情况，并按各分项的验收规定划分检验批
		05	地下水控制	降排水、回灌
			地下水控制工程检验批划分规定	地下水控制子分部的各分项应根据分层分块布置状况，并按各分项的验收规定划分检验批
		06	土石方	土方开挖、岩质基坑开挖、土石方堆放与运输、土石方回填、场地平整（开工前、台阶散水施工前应按计算规则划分）
				《建筑地基基础工程施工质量验收标准》GB 50202—2018中未有场地平整分项，应由建设、监理、施工等各方商议验收
		07	边坡	喷锚支护、挡土墙、边坡开挖
			边坡工程检验批划分规定	锚杆（索）、挡土墙等可根据与施工方式相一致且便于控制施工质量的原则，按支护类型、施工缝或施工段划分检验批

续表

<table>
<tr><th>分部工程代号</th><th>分部工程名称</th><th>子分部工程代号</th><th>子分部工程名称</th><th colspan="2">分项工程</th></tr>
<tr><td rowspan="8">01</td><td rowspan="8">地基与基础</td><td rowspan="8">08</td><td rowspan="6">地下防水</td><td rowspan="2">结构防水</td><td>防水混凝土，水泥砂浆防水层，卷材防水层，涂料防水层，塑料防水板防水层，金属板防水层，膨润土防水材料防水层</td></tr>
<tr><td>主体结构防水应参照03装饰装修分部相应防水分项</td></tr>
<tr><td>细部构造防水</td><td>施工缝，变形缝，后浇带，穿墙管，埋设件，预留通道接头，桩头，孔口，坑，池</td></tr>
<tr><td>特殊施工法结构防水</td><td>喷锚支护，地下连续墙，盾构隧道，沉井，逆筑结构</td></tr>
<tr><td>排水</td><td>渗排水，盲沟排水，隧道排水，坑道排水，塑料排水板排水</td></tr>
<tr><td>注浆</td><td>预注浆，后注浆，结构裂缝注浆</td></tr>
<tr><td>地下防水工程检验批划分规定</td><td colspan="2">1. 主体结构防水工程和细部构造防水工程应按结构标高、变形缝或后浇带等施工段划分检验批；
2. 特殊施工法结构防水工程应按隧道区间、变形缝等施工段划分检验批；
3. 排水工程和注浆工程各为一个检验批；
4. 地下防水子分部除应按《地下防水工程施工质量验收规范》GB 50208—2011的规定验收外，还应按相关专业规范验收</td></tr>
<tr><td>地基与基础其他分部工程检验批划分规定</td><td colspan="2">1. 原材料、构配件、设备按批次、批量报验送检；
2. 施工检验批按各工种、专业、标高、施工段和变形缝划分；
3. 每个分项工程可以划分1～n个检验批；
4. 有不同标高的地基按不同标高划分；
5. 同一标高按变形缝、区段和施工班组综合考虑划分；
6. 地基与基础分部除应按《建筑地基基础工程施工质量验收标准》GB 50202—2018的规定验收外，还应按相关专业规范验收</td></tr>
<tr><td rowspan="4">02</td><td rowspan="4">主体结构</td><td rowspan="2">01</td><td>混凝土结构</td><td colspan="2">模板、钢筋、预应力、混凝土，现浇结构，装配式结构</td></tr>
<tr><td>混凝土结构检验批划分规定</td><td colspan="2">各分项工程可根据与生产和施工方式相一致且便于控制施工质量的原则，按进场批次、工作班、楼层、结构缝或施工段划分为若干个检验批；
装配式混凝土结构施工质量的验收，除应符合《混凝土结构施工质量验收规范》GB 50204—2015的规定外，尚应符合《装配式混凝土建筑技术标准》GB/T 51231—2016及各地方现行《装配式混凝土结构施工质量验收规程》的规定，检验批的划分可与相关方协商划分</td></tr>
<tr><td rowspan="2">02</td><td>砌体结构</td><td colspan="2">砖砌体，混凝土小型空心砌块砌体，石砌体，配筋砌体，填充墙砌体</td></tr>
<tr><td>砌体结构检验批划分规定</td><td colspan="2">1. 所用材料类型及同类型材料的强度等级相同；
2. 不超过250m^3砌体；
3. 主体结构砌体一个楼层（基础砌体可按一个楼层计）；填充墙砌体量少时可多个楼层合并</td></tr>
</table>

续表

分部工程代号	分部工程名称	子分部工程代号	子分部工程名称	分项工程
02	主体结构	03	钢结构（单独组卷）	原材料及成品验收，焊接工程，紧固件连接工程，钢零件及钢部件加工，钢构件组装工程，钢构件预拼装工程，单层、多高层钢结构安装工程，空间结构安装工程，压型金属板工程，涂装工程
			钢结构检验批划分规定	1. 原材料及成品进场验收的检验批划分原则上宜与各分项工程检验批一致，也可根据工程规模及进料实际情况划分检验批； 2. 钢结构焊接工程、紧固件连接工程、钢零件及钢部件加工、涂装工程的检验批可按相应的钢结构制作或安装工程检验批的划分原则划分为一个或若干个检验批； 3. 钢构件组装工程、钢构件预拼装工程可按钢结构制作工程检验批的划分原则划分为一个或若干个检验批； 4. 单层、多高层钢结构安装工程可按变形缝或空间稳定单元等划分成一个或若干个检验批。也可按楼层或施工段等划分为一个或若干个检验批。地下钢结构可按不同地下层划分检验批； 5. 空间结构安装工程可按变形缝或空间刚性单元等划分成一个或若干个检验批，或者按照楼层或施工段等划分为一个或若干个检验批； 6. 压型金属板的制作和安装工程可按变形缝、楼层、施工段或屋面、墙面、楼面或与其相配套的钢结构安装分项工程检验批的划分原则划分成一个或若干个检验批； 7. 装配式钢结构施工质量的验收，除应符合《钢结构施工质量验收规范》GB 50205—2015 的规定外，尚应符合《装配式钢结构建筑技术标准》GB/T 51232—2016 及各地方现行《装配式钢结构施工质量验收规程》的规定，检验批的划分可与相关方协商
		04	钢管混凝土结构	钢管构件进场验收，钢管混凝土构件现场拼装，钢管混凝土柱柱脚锚固，钢管混凝土构件安装，钢管混凝土柱与钢筋混凝土梁连接，钢管内钢筋骨架，钢管内混凝土浇筑
			钢管混凝土结构检验批划分规定	钢管混凝土结构质量验收，除应符合《钢管混凝土结构施工质量验收规范》GB 50628—2010 的规定外，尚应符合《建筑工程施工质量验收统一标准》GB 50300—2013 的规定，检验批的划分可与相关方协商
		05	钢-混凝土组合结构	型钢（钢管）焊接，螺栓连接，型钢（钢管）与钢筋连接，型钢（钢管）制作，型钢（钢管）安装，混凝土
			钢-混凝土组合结构检验批划分规定	钢结构的型钢（钢管）焊接、螺栓连接、型钢（钢管）制作、型钢（钢管）安装等 4 个分项工程应按《钢结构施工质量验收规范》GB 50205—2015 和《钢管混凝土结构施工质量验收规范》GB 50628—2010 的相关规定进行施工质量验收；混凝土分项工程应按《混凝土结构施工质量验收规范》GB 50204—2015 的相关规定进行施工质量验收；型钢（钢管）与钢筋连接分项工程应按《钢-混凝土组合结构施工规范》GB 50901—2013 的规定进行施工质量验收

续表

分部工程代号	分部工程名称	子分部工程代号	子分部工程名称	分项工程
02	主体结构	06	铝合金结构	原材料及成品进场，铝合金焊接工程，紧固件连接工程，铝合金零部件加工工程，铝合金构件组装工程，铝合金构件预拼装工程，铝合金框架结构安装工程，铝合金空间网格结构安装工程，铝合金面板工程，铝合金幕墙结构安装工程，防腐处理工程
			铝合金结构检验批划分规定	铝合金结构工程质量验收，除应符合《铝合金结构工程施工质量验收规范》GB 50576—2010 的规定外，尚应符合《建筑工程施工质量验收统一标准》GB 50300—2013 的规定，检验批的划分可与相关方协商
		07	木结构（单独组卷）	方木与原木结构，胶合木结构，轻型木结构，木结构的防护
			木结构检验批划分规定	检验批应按材料、木产品和构、配件的物理力学性能质量控制和结构构件制作安装质量控制分别划分。 木结构工程质量验收，除应符合《木结构工程施工质量验收规范》GB 50206—2012 的规定外，尚应符合《建筑工程施工质量验收统一标准》GB 50300—2013 的规定，检验批的划分可与相关方协商
		主体结构其他分部工程检验批划分规定		1. 原材料、构配件、设备按批量报验送检； 2. 施工检验批按各工种、专业、楼层、施工段和变形缝划分； 3. 每个分项工程可以划分 1～n 个检验批； 4. 有不同层楼面的按不同检验批； 5. 同一层按变形缝、区段和施工班组综合考虑划分； 6. 小型工程一般按楼层划分
03	建筑装饰装修	01	建筑地面	基层铺设（包括基土，灰土垫层，砂垫层和砂石垫层，碎石垫层和碎砖垫层，三合土垫层和四合土垫层，炉渣垫层，水泥混凝土垫层和陶粒混凝土垫层，找平层，隔离层，填充层，绝热层），整体面层铺设（包括水泥混凝土面层，水泥砂浆面层，水磨石面层，硬化耐磨面层，防油渗面层，不发火（防爆）面层，自流层面层，涂料面层，塑胶面层，地面辐射供暖的整体面层），板块面层铺设（包括砖面层，大理石面层和花岗岩面层，预制板块面层，料石面层，塑料板面层，活动地板面层，金属板面层，地毯面层，地面辐射供暖的板块面层），木、竹面层铺设（包括实木地板、实木集成地板、竹地板面层，实木复合地板面层，浸渍纸层压木质地板面层，软木类地板面层，地面辐射供暖的木板面层）
			地面子分部检验批划分规定	基层（各构造层）和各类面层的分项工程的施工质量验收应按每一层次或每层施工段（或变形缝）划分检验批，高层建筑的标准层可按每三层（不足三层按三层计）作为检验批。 建筑地面工程的质量验收应按《建筑地面工程施工质量验收规范》GB 50209—2010 的规定执行
		02	抹灰	一般抹灰工程（包括水泥砂浆、水泥混合砂浆、聚合物水泥砂浆和粉刷石膏），保温层薄抹灰工程（包括保温层外面聚合物砂浆薄抹灰）、装饰抹灰工程（包括水刷石、斩假石、干粘石和假面砖）、清水砌体勾缝工程（包括清水砌体砂浆勾缝和原浆勾缝）
			抹灰子分部检验批划分规定	相同材料、工艺和施工条件的室外抹灰工程每 1000m^2 应划为一个检验批，不足 1000m^2 也应划为一个检验批； 相同材料、工艺和施工条件的室内抹灰工程每 50 个自然间划分为一个检验批，不足 50 间也应划分为一个检验批，大面积房间和走廊可按抹灰面积每 30m^2 计为一间

续表

分部工程代号	分部工程名称	子分部工程代号	子分部工程名称	分项工程
03	建筑装饰装修	03	（内）外墙防水	（内）外墙砂浆防水工程，涂膜防水工程，透气膜防水工程
			（内）外墙防水子分部检验批划分规定	相同材料、工艺和施工条件的（内）外墙防水工程每 $1000m^2$ 应划为一个检验批，不足 $1000m^2$ 也应划为一个检验批
		04	门窗	木门窗安装工程，金属门窗安装工程（包括钢门窗、铝合金门窗和涂色镀锌钢板门窗），塑料门窗安装工程，特种门安装工程（包括自动门、全玻门和旋转门），门窗玻璃安装工程（包括平板、吸热、反射、中空、夹层、夹丝、磨砂、钢化、防火和压花玻璃）
			门窗子分部检验批划分规定	同一品种、类型和规格的木门窗、金属门窗、塑料门窗及门窗玻璃每 100 樘应划分为一个检验批，不足 100 樘也应划分为一个检验批； 同一品种、类型和规格的特种门每 50 樘应划分为一个检验批，不足 50 樘也应划分为一个检验批
		05	吊顶	整体面层吊顶工程（包括以轻钢龙骨、铝合金龙骨和木龙骨等为骨架，以石膏板、水泥纤维板和木板等为整体面层的吊顶），板块面层吊顶工程（包括以轻钢龙骨、铝合金龙骨和木龙骨等为骨架，以石膏板、金属板、矿棉板、木板、塑料板、玻璃板和复合板等为板块面层的吊顶），格栅吊顶工程（包括以轻钢龙骨、铝合金龙骨和木龙骨等为骨架，以金属、木材、塑料和复合材料等为格栅面层的吊顶）
		06	轻质隔墙	板材隔墙工程（包括复合轻质墙板、石膏空心板、增强水泥板和混凝土轻质板等隔墙），骨架隔墙工程（包括以轻钢龙骨、木龙骨等为骨架，以纸面石膏板、人造木板、水泥纤维板等为墙面板的隔墙），活动隔墙工程，玻璃隔墙工程（包括玻璃板、玻璃砖隔墙）
		吊顶、轻质隔墙子分部检验批划分规定		同一品种的吊顶（轻质隔墙）工程每 50 间应划分为一个检验批，不足 50 间也应划分为一个检验批，大面积房间和走廊按吊顶（轻质隔墙）面积每 $30m^2$ 计为 1 间
		07	饰面板	石板安装，陶瓷板安装，木板安装，金属板安装，塑料板安装
		08	饰面砖	外墙饰面砖粘贴，内墙饰面砖粘贴
		饰面板(砖)子分部检验批划分规定		相同材料、工艺和施工条件的室内饰面板（砖）工程每 50 间应划分为一个检验批，不足 50 间也应划分为一个检验批，大面积房间和走廊按施工面积 $30m^2$ 为一间。 相同材料、工艺和施工条件的室外饰面板（砖）工程每 $1000m^2$ 应划分为一个检验批，不足 $1000m^2$ 也应划分为一个检验批
		09	幕墙（单独组卷）	玻璃幕墙工程（包括构件式玻璃幕墙、单元式玻璃幕墙、全玻璃幕墙和点支承玻璃幕墙），金属幕墙工程，石材幕墙工程，人造板材幕墙工程
			幕墙子分部检验批划分规定	相同设计、材料、工艺和施工条件的幕墙工程每 $1000m^2$ 应划分为一个检验批，不足 $1000\ m^2$ 也应划分为一个检验批。 同一单位工程的不连续的幕墙工程应单独划分检验批。 对于异型或有特殊要求的幕墙，检验批的划分应根据幕墙的结构、工艺特点及幕墙工程规模，由监理单位（或建设单位）和施工单位协商确定

续表

分部工程代号	分部工程名称	子分部工程代号	子分部工程名称	分项工程
03	建筑装饰装修	10	涂饰	水性涂料涂饰工程（包括乳液型涂料、无机涂料、水溶型涂料），溶剂型涂料涂饰工程（包括丙烯酸酯涂料、聚氨酯丙烯酸涂料、有机硅丙烯酸涂料、交联型氟树脂涂料），美术涂饰工程（包括套色涂饰、滚花涂饰、仿花纹涂饰）
			涂饰子分部检验批划分规定	室外涂饰工程每一栋楼的同类涂料涂饰的墙面每 1000m^2 应划分为一个检验批，不足 1000 m^2 也应划分为一个检验批。 室内涂饰工程同类涂料涂饰墙面每 50 间应划分为一个检验批，不足 50 间也应划分为一个检验批，大面积房间和走廊按涂饰面积 30m^2 为一间
		11	裱糊与软包	裱糊工程（聚氯乙烯壁纸、纸质壁纸、墙布）、软包工程（织物、皮革、人造革）
			裱糊与软包子分部检验批划分规定	同一品种的裱糊或软包工程每 50 间应划分为一个检验批，不足 50 间也应划分为一个检验批，大面积房间和走廊按施工面积 30m^2 为一间
		12	细部	橱柜制作与安装工程，窗帘盒和窗台板制作与安装工程，门窗套制作与安装工程，护栏和扶手制作与安装工程，花饰制作与安装工程
			细部子分部检验批划分规定	同类制品每 50 间（处）应划分为一个检验批，不足 50 间（处）也应划分为一个检验批。每部楼梯应划分为一个检验批
		建筑装饰装修工程的质量验收除应符合《建筑装饰装修工程质量验收标准》GB 50210—2018 的规定，尚应符合现行国家标准的有关规定		
04	建筑屋面	01	基层与保护工程	找坡层、找平层、隔气层、隔离层、保护层。 上人屋面或其他使用功能屋面，其保护及铺面的施工除应符合《屋面工程质量验收规范》GB 50207—2012 的规定外，尚应符合现行国家标准《建筑地面工程施工质量验收规范》GB 50209—2010 等的有关规定
		02	保温与隔热工程	板状材料保温层、纤维材料保温层、喷涂硬泡聚氨酯保温层、现浇泡沫混凝土保温层、种植隔热层、架空隔热层、蓄水隔热层。 保温与隔热工程质量验收除应符合《屋面工程质量验收规范》GB 50207—2012 的规定外，尚应符合现行国家标准《建筑节能工程施工质量验收标准》GB 50411—2019 等的有关规定
		03	防水与密封工程	卷材防水层、涂膜防水层、复合防水层、接缝密封防水
		04	瓦面与板面工程	烧结瓦和混凝土瓦铺装、沥青瓦铺装、金属板铺装、玻璃采光顶铺装。 瓦面与板面工程施工前，应对主体结构进行质量验收，并应符合现行国家标准《混凝土结构施工质量验收规范》GB 50204—2015、《钢结构施工质量验收标准》GB 50205—2020 和《木结构工程施工质量验收规范》GB 50206—2012 的有关规定

续表

分部工程代号	分部工程名称	子分部工程代号	子分部工程名称	分项工程
04	建筑屋面	05	细部构造工程	檐口、檐沟和天沟、女儿墙和山墙、水落口、变形缝、伸出屋面管道、屋面出入口、反梁过水孔、设施基座、屋脊、屋顶窗
		建筑屋面分部工程检验批划分规定		屋面工程各分项工程宜按屋面面积每500～1000m²划分一个检验批，不足500m²应按一个检验批。 屋面工程的质量验收应符合《屋面工程质量验收规范》GB 50207—2012的规定
05	建筑给水、排水及供暖	01	室内给水系统安装	给水管道及配件安装、室内消火栓系统安装、给水设备安装
		02	室内排水系统安装	排水管道及配件安装、雨水管道及配件安装
		03	室内热水供应系统安装	管道及配件安装、辅助设备安装
		04	卫生器具安装	卫生器具（包括室内污水盆、洗涤盆、洗脸（手）盆、盥洗槽、浴盆、淋浴器、大便器、小便器、小便槽、大便冲洗槽、妇女卫生盆、化验盆、排水栓、地漏、加热器、煮沸消毒器和饮水器等）安装、卫生器具给水配件安装、卫生器具排水管道安装
		05	室内供暖系统安装	管道及配件安装、辅助设备及散热器安装、金属辐射板安装、低温热水地板辐射供暖系统安装、系统水压试验与调试
		06	室外给水管网安装	给水管道安装、消防水泵接合器及室外消火栓安装、管沟及井室
		07	室外排水管网安装	排水管道安装、排水管沟与井池
		08	室外供热管网安装	管道及配件安装、系统水压试验及调试
		09	建筑中水系统及游泳池水系统安装	建筑中水系统管道及辅助设备安装，游泳池水系统安装
		10	供热锅炉及辅助设备安装	锅炉安装，辅助设备及管道安装，安全附件安装，烘炉、煮炉和试运行，换热站安装，防腐、绝热
		建筑给水、排水及供暖分部工程检验批划分规定		建筑给水、排水及供暖工程的分项工程，应按系统、区域、施工段或楼层等划分。分项工程应划分成若干个检验批进行验收。建筑给水、排水及供暖工程质量验收应符合《建筑给水排水及采暖工程施工质量验收规范》GB 50242—2002的规定
06	通风与空调	01	送风系统	风管与配件制作，部件制作，风管系统安装，风机与空气处理设备安装，风管与设备防腐，旋流风口，岗位送风口，织物（布）风管安装，系统调试
		02	排风系统	风管与配件制作，部件制作，风管系统安装，风机与空气处理设备安装，风管与设备防腐，吸风罩及其他空气处理设备安装，厨房、卫生间排风系统安装．系统调试
		03	防、排烟系统	风管与配件制作，部件制作，风管系统安装，风机与空气处理设备安装，风管与设备防腐，排烟风阀（口）、常闭正压风口、防火风管安装，系统调试

续表

分部工程代号	分部工程名称	子分部工程代号	子分部工程名称	分项工程
06	通风与空调	04	除尘系统	风管与配件制作，部件制作，风管系统安装，风机与空气处理设备安装，风管与设备防腐，除尘器与排污设备安装，吸尘罩安装，高温风管绝热，系统调试
		05	舒适性空调风系统	风管与配件制作，部件制作，风管系统安装，风机与组合式空调机组安装，消声器、静电除尘器、换热器、紫外线灭菌器等设备安装，风机盘管、变风量与定风量送风装置、射流喷口等末端设备安装，风管与设备绝热，系统调试
		06	恒温恒湿空调风系统	风管与配件制作，部件制作，风管系统安装，风机与组合式空调机组安装，电加热器、加湿器等设备安装，精密空调机组安装，风管与设备绝热，系统调试
		07	净化空调风系统	风管与配件制作，部件制作，风管系统安装，风机与净化空调机组安装，消声器、换热器等设备安装，中、高效过滤器及风机过滤器机组等末端设备安装，洁净度测试，风管与设备绝热，系统调试
		08	地下人防通风系统	风管与配件制作，部件制作，风管系统安装，风机与空气处理设备安装，过滤吸收器、防爆波活门、防爆超压排气活门等专用设备安装，风管与设备防腐，系统调试
		09	真空吸尘系统	风管与配件制作，部件制作，风管系统安装，管道快速接口安装，风机与滤尘设备安装、风管与设备防腐，系统压力试验及调试
		10	空调（冷、热）水系统	管道系统及部件安装，水泵及附属设备安装，管道冲洗与管内防腐，板式热交换器，辐射板与辐射供热、供冷地埋管安装，热泵机组安装，管道、设备防腐与绝热，系统压力试验及调试
		11	冷却水系统	管道系统及部件安装，水泵及附属设备安装，管道冲洗与管内防腐，冷却塔与水处理设备安装，防冻伴热设备安装，管道、设备防腐与绝热，系统压力试验及调试
		12	冷凝水系统	管道系统及部件安装，水泵及附属设备安装，管道、设备防腐与绝热，管道冲洗，系统灌水渗漏及排放试验
		13	土壤源热泵换热系统	管道系统及部件安装，水泵及附属设备安装，管道冲洗，埋地换热系统与管网安装，管道、设备防腐与绝热，系统压力试验及调试
		14	水源热泵换热系统	管道系统及部件安装，水泵及附属设备安装，管道冲洗，地表水源换热管及管网安装，除垢设备安装，管道、设备防腐与绝热，系统压力试验及调试
		15	蓄能（水、冰）系统	管道系统及部件安装，水泵及附属设备安装，管道冲洗与管内防腐，蓄水罐与蓄冰槽、罐安装，管道、设备防腐与绝热，系统压力试验及调试
		16	压缩式制冷（热）设备系统	制冷机组及附属设备安装，制冷剂管道及部件安装．制冷剂灌注，管道、设备防腐与绝热，系统压力试验及调试
		17	吸收式制冷设备系统	制冷机组及附属设备安装，系统真空试验，溴化锂溶液加灌，蒸汽管道系统安装，燃气或燃油设备安装，管道、设备防腐与绝热，系统压力试验及调试

续表

<table>
<tr><th>分部工程代号</th><th>分部工程名称</th><th>子分部工程代号</th><th>子分部工程名称</th><th>分项工程</th></tr>
<tr><td rowspan="4">06</td><td rowspan="4">通风与空调</td><td>18</td><td>多联机（热泵）空调系统</td><td>室外机组安装，室内机组安装，制冷剂管路连接及控制开关安装，风管安装，冷凝水管道安装，制冷剂灌注，系统压力试验及调试</td></tr>
<tr><td>19</td><td>太阳能供暖空调系统</td><td>太阳能集热器安装，其他辅助能源、换热设备安装、蓄能水箱、管道及配件安装，低温热水地板辐射供暖系统安装，管道及设备防腐与绝热，系统压力试验及调试</td></tr>
<tr><td>20</td><td>设备自控系统</td><td>温度、压力与流量传感器安装，执行机构安装调试，防排烟系统功能测试，自动控制及系统智能控制软件调试</td></tr>
<tr><td colspan="2">通风与空调分部工程检验批划分规定</td><td>《通风与空调工程施工质量验收规范》GB 50243—2016 规定，当通风与空调工程作为单位工程或子单位工程独立验收时，其分部工程应上升为单位工程或子单位工程，子分部工程应上升为分部工程，分项工程的划分仍应按表 3.0.7 的规定执行。
注：
1. 风管系统的末端设备包括：风机盘管机组、诱导器、变（定）风量末端、排烟风阀（口）与地板送风单元、中效过滤器、高效过滤器、风机过滤器机组，其他设备包括：消声器、静电除尘器、加热器、加湿器、紫外线灭菌设备和排风热回收器等。
2. 水系统末端设备包括：辐射板盘管、风机盘管机组和空调箱内盘管和板式热交换器等。
3. 设备自控系统包括：各类温度、压力与流量等传感器、执行机构、自控与智能系统设备及软件等。
通风空调分部工程中的子分部中的各个分项工程，可采用一次或多次验收，检验验收批的批次、样本数量可根据工程的实物数量与分布情况而定，并应覆盖整个分项工程。当分项工程中包含多种材质、施工工艺的风管或管道时，检验验收批宜按不同材质进行分列。
《通风与空调工程施工质量验收规范》GB 50243—2016 表 3.0.7 所列的分项工程与本规范第 4、5、6、7、8、9、10、11 的条文不一致，检验批的划分可由相关方协商确定</td></tr>
<tr><td rowspan="4">07</td><td rowspan="4">建筑电气</td><td rowspan="2">01</td><td>室外电气安装工程</td><td>变压器、箱式变电所安装，成套配电柜、控制柜（台、箱）和配电箱（盘）安装，梯架、托盘和槽盒安装，导管敷设，电缆敷设，管内穿线和槽盒内敷线，电缆头制作、导线连接和线路绝缘测试，普通灯具安装，专用灯具安装，建筑照明通电试运行，接地装置安装</td></tr>
<tr><td>室外电气子分部检验批划分规定</td><td>室外电气安装工程中分项工程的检验批，应按庭院大小、投运时间先后、功能区块等进行划分</td></tr>
<tr><td rowspan="2">02</td><td>变配电室安装工程（单独组卷）</td><td>变压器、箱式变电所安装，成套配电柜、控制柜（台、箱）和配电箱（盘）安装，母线槽安装，梯架、托盘和槽盒安装，电缆敷设，电缆头制作、导线连接和线路绝缘测试，接地装置安装，接地干线敷设</td></tr>
<tr><td>变配电室子分部检验批划分规定</td><td>变配电室安装工程中分项工程的检验批，主变配电室应作为 1 个检验批；对于有数个分变配电室，且不属于子单位工程的子分部工程，应分别作为 1 个检验批，其验收记录应汇入所有变配电室有关分项工程的验收记录中；当各分变配电室属于各子单位工程的子分部工程，所属分项工程应分别作为 1 个检验批，其验收记录应作为分项工程验收记录，且应经子分部工程验收记录汇总后纳入分部工程验收记录中</td></tr>
</table>

续表

分部工程代号	分部工程名称	子分部工程代号	子分部工程名称	分项工程
07	建筑电气	03	供电干线安装工程（进户及各箱体之间）	电气设备试验和试运行，母线槽安装，梯架、支架、托盘和槽盒安装，导管敷设，电缆敷设，管内穿线和槽盒内敷线，电缆头制作、导线连接和线路绝缘测试，接地干线敷设
			供电干线子分部检验批划分规定	供电干线安装工程中的分项工程检验批，应按供电区段和电气竖井的编号划分
		04	电气动力安装工程（三相）	成套配电柜、控制柜（台、箱）和配电箱（盘）安装，电动机、电加热器及电动执行机构检查接线，电气设备试验和试运行，梯架、托盘和槽盒安装，导管敷设，电缆敷设，管内穿线和槽盒内敷线，电缆头制作、导线连接和线路绝缘测试，开关、插座、风扇安装
		05	电气照明安装工程（两相，开关、插座及回路）	成套配电柜、控制柜（台、箱）和配电箱（盘）安装，梯架、托盘和槽盒安装，导管敷设，电缆敷设，管内穿线和槽盒内敷线，塑料护套线直敷布线，钢索配线，电缆头制作，导线连接和线路绝缘测试，普通灯具安装，专用灯具安装，开关、插座、风扇安装，建筑物照明通电试运行
		电气动力、电气照明安装子分部检验批划分规定		电气动力和电气照明安装工程中分项工程的检验批，其界区的划分，应与建筑土建工程一致
		06	自备电源安装工程	成套配电柜、控制柜（台、箱）和配电箱（盘）安装，柴油发电机组安装，UPS 及 EPS 安装，母线槽安装，导管敷设，电缆敷设，管内穿线和槽盒内敷线，电缆头制作、导线连接和线路绝缘测试，接地装置安装
			自备电源安装工程检验批划分规定	自备电源和不间断电源安装工程中的分项工程，应分别作为 1 个检验批
		07	防雷及接地装置安装工程	接地装置安装，防雷引下线及接闪器安装，建筑物等电位连接
			防雷及接地子分部检验批划分规定	防雷及接地装置安装工程中分项工程的检验批，人工接地装置和利用建筑物基础钢筋的接地体应分别作为 1 个检验批，且大型基础可按区块划分成若干个检验批；对于防雷引下线安装工程，6 层以下的建筑应作为 1 个检验批，高层建筑中依均压环设置间隔的层数应作为 1 个检验批；接闪器安装同一屋面，应作为 1 个检验批；建筑物的总等电位联接应作为 1 个检验批，每个局部等电位联接应作为 1 个检验批，电子系统设备机房应作为 1 个检验批
08	智能建筑	01	智能化集成系统	设备安装，软件安装，接口及系统调试，试运行
		02	信息接入系统	安装场地检查
		03	用户电话交换系统	线缆敷设，设备安装，软件安装，接口及系统调试，试运行
		04	信息网络系统	计算机网络设备安装，计算机网络软件安装，网络安全设备安装，网络安全软件安装，系统调试，试运行
		05	综合布线系统（单独组卷）	梯架、托盘、槽盒和导管安装，线缆敷设，机柜、机架、配线架安装，信息插座安装，链路或信道测试，软件安装，系统调试，试运行

续表

<table>
<tr><th>分部工程代号</th><th>分部工程名称</th><th>子分部工程代号</th><th>子分部工程名称</th><th colspan="2">分项工程</th></tr>
<tr><td rowspan="15">08</td><td rowspan="15">智能建筑</td><td>06</td><td>移动通信室内信号覆盖系统</td><td colspan="2">安装场地检查</td></tr>
<tr><td>07</td><td>卫星通信系统</td><td colspan="2">安装场地检查</td></tr>
<tr><td>08</td><td>有线电视及卫星电视接收系统</td><td colspan="2">梯架、托盘、槽盒和导管安装，线缆敷设，设备安装，软件安装，系统调试，试运行</td></tr>
<tr><td>09</td><td>公共广播系统</td><td colspan="2">梯架、托盘、槽盒和导管安装，线缆敷设，设备安装，软件安装，系统调试，试运行</td></tr>
<tr><td>10</td><td>会议系统</td><td colspan="2">梯架、托盘、槽盒和导管安装，线缆敷设，设备安装，软件安装，系统调试，试运行</td></tr>
<tr><td>11</td><td>信息导引及发布系统</td><td colspan="2">梯架、托盘、槽盒和导管安装，线缆敷设，显示设备安装，机房设备安装，软件安装，系统调试，试运行</td></tr>
<tr><td>12</td><td>时钟系统</td><td colspan="2">梯架、托盘、槽盒和导管安装，线缆敷设，设备安装，软件安装，系统调试，试运行</td></tr>
<tr><td>13</td><td>信息化应用系统</td><td colspan="2">梯架、托盘、槽盒和导管安装，线缆敷设，设备安装，软件安装，系统调试，试运行</td></tr>
<tr><td>14</td><td>建筑设备监控系统</td><td colspan="2">梯架、托盘、槽盒和导管安装，线缆敷设，传感器安装，执行器安装，控制器、箱安装，中央管理工作站和操作分站设备安装，软件安装，系统调试，试运行</td></tr>
<tr><td>15</td><td>火灾自动报警系统</td><td colspan="2">梯架、托盘、槽盒和导管安装，线缆敷设，探测器类设备安装，控制器类设备安装，其他设备安装，软件安装，系统调试，试运行</td></tr>
<tr><td>16</td><td>安全技术防范系统</td><td colspan="2">梯架、托盘、槽盒和导管安装，线缆敷设，设备安装，软件安装，系统调试，试运行</td></tr>
<tr><td>17</td><td>应急响应系统</td><td colspan="2">设备安装，软件安装，系统调试，试运行</td></tr>
<tr><td>18</td><td>机房工程</td><td colspan="2">供配电系统，防雷与接地系统，空气调节系统，给水排水系统，综合布线系统，监控与安全防范系统，消防系统，室内装饰装修，电磁屏蔽，系统调试，试运行</td></tr>
<tr><td>19</td><td>防雷与接地</td><td colspan="2">接地装置，接地线，等电位联结屏蔽设施，电涌保护器，线缆敷设，系统调试，试运行</td></tr>
<tr><td colspan="2">智能建筑检验批划分规定</td><td colspan="2">智能建筑子分部（的各个分项工程）的检验批，应按系统和实际施工情况，经与建设、监理、设计等单位商议在施工合同或协议中约定后划分检验批</td></tr>
<tr><td rowspan="2">09</td><td rowspan="2">建筑节能</td><td rowspan="2">01</td><td rowspan="2">围护结构节能工程</td><td>墙体节能工程</td><td>基层，保温隔热构造，抹面层，饰面层，保温隔热砌体等</td></tr>
<tr><td>墙体节能工程子分项检验批划分规定</td><td>1. 采用相同材料、工艺和施工做法的墙面，扣除门窗洞口后的保温墙面面积每 1000m^2 划分为一个检验批。
2. 检验批的划分也可根据与施工流程相一致且方便施工与验收的原则，由施工单位与监理单位双方协商确定</td></tr>
</table>

续表

分部工程代号	分部工程名称	子分部工程代号	子分部工程名称	分项工程	
09	建筑节能	01	围护结构节能工程	幕墙节能工程	保温隔热构造，隔汽层，幕墙玻璃，单元式幕墙板块，通风换气系统，遮阳设施，凝结水收集排放系统，幕墙与周边墙体和屋面间的接缝等
				幕墙节能工程子分项检验批划分规定	1. 采用相同材料、工艺和施工条件的幕墙工程每 $1000m^2$ 应划分为一个检验批。 2. 检验批的划分也可根据与施工流程相一致且方便施工与验收的原则，由施工单位与监理单位双方协商确定
				门窗节能工程	门，窗，天窗，玻璃，遮阳设施，通风器，门窗与洞口间隙等
				门窗节能工程子分项检验批划分规定	1. 同一厂家的同材质、类型和型号的门窗每 200 樘划分为一个检验批。 2. 同一厂家的同材质、类型和型号的特种门窗每 50 樘划分为一个检验批。 3. 异型或有特殊要求的门窗，检验批的划分应根据其特点和数量，由施工单位与监理单位协商确定
				屋面节能工程	基层，保温隔热构造，保护层，隔汽层，防水层，面层等
				屋面节能工程检验批划分规定	1. 采用相同材料、工艺和施工做法的屋面，扣除天窗、采光顶后的屋面面积，每 $1000m^2$ 应划分为一个检验批。 2. 检验批的划分也可根据与施工流程相一致且方便施工与验收的原则，由施工单位与监理单位双方协商确定
				地面节能工程	基层，保温隔热构造，保护层，面层等
				地面节能工程检验批划分规定	1. 采用相同材料、工艺和施工做法的地面，每 $1000m^2$ 应划分为一个检验批。 2. 检验批的划分也可根据与施工流程相一致且方便施工与验收的原则，由施工单位与监理单位协商确定
		02	供暖空调节能	供暖节能工程	系统形式，散热器，自控阀门与仪表，热力入口装置，保温构造，调试等
				供暖节能工程检验批划分规定	供暖节能工程验收的检验批划分，可按《建筑节能工程施工质量验收标准》GB 50411—2019 第 3.4.1 条的规定执行，也可按系统或楼层，由施工单位与监理单位协商确定
				通风与空调节能工程	系统形式，通风与空调设备，自控阀门与仪表，绝热构造，调试

续表

分部工程代号	分部工程名称	子分部工程代号	子分部工程名称	分项工程	
09	建筑节能	02	供暖空调节能	通风与空调节能工程检验批划分规定	通风与空调节能工程验收的检验批划分，可按《建筑节能工程施工质量验收标准》GB 50411—2019 第 3.4.1 条的规定执行，也可按系统或楼层，由施工单位与监理单位协商确定
				冷热源及管网节能工程	系统形式，冷热源设备，辅助设备，管网，自控阀门与仪表，绝热构造，调试
				空调与供暖系统的冷热源及管网节能工程检验批划分规定	空调与供暖系统冷热源设备、辅助设备及其管道和管网系统节能工程的验收，可按冷源系统、热源系统和室外管网进行检验批划分，也可由施工单位与监理单位协商确定
		03	配电照明节能工程	配电与照明节能工程	低压配电电源；照明光源、灯具；附属装置；控制功能；调试等
				配电与照明节能工程检验批划分规定	配电与照明节能工程验收可按《建筑节能工程施工质量验收标准》GB 50411—2019 第 3.4.1 条的规定进行检验批划分，也可按照系统、楼层、建筑分区，由施工单位与监理单位协商确定
		04	监测控制节能工程	监测与控制节能工程	冷热源的监测控制系统；供暖与空调的监测控制系统；监测与计量装置；供配电的监测控制系统；照明控制系统；调试等
				监测与控制节能工程检验批划分规定	监测与控制节能工程验收可按《建筑节能工程施工质量验收标准》GB 50411—2019 第 3.4.1 条的规定进行检验批划分，也可按照系统、楼层、建筑分区，由施工单位与监理单位协商确定
		05	可再生能源节能工程	地源热泵换热系统节能工程	岩土热响应试验；钻孔数量，位置及深度；管材、管件；热源井数量，井位分布、出水量及回灌量；换热设备；自控阀门与仪表，绝热材料，调试等
				地源热泵换热系统节能工程检验批划分规定	地源热泵换热系统节能工程验收可按《建筑节能工程施工质量验收标准》GB 50411—2019 第 3.4.1 条的规定进行检验批划分，也可按照系统、不同地热能交换形式，由施工单位与监理单位协商确定。 地源热泵换热系统热源井、输水管网的施工及验收应符合现行国家标准《管井技术规范》GB 50296—2014、《给水排水管道工程施工及验收规范》GB 50268—2008 的规定
				太阳能光热系统节能工程	太阳能集热器；储热设备；控制系统；管路系统；调试等

续表

分部工程代号	分部工程名称	子分部工程代号	子分部工程名称	分项工程	
09	建筑节能	05	可再生能源节能工程	太阳能光热系统节能工程检验批划分规定	太阳能光热系统节能工程可按《建筑节能工程施工质量验收标准》GB 50411—2019第3.4.1条的规定进行检验批划分，也可按照系统形式、楼层，由施工单位与监理单位协商确定
				太阳能光伏节能工程	光伏组件；逆变器；配电系统；储能蓄电池；充放电控制器；调试等
				太阳能光伏节能工程检验批划分规定	太阳能光伏系统节能工程可按《建筑节能工程施工质量验收标准》GB 50411—2019第3.4.1条的规定进行检验批划分，也可按照系统，由施工单位与监理单位协商确定
10	电梯	01	电力驱动的曳引式或强制式电梯安装工程（单独组卷）	设备进场验收、土建交接检验、驱动主机、导轨、门系统、轿厢、对重（平衡重）、安全部件、悬挂装置、随行电缆、补偿装置、电气装置；整机安装验收	
		02	液压电梯安装工程（单独组卷）	设备进场验收，土建交接检验，液压系统，导轨，门系统，轿厢，平衡重，安全部件，悬挂装置、随行电缆，电气装置，整机安装验收	
		03	自动扶梯、自动人行道安装工程（单独组卷）	设备进场验收，土建交接检验，整机安装验收	
		电梯分部工程检验批划分规定		电梯工程应按系统和实际施工情况，经与建设、监理、设计等单位商议在施工合同或协议中约定后划分检验批	

注：表中内容均按现行施工质量专业验收规范汇总。

室外工程划分　　**表1-2**

单位工程	子单位工程	分部工程
室外设施	道路	路基、基层、面层、广场与停车场、人行道、人行地道、挡土墙、附属构筑物
	边坡	土石方、挡土墙、支护
附属建筑及室外环境	附属建筑	车棚、围墙、大门、挡土墙
	室外环境	建筑小品、亭台、水景、连廊、花坛、场坪绿化、景观桥

建筑工程质量验收应坚持“验评分离、强化验收、完善手段、过程控制”的指导思想。验收的划分更要突出“过程控制”的方法。

1）地基与基础分部

地基与基础的分界按结构原理应为：有地下室的为地下室地坪以下，无地下室的为±0.000以下。

地基子分部中“素土”分项应为天然地基，其余为人工地基与复合桩地基。

基础子分部中“无筋扩展基础”分项应为刚性基础，包括石基础、砖基础、素混凝土基础等；“钢筋混凝土扩展基础、筏形与箱形基础、钢结构基础、钢管混凝土结构基础、型钢结构混凝土基础”等分项应为柔性基础。

“预制桩基础、泥浆护壁成孔灌注桩基础、干作业成孔桩基础、长螺旋钻孔压灌桩基础、沉管灌注桩基础、钢桩基础、锚杆静压桩基础”等分项应为桩基础。

“岩石锚杆、沉井与沉箱”应为其他基础，其验收批的划分均应与主体的子分部、分项相一致，基础子分部没有列出现浇结构子分项，应按实际情况进行验收。

土方子分部中“场地平整”分项应划分为施工前期场地平整和施工后期场地平整，否则将影响工程造价；“土方开挖、土方回填”分项应分层划分检验批。

“水平和立面水泥砂浆防潮层”分项应归属于地下防水子分部主体结构“防水水泥砂浆防水层”分项；如果混凝土有抗渗要求的除划分混凝土基础子分部外还应划分地下防水子分部“主体结构防水”分项。

2）主体结构分部

砌体结构子分部中，框架及剪力墙结构中“陶粒填充墙砌体”分项的验收应按规范划分为“混凝土小型空心砌块砌体、配筋砌体、填充墙砌体”三种检验批（或许还有砌体验收批）；构造柱、芯柱、门窗洞口的边框柱、水平系梁均按配筋砌体验收，不再划分混凝土结构的分项（模板、钢筋、混凝土、现浇结构）；如有预制构件的，在混凝土结构子分部中应划分装配式结构分项（含预制构件、结构性能检验、装配式结构施工三种检验批）。

3）建筑装饰装修分部

地面子分部含整体面层、板块面层、木竹面层三种面层，其中基层分项尚应按《建筑地面工程施工质量验收规范》GB 50209—2010 含“填充层、隔离层、绝热层、找平层、垫层和基土”等分项；抹灰子分部中一般抹灰、装饰抹灰分项应按底层、中层、面层划分检验批；门窗子分部应按同一品种、类型和规格划分检验批。

4）建筑屋面分部

建筑屋面分部工程中的分项工程应按不同楼层屋面、雨篷划分为不同的检验批：隔气层有沥青玛琋脂的、聚氨酯的、聚乙烯丙纶（涤纶）的等；保护层单列分项；密封材料嵌缝不论柔性屋面或是刚性屋面均按接缝密封防水分项（注：台阶、散水虽属装饰装修分部地面子分部，如有嵌缝可按刚性屋面密封材料嵌缝检验分项验收，其结构部分应并入地基与基础或主体分部相应子分部分项验收）。地下室顶板与主体±0.000下相交处，地下室顶板凸出主体部分若需作防水，则应按屋面防水划分检验批。

5）供排水及供暖分部

供排水应按照进户供水管→供水立管→户内供水管及卫生器具→排水横管→排水立管→排水出户管的顺序，按系统和实际施工情况划分检验批；供暖应按照进户热水管→热水立管→户内热水管（地辐射盘管）及散热器→回水管→回水立管→回水出户管的顺序，按系统和实际施工情况划分检验批。

6）建筑电气分部

按照进户管线（接地线）→总配电箱（总等电位箱）→分箱→抄表（刷卡）箱→用户箱→回路→开关插座（用电器具）的顺序，按系统和实际施工情况划分检验批。特别要说明的是由进户管线至用户箱的线路称为干线，其分项应并入供电干线子分部；由用户箱至开关插座间的回路称为支线，其分项应并入电器照明安装子分部。

7）智能建筑分部、通风与空调分部、电梯分部工程如按照《建筑工程施工质量验收统一标准》GB 50300—2013 分项工程的划分与专业验收规范条文不完全一致，应按系统和实际施工情况，经与建设、监理、设计等单位商议在施工合同或协议中约定后划分检验批。

8）《建筑节能工程施工质量验收标准》GB 50411—2019 中建筑节能分部分项工程划分，其分项工程相当于统一标准中的子分部，主要验收内容相当于统一验收标准中的分项工程。

4. 建筑工程施工质量验收

建筑工程质量验收分单位工程、分部工程、分项工程和检验批四个层次验收。有关检查结论的填写应注意：施工单位填写检查结果，检查结果填写检验批（分项、分部工程）质量验收合格应符合的内容规定；监理(建设)单位填写验收结论。验收结论填写“合格”。

（1）检验批质量验收

检验批质量验收合格应符合下列规定：

1）主控项目的质量经抽样检验均应合格。

2）一般项目的质量经抽样检验合格。当采用计数抽样时，合格点率应符合有关专业验收规范的规定，且不得存在严重缺陷。对于计数抽样的一般项目，正常检验一次、二次抽样可按《建筑工程施工质量验收统一标准》GB 50300—2013 附录 D 判定。

3）具有完整的施工操作依据、质量验收记录。

检验批是施工过程中条件相同并有一定数量的材料、构配件或安装项目，由于其质量水平基本均匀一致，因此可以作为检验的基本单元，并按批验收。

检验批是工程验收的最小单位，是分项工程、分部工程、单位工程质量验收的基础。检验批验收包括资料检查、主控项目和一般项目检验。主控项目是建筑工程中对安全、节能、环境保护和主要使用功能起决定作用的检验项目、一般项目是除主控项目以外的检验项目具体按各专业质量验收规范逐项检查验收。

质量控制资料反映了检验批从原材料到最终验收的各施工工序的操作依据、检查情况以及保证质量所必需的管理制度等。对其完整性的检查，实际是对过程控制的确认，是检验批合格的前提。

（2）分项工程质量验收

分项工程质量验收合格应符合下列规定：

1）所含检验批的质量均应验收合格。

2）所含检验批的质量验收记录应完整。

分项工程的验收是以检验批为基础进行的。一般情况下，检验批和分项工程两者具有相同或相近的性质，只是批量的大小不同而已。分项工程质量合格的条件是构成分项工程的各检验批验收资料齐全完整，且各检验批均已验收合格。

（3）分部工程质量验收

分部工程质量验收合格应符合下列规定：

1）所含分项工程的质量均应验收合格。

2）质量控制资料应完整。

3）有关安全、节能、环境保护和主要使用功能的抽样检验结果应符合相应规定。

4）观感质量应符合要求。

分部工程的验收是以所含各分项工程验收为基础进行的。首先，组成分部工程的各分项工程已验收合格且相应的质量控制资料齐全、完整。此外，由于各分项工程的性质不尽相同，因此作为分部工程不能简单地组合而加以验收，尚须进行以下两类检查项目：

第一类，涉及安全、节能、环境保护和主要使用功能的地基与基础、主体结构和设备安装等分部工程应进行有关的见证检验或抽样检验。

第二类，以观察、触摸或简单量测的方式进行观感质量验收，并由验收人的主观判断，检查结果并不给出“合格”或“不合格”的结论，而是综合给出“好”“一般”“差”的质量评价结果。对于“差”的检查点应进行返修处理。

（4）单位工程质量验收

单位工程质量验收合格应符合下列规定：

1）所含分部工程的质量均应验收合格。

2）质量控制资料应完整。

3）所含分部工程有关安全、节能、环境保护和主要使用功能的检验资料应完整。

4）主要使用功能项目的抽查结果应符合相关专业验收规范的规定。

5）观感质量验收应符合要求。

单位工程质量验收也称单位工程质量竣工验收，是建筑工程投入使用前的最后一次验收，对设计、监理、施工单位也是最重要的一次验收。

其中，涉及安全、节能、环境保护和主要使用功能的分部工程检验资料应复查合格，这些检验资料与质量控制资料同等重要。资料复查要全面检查其完整性，不得有漏检缺项，其次复核分部工程验收时补充进行的见证抽样检验报告，体现了对安全和主要使用功能等的重视。

此外，对主要使用功能应进行抽查。这是对建筑工程和设备安装工程质量的综合检验，也是用户最为关心的内容，体现了验收标准完善手段、过程控制的原则，也将减少工程投入使用后的质量投诉和纠纷。因此，在分项、分部工程验收合格的基础上，单位工程（竣工）验收时再作全面检查。抽查项目是在检查资料文件的基础上由参加验收的各方人员商定，并用计量、计数的方法抽样检验，结果应符合有关专业验收规范的规定。

最后，观感质量通过验收。观感质量检查须由参加验收的各方人员共同进行，共同协商确定是否通过验收。

5. 建筑工程施工质量验收程序和组织要求

（1）检验批施工质量验收程序和组织要求

检验批应由专业监理工程师组织施工单位项目专业质量检查员、专业工长等进行验收。

检验批是建筑工程施工质量验收的基础，所有检验批均应由专业监理工程师组织验收。验收前，施工单位应完成自检，对存在的问题自行整改处理，然后填写“检验批或分项工程质量验收记录”的相应部分，并由项目专业质量检查员和专业工长分别在检验批质量检验记录中签字，然后申请专业监理工程师组织验收。

（2）分项工程施工质量验收程序和组织要求

分项工程应由专业监理工程师组织施工单位项目专业技术负责人等进行验收。

分项工程是由若干个检验批组成，也是建筑工程施工质量验收的基础。验收时在监理工程师组织下，可由施工单位项目技术负责人对所有检验批验收记录进行汇总，核查无误后报专业监理工程师审查，确认符合要求后，由项目专业技术负责人在分项工程质量检验记录中签字，然后由专业监理工程师签字通过验收。

(3) 分部工程验收程序和组织要求

分部工程应由总监理工程师组织施工单位项目负责人和项目技术负责人等进行验收。

除地基基础、主体结构和建筑节能三个分部工程外，其他七个分部工程的验收组织相同，即由总监理工程师组织，施工单位项目负责人和项目技术负责人等参加。

地基与基础分部工程规定勘察、设计单位工程项目负责人和施工单位技术、质量部门负责人应参加工程验收。

主体结构和建筑节能分部工程规定设计单位的项目负责人、施工单位技术、质量部门的负责人应参加工程的验收。

单位工程中的分包工程完工后，分包单位应对所承包的工程项目进行自检，并应按质量验收统一标准规定的程序进行验收。验收时，总包单位应派人参加。验收合格后，分包单位应将所分包工程的资料整理完整后，移交给总包单位。建设单位组织单位工程质量验收时，分包单位负责人应参加验收。

(4) 单位工程验收程序和组织要求

单位工程完工后，施工单位应首先依据验收规范、设计图纸等组织有关人员进行自检，对检查发现的问题进行必要的修改。监理单位应根据《建筑工程施工质量验收统一标准》GB 50300—2013、《建设工程监理规范》GB/T 50319—2013 的要求对工程进行预验收。符合规定后由施工单位向建设单位提交工程竣工报告和完整的质量控制资料，申请建设单位组织竣工验收。工程竣工预验收由监理单位总监理工程师组织各专业监理工程师参加，施工单位由项目经理、项目技术负责人等参加。

建设单位收到单位工程竣工报告后，应由建设单位项目负责人组织监理、施工、设计、勘察等单位项目负责人进行单位工程验收。

在一个单位工程中，对满足生产要求或具备使用条件，施工单位已自行检验，监理单位已预验收的子单位工程，建设单位可组织进行验收。由几个施工单位负责施工的单位工程，当其中的子单位工程已按设计要求完成，并经自行检验，也可按规定的程序组织正式验收，办理交工手续。在整个单位工程验收时，已验收的子单位工程验收资料应作为单位工程验收的附件。

(二) 建设工程项目管理、工程监理及施工组织设计规范

1. 建设工程项目管理

建设工程项目管理，是指运用系统的理论和方法，对建设工程项目进行计划、组织、指挥、协调和控制等专业化活动。

(1) 建设工程项目管理组织和项目管理机构

建设工程项目管理组织是指为实现其目标而具有职责、权限和相互关系等自身职能的个人或群体，包括建设单位、勘察单位、设计单位、施工单位、监理单位、咨询单位、代理单位等。

项目管理机构是根据组织授权，直接实施项目管理的单位。如项目管理公司、项目经理部、工程监理部。

(2) 建设工程项目管理人员的执（职）业资格

从事工程项目管理的注册人员，应当具有城乡规划师、建筑师、结构师、设备师、建造师、监理工程师、造价工程师等执业资格。

从事建设工程项目管理的技术人员应具备相应的初级、中级、高级等技术职称。

从事建设工程项目管理的专业人员应经过专业知识与专业技能考核合格，并具有施工员、质量员、材料员、机械员、标准员、劳务员、资料员等相应的专业岗位证书。其中施工员、质量员分为土建（地基与基础、主体、屋面、节能）、装饰、设备（给水排水供暖、通风空调、建筑电气、建筑智能化、电梯）、市政（道路、桥梁、轻轨、厂站、管道、垃圾处理、园林绿化）四个方向，其余不分方向。

从事建设工程项目管理的技术工人应具备相应的岗位证书，特种工还应具有安全考核证书。

施工单位还应具备安全生产管理 A、B、、C 三类人员的安全考核证书：A 类指施工企业主要负责人；B 类指项目负责人；C 类是指专职安全生产管理人员，分为 C1（机械类专职安全生产管理人员）、C2（土建类专职安全生产管理人员）、C3（综合类专职安全生产管理人员）。

(3) 建设工程项目管理的任务

建设工程项目管理的任务包括：项目管理策划、采购与投标管理、合同管理、设计与技术管理、进度管理、质量管理、成本管理、安全生产管理、绿色建造与环境管理、资源管理、信息与知识管理、沟通管理、风险管理、收尾管理、管理绩效评价。

项目管理规划应包括项目管理规划大纲和项目管理实施规划两类文件。项目管理规划大纲应有组织的管理层或组织委托的项目管理单位编制；项目管理实施规划应由项目经理组织编制；大中型项目应单独编制项目管理实施规划，承包人的项目管理实施规划可以用施工组织设计或质量计划代替，但应能够满足项目管理实施规划的要求。

(4) 建设工程项目管理的流程

建设工程项目管理的流程应依次为：启动、策划、实施、监控和收尾五个过程。

启动过程应明确项目概念，初步确定项目范围，落实资源，识别影响项目最终结果的内外部相关方。

策划过程应明确项目范围，协调项目相关方期望，优化项目目标，为实现项目目标进行项目管理规划与项目管理配套策划。启动、策划的具体工作应是编制项目管理规划大纲、编制投标书并进行投标，签订施工合同，选定项目经理，项目经理接受企业法定代表人的委托组建项目经理部，企业法人代表人与项目经理签订“项目管理目标责任书”，项目经理部组织编制“项目管理实施规划”，进行项目开工前的准备。

实施过程应按照项目管理策划的要求组织人员和资源，实施具体措施，完成项目管理策划中确定的工作。

监控过程应对照项目管理策划，监督项目管理活动，分析项目进展情况，识别必要的变更需求并实施变更。

收尾过程应完结全部过程或阶段的所有活动，正式结束项目或阶段。即项目竣工验收阶段进行竣工验收，清理各种债权债务，移交资料和工程，进行经济分析，完成竣工决算。做好保修期管理，在保修期内承担质量保修责任，回收质量保修资金，实施相关服务。做出项目管理总结报告并送企业管理层有关职能部门，企业管理层组织考核委员会对项目管理工作进行考核评价并兑现“项目管理目标责任书”中的奖惩承诺，项目经理部解体，在保修期满前企业管理层根据“工程质量保修书”的约定进行回访保修。正式结束项目或阶段或终止项目活动。

（5）建设工程项目管理责任制度

建设工程项目管理责任制度是项目管理的基本制度。项目管理机构负责人责任制是项目管理责任制度的核心内容。

建设工程项目各实施主体和参与方应建立项目管理责任制度，明确项目管理组织和人员分工，建立各方相互协调的管理机制。建设工程项目各实施主体和参与方法定代表人应书面授权委托项目管理机构负责人，并实行项目负责人责任制。项目管理机构负责人应根据法定代表人的授权范围、期限和内容，履行管理职责。项目管理机构负责人应取得相应资格，并按规定取得安全生产考核合格证书。项目管理机构负责人应按相关约定在岗履职，对项目实施全过程及全面管理。

（6）建筑施工企业项目负责人（项目经理）

工程项目施工应建立以项目经理为首的生产管理系统。建筑施工企业项目经理（以下简称项目经理），是指组织（企业）法定代表人在建设工程项目上的授权委托代理人。国发〔2013〕5号文规定2008年2月27日起凡持有建造师注册证书的人员，经其所在企业聘用后均可担任工程项目施工的项目经理。今后大、中型工程项目施工的项目经理必须由取得建造师注册证书的人员担任；但取得建造师注册证书的人员是否担任工程项目施工的项目经理，由企业自主决定。施工企业项目经理在建设工程项目施工中处于中心地位，对建设工程项目施工负有全面管理责任。

（7）项目管理机构负责人（经理）的职责

1）项目管理目标责任书规定的职责。

2）工程质量安全责任承诺书中应履行的职责。

3）主持编制施工组织设计、项目管理实施规划，对项目目标进行系统管理。

4）主持制定并落实质量安全技术措施和专项施工方案，负责质量安全技术交底的组织工作。

5）对各类资源进行质量监控和动态管理。

6）对进厂的机械、设备、工器具的安全质量和使用进行监控。

7）建立各类专业管理制度，并组织实施。

8）制定有效的安全文明和环境保护措施并组织实施。

9）进行授权范围内的任务分解和利益分配。

10）按规定完善工程资料，规范工程档案文件，准备工程结算和竣工资料，参与工程竣工验收。

11）接受审计，处理项目管理机构解体的善后工作。

12）协助和配合组织进行项目检查、鉴定和评奖申报。

13）配合组织完善缺陷责任期的相关工作。

2. 建设工程项目信息与知识管理

《建设工程项目管理规范》GB/T 50326—2017 明确规定，建设工程项目信息与知识管理是建设工程项目管理任务之一。建设工程项目管理组织应建立项目信息与知识管理制度，及时、准确、全面地收集信息与知识，安全、可靠、方便、快捷地存储、传输信息和知识，有效、适宜地使用信息和知识。

建设工程项目信息管理是指对项目信息进行的收集、整理、分析、处理、存储、传递和使用等活动；是通过对项目所属各个系统、各项工作和各种数据的管理，使项目的资料能方便和有效的获取、存储、存档、处理和交流；信息管理应满足信息的实效性、针对性、准确性和完整性的要求；信息管理满足项目管理要求；信息格式统一、规范；信息管理应综合考虑信息成本及信息收益，实现信息效益最大化。

建设工程项目信息管理应包括的内容：信息计划管理；信息过程管理；信息安全管理；文件与档案管理；信息技术应用管理。

（1）建设工程项目信息管理计划与实施

项目信息管理计划是项目信息管理的重要环节，项目信息管理计划应纳入项目管理策划过程。项目信息管理计划应包括的内容：项目信息管理的范围；项目信息管理目标；项目信息需求；项目信息管理手段和协调机制；项目信息编码系统；项目信息渠道和管理流程；项目信息资源需求计划；项目信息管理制度与信息变更控制措施。

项目信息需求应明确实施项目相关方所需的信息，包括信息的类型、内容、格式、传递要求，并应进行信息价值分析。

项目信息编码系统应有助于提高信息的结构化程度，方便使用，并且应与组织信息编码保持一致。

项目信息渠道和管理流程应明确信息产生和提供的主体，明确该信息在项目管理机构内部和外部的具体使用单位、部门和人员之间的信息流动要求。

项目信息资源需求计划应明确所需的各种信息资源名称、配置标准、数量、需用时间和费用估算。

建立信息管理制度应确保信息管理人员以有效的方式进行信息管理，信息变更控制措施应确保信息在变更中进行有效地控制。

（2）建设工程项目信息过程管理

信息过程管理应包括信息的采集、传输、存储、应用和评价过程，宜使用计算机进行信息过程管理。项目管理机构应按照信息管理计划实施信息过程管理，项目信息主要包括与项目有关的自然信息、市场信息、法规信息、政策等外部信息；项目利益相关方信息；项目内部的各种管理和技术信息。项目信息宜采用移动终端、计算机终端、物联网技术或其他技术进行及时、有效、准确地采集。项目信息应采用安全、可靠、经济、合理的方式和载体进行传输。项目管理机构应建立相应的数据库，对信息进行存储。项目竣工后应保存和移交完整的项目信息资料。项目管理机构应通过项目信息的应用，掌握项目的实施动态和偏差情况，以便于实现通过任务安排进行偏差控制。项目信息管理评价应确保定期检查信息的有效性、管理成本以及信息管理所产生的效益，评价信息管理效益，持续改进信息管理工作。

（3）建设工程项目信息安全管理

项目信息安全管理应采用分级分类管理，采用的管理措施包括：设立信息安全岗位，明确分工职责；实施信息安全教育，规范信息安全行为；采用先进的安全技术，确保信息安全状态。项目管理机构应实施全过程信息安全管理，建立完善的信息安全责任制度，实施信息控制程序，并确保信息安全管理的持续改进。

（4）建设工程项目文件与档案管理

项目管理机构实施项目文件与档案管理应配备专职或兼职的文件与档案管理人员。项目管理过程中产生的文件与档案均应进行及时收集、整理，并按项目统一规定的标识，完整存档。项目文件与档案管理宜应用信息系统，其中重要项目文件和档案应有纸介质备份。项目管理机构应保证项目文件和档案资料的真实、有效和完整，不得进行伪造、篡改。项目文件和档案宜分类、分级进行管理，保密要求高的信息或文件应按高级别保密要求进行防泄密控制，一般信息可采用适宜方式进行控制。

（5）建设工程项目信息技术应用管理

项目信息技术应用管理宜采用信息系统，先规划后实施。项目信息系统应包括项目所有的管理数据，为用户提供项目各方面信息，更好地实现信息共享、协同工作、过程控制、实时管理。

项目信息系统宜基于互联网并结合先进技术进行建设和应用，如建筑信息模型、云计算、大数据、物联网。

项目信息系统应包括下列应用功能：信息收集、传送、加工、反馈、分发、查询的信息处理功能；进度管理、成本管理、质量管理、安全管理、合同管理、技术管理及相关的业务处理功能；与工具软件、管理系统共享和交换数据的数据集成功能；利用已有信息和数学方法进行预测、提供辅助决策的功能；支持项目文件与档案管理的功能。

项目管理机构应通过信息系统的使用取得下列管理效果：实现项目文档管理的一体化；获得项目进度、成本、质量、安全、合同、资金、技术、环保、人力资源、保险的动态信息；支持项目管理满足事前预测、事中控制、事后分析需求；提供项目关键过程的具体数据并自动产生相关报表和图表。

项目信息系统应具有下列安全技术措施：身份认证；防止恶意攻击；信息权限设置；跟踪审计和信息过滤；病毒防护；安全监测；数据灾难备份。

项目管理机构应配备专门的运行维护人员，负责项目信息系统的使用指导、数据备份、维护和优化工作。

（6）建设工程项目知识管理

建设工程项目知识管理是对知识、知识创造过程和知识的应用进行规划和管理的过程。要求组织应把知识管理与信息管理有机结合，并纳入项目管理过程。知识管理的目的是保证获得合格的工程产品和服务。在项目实施全过程，知识管理与信息管理相结合，即可产生更大的管理价值。

项目管理机构应确认所需的项目管理知识包括：知识产权；从经历获得的感受和体

会；从成功和失败项目中得到的经验教训；过程、产品和服务的改进结果；标准规范的要求；发展趋势与方向。获取知识的方法包括：编辑发布、邮件采集、网页采集和监理经验库、知识库、行业数据等。项目知识的来源可以包括内部来源和外部来源。

项目管理机构针对项目知识管理应做好下列工作：

1）确定知识传递的渠道，实现知识分享，并进行知识更新。

2）确定知识应用的需求，采取确保知识应用的准确性和有效性的措施。需要时，实施知识创新。

项目管理机构（部门）应根据实际需要设立信息与知识管理岗位，配备熟悉项目管理业务流程，并经过培训的人员担任信息与知识管理人员，开展项目的信息与知识管理工作。信息与知识管理岗位人员主要负责协调和组织项目管理班子各个工作部门的数据库的建立，对信息进行储存；项目竣工后应保存和移交完整的项目信息资料。项目信息应由信息与知识管理人员依靠现代信息技术，在项目的实施过程中，通过采集、传输、存储、应用和评价等进行过程管理。

3. 建设工程监理人员、监理实施、监理资料的要求

（1）建设工程监理

依据《建设工程监理规范》GB/T 50319—2013 规定：工程监理单位应是按照规定依法成立并取得建设主管部门颁发的工程监理企业资质证书，从事建设工程监理活动与相关服务活动的服务机构。

工程监理单位受建设单位委托，根据法律法规、工程建设标准、勘察设计文件、监理合同及其他合同文件，在施工阶段对建设工程质量、造价、进度进行控制，对合同、信息进行管理，对工程建设相关方的关系进行协调，并履行建设工程安全生产管理的监理职责等服务活动。

（2）工程监理人员有关资料管理的职责

1）总监理工程师应履行主持整理工程项目的监理资料职责：

组织编制监理规划，审批监理实施细则；组织审查施工组织设计、（专项）施工方案；审查工程开工复工报审表、签发工程开工令、暂停令和复工令；组织审核施工单位的付款申请，签发工程款支付证书，组织审核竣工结算；组织审查和处理工程变更；调解建设单位与施工单位的合同争议，处理工程索赔；组织验收分部工程，组织审查单位工程质量检验资料；审查施工单位的竣工申请，组织工程竣工预验收；组织编写工程质量评估报告，参与工程竣工验收；组织编写监理月报，监理工作总结，组织整理监理文件资料。

2）专业监理工程师应履行主持整理工程项目的监理资料职责：

参与编制监理规划，负责编制监理实施细则；审查施工单位提交的涉及本专业的报审文件，并向总监理工程师报告；检查进厂的工程材料、构配件、设备的质量；验收检验批、隐蔽工程、分项工程；进行工程计量；参与工程变更的审查和处理；组织编写监理日志，参与编写监理月报；收集、汇总、参与整理监理文件资料；参与工程竣工预验收和竣工验收。

3）监理员有关资料管理应履行以下职责：

检查施工单位投入工程的人力、主要设备的使用及运行状况；进行见证取样；复核工

程计量有关数据；检查工序施工结果。

（3）监理文件资料归档管理

建设工程监理资料是监理单位在工程监理过程中履行各项监理职责，收集形成的文件；从监理单位进场开始，到完成竣工验收并履行完成其合同约定的监督管理职责为止。依据《建设工程文件归档规范》GB/T 50328—2014（2019 年版）规定监理归档资料包括：监理管理文件（B1）、进度控制文件（B2）、质量控制文件（B3）、造价控制文件（B4）、工期管理文件（B5）、监理验收文件（B6）6 类。

（4）监理资料管理工作流程

如图 1-1 所示。

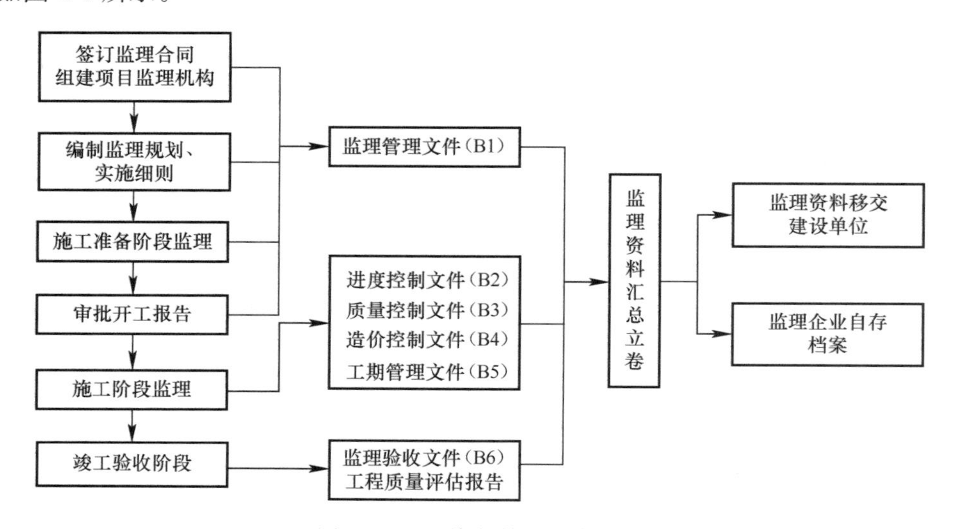

图 1-1　监理资料管理工作流程

4. 建筑施工组织设计内容与编制的要求

（1）施工组织设计

施工组织设计是以施工项目为对象编制的，用以指导施工的技术、经济和管理的综合性文件，是对施工活动实行科学管理的重要手段，它具有战略部署和战术安排的双重作用。它体现了实现基本建设计划和设计的要求，提供了各阶段的施工准备工作内容，协调施工过程中各施工单位、各施工工种、各项资源之间的相互关系。通过施工组织设计，可以根据具体工程的特定条件，拟订施工方案，确定施工顺序、施工方法、技术组织措施，可以保证拟建工程按照预定的工期完成，可以在开工前了解到所需资源的数量及其使用的先后顺序，合理布置施工现场。根据施工组织设计编制的广度、深度和作用不同可分为施工组织总设计、单位工程施工组织设计和施工方案。

（2）施工组织设计的基本内容

施工组织设计应包括编制依据、工程概况、施工部署、施工进度计划、施工准备与资源配置计划、主要施工方法、施工现场平面布置及主要施工管理计划。

1）施工组织总设计是以若干单位工程组成的群体工程或特大型项目为主要对象［如一座工厂、一座机场、一个道路工程（包括桥梁）、一个居住小区等］编制的施工组织设计，对整个项目的施工过程起统筹规划、重点控制的作用。它是对整个建设工程项目施工的战略部署，是指导全局性施工的技术和经济纲要。

2）单位工程施工组织设计是以单位工程（如一栋楼房、一个烟囱、一段道路、一座桥等）为主要对象编制的，对单位工程的施工过程起指导和制约作用。在施工组织总设计的指导下，由直接组织施工的单位根据施工图设计进行编制，用以直接指导单位工程的施工活动，是施工单位编制分部（分项）工程施工组织设计和季、月、旬施工计划的依据。单位工程施工组织设计根据工程规模和技术复杂程度不同，其编制内容的深度和广度也有所不同。

3）施工方案是以分部（分项）工程或专项工程为主要对象编制的施工技术与组织方案，用以具体指导其施工过程。通常针对某些特别重要的、技术复杂的，或采用新工艺、新技术施工的分部（分项）工程，如深基础、无粘结预应力混凝土、特大构件的吊装、大量土石方工程、定向爆破工程等为对象编制的。此外，针对危险性较大的分部（分项）工程，还应编制专项施工方案。施工方案的内容应具体、详细，可操作性强，是直接指导分部（分项）工程施工的依据。

（3）施工组织设计的编制依据

1）相关的法律、法规和文件。

2）国家现行有关标准和技术经济指标。

3）工程所在地区行政主管部门的批准文件，建设单位对施工的要求。

4）工程施工合同或招标投标文件。

5）工程设计文件。

6）工程施工范围内的现场条件，工程地质及水文地质、气象等自然条件。

7）与工程有关的资源供应情况。

8）施工企业的生产能力、机具设备状况、技术水平等。

施工组织设计的编制依据是根据建设工程的类型和性质、建设地区的各种自然条件和经济条件、工程项目的施工条件及施工企业的条件，因此，尽可能在编制前向各有关部门调查和收集资料或实地勘察和调查取得。

（4）施工组织设计的编制和审批

施工组织设计的编制和审批应符合下列规定：

1）施工组织设计应由项目负责人主持编制，可根据需要分阶段编制和审批。

2）施工组织总设计应由总承包单位技术负责人审批；单位工程施工组织设计应由施工单位技术负责人或技术负责人授权的技术人员审批；施工方案由项目技术负责人审批；重点、难点分部（分项）工程和专项工程施工方案应由施工单位技术部门组织相关专家评审，施工单位技术负责人批准。

3）由专业承包单位施工的分部（分项）工程或专项工程的施工方案，应由专业承包单位技术负责人或技术负责人授权的技术人员审批；有总承包单位时，应由总承包单位项目技术负责人核准备案。

4）规模较大的分部（分项）工程和专项工程的施工方案应按单位工程施工组织设计进行编制和审批。

施工组织设计的编制和审批除了上述规定外，对于有些分期分批建设的项目跨越时间很长，还有些项目如地基基础、主体结构、装修装饰和机电设备安装并不是由一个总承包单位完成，此外还有一些特殊情况的项目，在征得建设单位同意的情况下，施工单位可分阶段编制施工组织设计。

(5) 安全专项施工方案

《建设工程安全生产管理条例》(国务院第393号令) 中规定：对达到一定规模的危险性较大的分部（分项）工程编制专项施工方案，并附具安全验算结果，经施工单位技术负责人、总监理工程师签字后实施，由专职安全生产管理人员进行现场监督。

危险性较大的分部（分项）工程主要包括：基坑支护与降水工程；土方开挖工程；模板工程；起重吊装工程；脚手架工程；拆除、爆破工程；国务院建设行政主管部门或者其他有关部门规定的其他危险性较大的工程。

《住房城乡建设部办公厅关于实施〈危险性较大的分部分项工程安全管理规定〉有关问题的通知》(建办质〔2018〕31号) 针对危险性较大的分部分项工程范围和超过一定规模的危险性较大工程范围做了明确规定。

对超过一定规模的危险性较大的分部分项工程中涉及深基坑、地下暗挖工程、高大模板工程的专项施工方案，施工单位还应组织专家对单独编制的专项施工方案进行论证、审查。施工方案专家论证的主要内容包括：专项方案内容是否完整、可行；专项方案计算书和验算依据是否符合有关标准规定；专项施工方案是否满足现场实际情况，并能确保施工安全。专项方案经论证后，专家组应当提交论证报告，对论证的内容提出明确意见，并在论证报告上签字。施工单位应当根据论证报告修改完善专项方案，并经施工单位技术负责人、项目总监理工程师、建设单位项目负责人签字后，方可组织实施。

建筑工程实行施工总承包的，专项施工方案应当由施工总承包单位组织编制。其中，起重机械安装拆卸工程、深基坑工程、附着式升降脚手架等专业工程实行分包的专项方案可由专业承包单位编制。应由总承包单位技术负责人及相关单位技术负责人签字，专家的人数不应少于五人。

除上述《建设工程安全生产管理条例》中规定的分部（分项）工程外，施工单位还应根据项目特点和地方政府部门有关规定，对具有一定规模的重点、难点分部（分项）工程进行相关论证。

有些分部（分项）工程或专项工程，如主体结构为钢结构的大型建筑工程，其钢结构分部规模很大且在整个工程中占有重要的地位。需另行分包，遇有这种情况的分部（分项）工程或专项工程，其施工方案应按施工组织设计进行编制和审批。

二、建筑工程竣工验收备案

建设工程竣工验收备案制度是加强政府监督管理、防止不合格工程流向社会的一个重要手段。根据《建设工程质量管理条例》（2019年修订版）规定，建设单位应当自建设工程竣工验收合格之日起15日内，将建设工程竣工验收报告和规划、消防、环保等部门出具的认可文件或者准许使用文件报建设行政主管部门或者其他有关部门备案。

（一）建筑工程竣工验收备案管理

建筑工程竣工验收备案管理工作应由建设单位依据《建设工程质量管理条例》有关规定和《房屋建筑和市政基础设施工程竣工验收备案管理办法》（2009年修订版）实施。

1. 建筑工程竣工验收备案的范围

凡在我国境内新建、扩建、改建各类房屋建筑工程及市政基础设施工程都实行竣工验收备案制度。国务院住房和城乡建设主管部门负责全国房屋建筑和市政基础设施工程（以下统称工程）的竣工验收备案管理工作。县级以上地方人民政府建设主管部门负责本行政区域内工程的竣工验收备案管理工作。抢险救灾工程、临时性房屋建筑工程和农民自建低层住宅工程，不适用本规定。军用房屋建筑工程竣工验收备案，按照中央军事委员会的有关规定执行。

2. 建筑工程竣工验收备案的文件

建设单位应当自工程竣工验收合格之日起15日内将《工程竣工验收备案表》和有关文件，报建设工程备案机关办理竣工工程验收备案手续。建设单位办理工程竣工验收备案应当提交下列文件，见表2-1。

1）工程竣工验收备案表。

2）工程竣工验收报告。竣工验收报告应当包括工程报建日期，施工许可证号，施工图设计文件审查意见，勘察、设计、施工、工程监理等单位分别签署的质量合格文件及验收人员签署的竣工验收原始文件，市政基础设施的有关质量检测和功能性试验资料以及备案机关认为需要提供的有关资料。

3）法律、行政法规规定应当由规划、环保等部门出具的认可文件或者准许使用文件。

4）法律规定应当由公安消防部门出具的对大型的人员密集场所和其他特殊建设工程验收合格的证明文件。

5）施工单位签署的工程质量保修书。

6）法规、规章规定必须提供的其他文件。

7）住宅工程还应当提交《住宅质量保证书》和《住宅使用说明书》。

备案机关收到建设单位报送的竣工验收备案文件，验证文件齐全后，应当在工程竣工验收备案表上签署文件收讫。省、自治区、直辖市人民政府住房和城乡建设主管部门可以根据本办法制定实施细则。工程竣工验收备案表一式两份，一份由建设单位保存，一份留备案机关存档。

建筑工程竣工验收备案提交资料表　　　表 2-1

序号	材料名称	份数	材料形式	备注
1	建设工程竣工验收备案表	4	原件	
2	建设工程竣工验收报告	6	原件	
3	工程施工许可证	1	复印件（核对原件）	
4	工程施工质量验收申请表	1	原件	
5	单位（子单位）工程质量验收记录	1	原件	
6	工程质量评估报告	1	原件	
7	设计文件质量检查报告	1	原件	
8	勘察文件质量检查报告	1	原件	
9	施工图设计文件审查报告	1	复印件（核对原件）	
10	建设工程规划许可证及规划验收合格证	1	复印件（核对原件）	
11	建筑工程消防验收意见书	1	复印件（核对原件）	
12	建设工程竣工验收档案认可书	1	复印件（核对原件）	
13	环境保护验收意见	1	复印件（核对原件）	
14	建设工程质量验收监督意见书	1	原件	
15	燃气工程验收文件	1	复印件（核对原件）	有该项工程内容的，提供
16	电梯安装分部工程质量验收证书	1	原件	有该项工程内容的，提供
17	室内环境污染物检测报告	1	复印件（核对原件）	依照标准、规范需要实施该项工程内容的，提供
18	工程质量保修书	1	原件	
19	住宅质量保证书和住宅使用说明书	1	原件	属于商品住宅工程的，提供
20	单位工程施工安全评价书	1	复印件（核对原件）	
21	中标通知书（设计、监理、施工）	1	复印件（核对原件）	必须招标的工程，提供
22	建设施工合同	1	复印件（核对原件）	
23	工程款支附证明及发票复印件	1	复印件（核对原件）	
24	人防工程验收证明	1	复印件（核对原件）	依照标准、规范需要实施该项工程内容的，提供
25	工程质量安全监督报告	1	原件	监督站提供

3. 建筑工程竣工验收备案的程序

（1）建设工程竣工验收备案须具备的条件

1）工程竣工验收已合格，并完成工程竣工验收报告。

2）工程质量监督机构已出具工程质量监督报告。

3）已办理工程监理合同登记核销及施工合同（总包、专业分包和劳务分包合同）备案核销手续。

4）各项专项资金已结算。

（2）建设单位向备案机关领取《房屋建筑工程和市政基础设施工程竣工验收备案表》。

（3）建设单位持加盖单位公章和单位项目负责人签名的《房屋建筑工程和市政基础设施工程竣工验收备案表》一式四份及上述规定的材料，向备案机关备案。

（4）备案机关在收齐、验证备案材料后15个工作日内在《房屋建筑工程和市政基础设施工程竣工验收备案表》上签署备案意见（盖章），建设单位、施工单位、监督站和备案机关各持一份。

（二）建筑工程竣工验收备案的实施

1. 施工单位辅助建设单位的备案基础工作

依据《建设工程文件归档规范》GB/T 50328—2014（2019年版）的规定，列入城建档案管理机构接收范围的工程，建设单位在工程竣工验收备案前，必须向城建档案管理机构移交一套符合规定的工程档案。建设单位移交城建档案管理机构的备案资料涵盖施工单位提交的相关资料，见表2-2。

竣工验收（归档）文件　　表2-2

类别	归档文件	资料来源	保存单位				
			建设单位	设计单位	施工单位	监理单位	城建档案馆
E1	竣工验收与备案文件						
1	勘察单位工程质量检查报告	勘察单位	▲		△	△	▲
2	设计单位工程质量检查报告	设计单位	▲	▲	△	△	▲
3	施工单位工程竣工报告	施工单位	▲		▲	△	▲
4	监理单位工程质量评估报告	监理单位	▲		△	▲	▲
5	工程竣工验收报告	建设单位	▲	▲	▲	▲	▲
6	工程竣工验收会议纪要	建设单位	▲	▲	▲	▲	▲
7	专家组竣工验收意见	建设单位	▲	▲	▲	▲	▲
8	工程竣工验收证书	建设单位	▲	▲	▲	▲	▲
9	规划、消防、环保、民防、防雷等部门出具的认可文件或准许使用文件	政府主管部门	▲	▲	▲	▲	▲
10	房屋建筑工程质量保修书	施工单位	▲		▲	▲	▲
11	住宅质量保证书、住宅使用说明书	建设单位	▲		▲	▲	▲
12	建设工程竣工验收备案表	建设单位	▲	▲	▲	▲	▲
13	建设工程档案预验收意见	建设单位	▲		△		▲
14	城市建设档案移交书	建设单位	▲				▲

续表

类别	归档文件	资料来源	保存单位				
			建设单位	设计单位	施工单位	监理单位	城建档案馆
E2	竣工决算文件						
1	施工决算资料	施工单位	▲		▲		△
2	监理决算资料	监理单位	▲			▲	△
E3	工程声像资料						
1	开工前原貌、施工阶段、竣工新貌照片	建设单位	▲		△	△	▲
2	工程建设过程的录音、录像资料（重大工程）	建设单位	▲		△	△	▲
E4	其他工程文件						

注：各级建设行政主管部门另有规定的，可参照表 2-1 的内容。

表中"▲"表示必须归档保存；"△"表示选择性归档保存。

2. 施工单位辅助建设单位备案实施要点

建筑工程竣工验收备案的基础工作应是通过竣工验收，完成竣工验收文件收集整理，并依据《建设工程文件归档规范》GB/T 50328—2014（2019 年版）的规定，准备提交备案文件，见表 2-2。

备案工作的实施应与单位工程竣工验收同步进行，一是因建设单位在单位工程质量（竣工）验收合格 15 日内将《建设工程竣工验收报告》和有关文件，报建设工程备案机关办理竣工工程验收备案手续。二是建设单位办理工程竣工验收备案应当提交的文件包括竣工验收文件。

房屋建筑工程和市政基础设施工程竣工验收和备案工作，由建设单位负责组织实施。县级以上地方人民政府建设行政主管部门应当委托工程质量监督机构对工程竣工验收实施监督和备案。依据《房屋建筑工程和市政基础设施工程竣工验收暂行规定》（建质〔2013〕171 号）的规定，工程符合下列要求方可进行竣工验收，完成竣工验收方可备案。验收和备案要求如下：

（1）完成建设工程设计和合同约定的各项内容（对照合同、设计及变更）。

（2）施工单位在工程完工后对工程质量进行了检查，确认工程质量符合有关法律、法规和工程建设强制性标准，符合设计要求及合同约定，并提出单位工程质量（竣工）验收报告。建设单位报送的工程竣工验收报告应经项目经理和施工单位有关负责人审核签字（审查报告）。

（3）对于委托监理的工程项目，监理单位对工程进行单位工程质量（竣工）预验收。预验收合格后，项目监理机构应编写工程质量评估报告，并应经总监理工程师和监理单位有关负责人审核签字（查看监理资料）。

（4）勘察、设计单位对勘察、设计文件及施工过程中由设计单位签署的设计变更通知书进行了检查，并提出质量检查报告。质量检查报告应经该项目勘察、设计负责人和勘察、设计单位有关负责人审核签字（查看设计、勘察资料）。

（5）有完整的技术档案和施工管理资料（检查ABCD四类资料）。

（6）有工程使用的主要建筑材料、建筑构配件和设备的进场试验报告（检查试验报告是否完整）。

（7）建设单位已按合同约定支付工程款（查看工程款支付证书）。

（8）有施工单位签署的工程质量保修书（查看保修书是否符合规定、约定及要求）。

（9）对于住宅工程，进行分户验收并验收合格，建设单位按户出具《住宅工程质量分户验收表》（查看证书）。

（10）建设行政主管部门及工程质量监督机构责令整改的问题全部整改完毕（查看资料）。

（11）法律、法规规定的其他条件。

工程竣工验收报告还应附有下列文件：

（1）施工许可证。

（2）施工图设计文件审查意见。

（3）施工单位提出的工程竣工报告，监理单位提出的工程质量评估报告，勘察、设计单位提出的质量检查报告，施工单位签署的工程质量保修书。

（4）验收组人员签署的工程竣工验收意见。

（5）法规、规章规定的其他有关文件。

负责监督该工程的工程质量监督机构应当对工程竣工验收的组织形式、验收程序、执行验收标准等情况进行现场监督，发现有违反建设工程质量管理规定行为的，责令改正，并将对工程竣工验收的监督情况作为工程质量监督报告的重要内容。

三、建设工程文件归档管理

（一）建设工程文件归档规范的基本规定

为加强建设工程文件归档管理工作，统一建设工程档案文件的归档标准，建立真实、完整、准确的工程档案，建设工程文件的整理、归档，以及建设工程档案的验收与移交必须符合《建设工程文件归档规范》GB/T 50328—2014（2019 年版）的规定。

建设工程归档文件是指在工程建设过程中形成的各种形式的信息记录，包括工程准备阶段文件、监理文件、施工文件、竣工图和竣工验收文件。

（1）工程准备阶段文件是建设单位在工程开工以前，在立项、审批、用地、勘察、设计、招投标等工程准备阶段形成的文件。

（2）监理文件是监理单位在工程设计、施工等监理过程中形成的文件。

（3）施工文件是施工单位在工程施工过程中形成的文件。

（4）竣工图是竣工图编制单位（建设单位与勘察、设计、监理、施工单位签订合同时确认）在工程竣工验收后，真实反映建设工程施工结果的图样。

（5）竣工验收文件是建设单位在建设工程项目竣工验收活动中形成的文件。

（二）建设工程文件管理职责

建设工程文件实行分级、分类管理，由建设、勘察、设计、监理、施工等项目各主要参与单位负责全过程的工程资料管理工作。建设工程文件管理职责包括建设单位、勘察设计单位、监理单位、施工单位和城建档案馆在内的全部工程文件的编制和管理。凡参与工程建设的建设单位、勘察设计单位、监理或咨询单位、施工单位都负有收集、整理、签署、核查工程文件的责任。《建设工程文件归档规范》GB/T 50328—2014（2019 年版）中明确规定：建设、勘察、设计、施工、监理等单位应将工程文件的形成和积累纳入工程建设管理的各个环节和相关人员的职责范围。

（1）建设单位在工程文件与档案的整理、归档、验收、移交工作中，应按下列流程履行职责：

1）在工程招标及与勘察、设计、施工、监理等单位签订协议、合同时，应明确竣工图的编制单位、工程档案的编制套数、编制费用及承担单位、工程档案的质量要求和移交时间等内容。

2）收集和整理工程准备阶段形成的文件，并进行立卷归档。

3）组织、监督和检查勘察、设计、施工、监理等单位的工程文件的形成、积累和立卷归档工作。

4）收集和汇总勘察、设计、施工、监理等单位立卷归档的工程档案。

5）收集整理竣工验收文件，并进行立卷归档。

6）在组织工程竣工验收前，应按《建设工程文件归档规范》GB/T 50328—2014（2019 年版）的要求，将全部文件材料收集齐全并完成工程档案的立卷；在组织竣工验收时，应组织对工程档案验收，验收结论应在工程竣工验收报告、专家组竣工验收意见中明确。

7）对列入城建档案管理机构接收范围的工程，工程竣工验收后备案前，应向当地城建档案管理机构移交一套符合规定的工程档案。

（2）勘察、设计、施工、监理等单位应将本单位形成的工程文件立卷后向建设单位移交。

（3）建设工程项目实行总承包管理的，总包单位负责收集、汇总各分包单位形成的工程档案，并应及时向建设单位移交；各分包单位应将本单位形成的工程文件整理、立卷后及时移交总包单位。建设工程项目由几个单位承包的，各承包单位应负责收集、整理立卷其承包项目的工程文件，并应及时向建设单位移交。

（4）建设工程档案的验收应纳入建设工程竣工联合验收环节。

（5）城建档案管理机构应对工程文件的立卷归档工作进行指导和服务。并按《建设工程文件归档规范》GB/T 50328—2014（2019 年版）的要求对建设单位移交的建设工程档案进行联合验收。

（6）工程资料管理人员应经过工程文件归档整理的专业培训。

（三）建设工程文件归档范围

建设工程参建各方宜按《建设工程文件归档规范》GB/T 50328—2014（2019 年版）规定的归档文件范围，将工程资料归档保存。归档文件的范围及质量要求为：对与工程建设有关的重要活动、记载工程建设主要过程和现状、具有保存价值的各种载体的文件，均应收集齐全、整理立卷后归档。建设工程资料的具体归档范围和内容应符合规范的规定，见表 3-1。声像资料的归档范围和质量要求应符合现行行业标准《城建档案业务管理规范》CJJ/T 158—2011 的要求。不属于归档范围、没有保存价值的工程文件，文件形成单位可自行组织销毁。

工程文件归档范围和资料类别、来源及保存要求　　表 3-1

类别	归档文件	资料来源	保存单位				
			建设单位	设计单位	施工单位	监理单位	城建档案馆
工程准备阶段文件（A 类）							
A1	**立项文件**						
1	项目建议书的批复文件及项目建议书	建设单位	▲				▲
2	可行性研究报告批复文件及可行性研究报告	建设行政管理部门	▲				▲
3	专家论证意见、项目评估文件	建设单位	▲				▲

续表

类别	归档文件	资料来源	保存单位				
			建设单位	设计单位	施工单位	监理单位	城建档案馆
4	关于立项的会议纪要、领导批示	建设单位	▲				▲
A2	建设用地、拆迁文件						
1	选址申请及选址规划意见通知书	建设单位、自然资源、生态环境部门	▲				▲
2	建设用地批准书	自然资源部门	▲				▲
3	拆迁安置意见、协议、方案等	建设单位	▲				△
4	建设用地规划许可证及其附件	自然资源部门	▲				▲
5	土地使用证明文件及其附件	自然资源部门	▲				▲
6	建设用地钉桩通知单	自然资源部门	▲				▲
A3	勘察、设计文件						
1	工程地质勘察报告	勘察单位	▲	▲			▲
2	水文地质勘察报告	勘察单位	▲	▲			▲
3	初步设计文件（说明书）	建设单位、设计单位	▲	▲			
4	设计方案审查意见	规划和自然资源部门	▲	▲			▲
5	人防、环保、消防等有关主管部门（对设计方案）审查意见	人民防空、生态环境、应急消防主管部门	▲	▲			▲
6	设计计算书	设计单位	▲	▲			△
7	施工图设计文件审查意见	施工图审查机构	▲	▲			▲
8	节能设计备案文件	设计单位、住房和城乡建设主管部门	▲				▲
A4	招标投标文件						
1	勘察、设计招标投标文件	建设单位 勘察单位	▲	▲			
2	勘察、设计合同		▲	▲			▲
3	施工招标投标文件	建设单位 施工单位	▲		▲	△	
4	施工合同		▲		▲	△	▲
5	工程监理招标投标文件	建设单位 监理单位	▲			▲	
6	监理合同		▲			▲	▲

续表

类别	归档文件	资料来源	保存单位				
			建设单位	设计单位	施工单位	监理单位	城建档案馆
A5	**开工审批文件**						
1	建设工程规划许可证及其附件	自然资源部门	▲		△	△	▲
2	建设工程施工许可证	住房和城乡建设主管部门	▲		▲	▲	▲
A6	**工程造价文件**						
1	工程投资估算材料	建设单位	▲				
2	工程设计概算材料	建设单位	▲				
3	招标控制价格文件	建设单位	▲				
4	合同价格文件	建设单位	▲		▲		△
5	结算价格文件	建设单位	▲		▲		△
A7	**工程建设基本信息**						
1	工程概况信息表	建设单位	▲		△		▲
2	建设单位工程项目负责人及现场管理人员名册	建设单位	▲				▲
3	监理单位工程项目总监及监理人员名册	监理单位	▲			▲	▲
4	施工单位工程项目经理及质量管理人员名册	施工单位	▲		▲		▲
	监理文件（B类）						
B1	**监理管理文件**						
1	监理规划	监理单位	▲			▲	▲
2	监理实施细则	监理单位	▲		△	▲	▲
3	监理月报	监理单位	△			▲	
4	监理会议纪要	监理单位	▲		△	▲	
5	监理工作日志	监理单位				▲	
6	监理工作总结	监理单位				▲	▲
7	工作联系单	监理单位 施工单位	▲		△	△	
8	监理工程师通知	监理单位	▲		△	△	△
9	监理工程师通知回复单	施工单位	▲		△	△	△
10	工程暂停令	监理单位	▲		△	△	▲
11	工程复工报审表	施工单位	▲		▲	▲	▲
B2	**进度控制文件**						
1	工程开工报审表	施工单位	▲		▲	▲	▲
2	施工进度计划报审表	施工单位	▲		△	△	

续表

类别	归档文件	资料来源	保存单位				
			建设单位	设计单位	施工单位	监理单位	城建档案馆
B3	**质量控制文件**						
1	质量事故报告及处理资料	施工单位	▲		▲	▲	▲
2	旁站监理记录	监理单位	△		△	▲	
3	见证取样和送检人员备案表	监理单位或建设单位	▲		▲	▲	
4	见证记录	监理单位	▲		▲	▲	
5	工程技术文件报审表（施工组织设计、施工方案及专项施工方案）	施工单位			△		
B4	**造价控制文件**						
1	工程款支付	施工单位	▲		△	△	
2	工程款支付证书	施工单位	▲		△	△	
3	工程变更费用报审表	监理单位	▲		△	△	
4	费用索赔申请表	监理单位	▲		△	△	
5	费用索赔审批表	施工单位	▲		△	△	
B5	**工期管理文件**						
1	工程延期申请表	施工单位	▲		▲	▲	▲
2	工程延期审批表	监理单位	▲			▲	▲
B6	**监理验收文件**						
1	竣工移交证书	监理单位	▲		▲	▲	▲
2	监理资料移交书	监理单位	▲			▲	
	施工文件（C类）						
C1	**施工管理文件**						
1	工程概况表	施工单位	▲		▲	▲	△
2	施工现场质量管理检查记录	施工单位			△	△	
3	企业资质证书及相关专业人员岗位证书	施工单位	△		△	△	△
4	分包单位资质报审表	施工单位	▲		▲	▲	
5	建设单位质量事故勘查记录	调查单位	▲		▲	▲	▲
6	建设工程质量事故报告书	调查单位	▲		▲	▲	▲
7	施工检测计划	施工单位	△		△	△	
8	见证试验检测汇总表	施工单位	▲		▲	▲	▲
9	施工日志	施工单位			▲		
C2	**施工技术文件**						
1	工程技术文件报审表	施工单位	△		△	△	

续表

类别	归档文件	资料来源	保存单位				
			建设单位	设计单位	施工单位	监理单位	城建档案馆
2	施工组织设计及施工方案	施工单位	△		△	△	△
3	危险性较大分部分项工程施工方案	施工单位	△		△	△	△
4	技术交底记录	施工单位	△		△		
5	图纸会审记录	施工单位	▲	▲	▲	▲	▲
6	设计变更通知单	设计单位	▲	▲	▲	▲	▲
7	工程洽商记录（技术核定单）	施工单位	▲	▲	▲	▲	▲
C3	**进度造价文件**						
1	工程开工报审表	施工单位	▲	▲	▲	▲	▲
2	工程复工报审表	施工单位	▲	▲	▲	▲	▲
3	施工进度计划报审表	施工单位			△	△	
4	施工进度计划	施工单位			△	△	
5	人、机、料动态表	施工单位			△	△	
6	工程延期申请表	施工单位	▲		▲	▲	▲
7	工程款支付申请表	施工单位	▲		△	△	
8	工程变更费用报审表	施工单位	▲		△	△	
9	费用索赔申请表	施工单位	▲		△	△	
C4	**施工物资出厂质量证明及进场检测文件**						
C4.1	出厂质量证明文件及检测报告						
1	砂、石、砖、水泥、钢筋、隔热保温、防腐材料、轻骨料出厂质量证明文件	施工单位	▲		▲	▲	△
2	其他物资出厂合格证、质量保证书、检测报告和报关单或商检证等	施工单位	△		▲	△	
3	材料、设备的相关检验报告、型式检测报告、3C强制认证合格证书或3C标志	检测单位	△		▲	△	
4	主要设备、器具的安装使用说明书	检测单位	▲		▲	△	
5	进口的主要材料设备的商检证明文件	检测单位	△		▲		
6	涉及消防、安全、卫生、环保、节能的材料、设备的检测报告或法定机构出具的有效证明文件	检测单位	▲		▲	▲	△

续表

类别	归档文件	资料来源	保存单位				
			建设单位	设计单位	施工单位	监理单位	城建档案馆
7	其他施工物资产品合格证、出厂检验报告	供货单位					
C4.2	进场检验通用表格						
1	材料、构配件进场检验记录	施工单位			△	△	
2	设备开箱检验记录	施工单位			△	△	
3	设备及管道附件试验记录	施工单位	▲		▲	△	
C4.3	进场复试报告						
1	钢材试验报告	检测单位	▲		▲	▲	▲
2	水泥试验报告	检测单位	▲		▲	▲	▲
3	砂试验报告	检测单位	▲		▲	▲	▲
4	碎（卵）石试验报告	检测单位	▲		▲	▲	▲
5	外加剂试验报告	检测单位	△		▲	▲	▲
6	防水涂料试验报告	检测单位	▲		▲	△	
7	防水卷材试验报告	检测单位	▲		▲	△	
8	砖（砌块）试验报告	检测单位	▲		▲	▲	▲
9	预应力筋复试报告	检测单位	▲		▲	▲	▲
10	预应力锚具、夹具和连接器复试报告	检测单位	▲		▲	▲	▲
11	装饰装修用门窗复试报告	检测单位	▲		▲	△	
12	装饰装修用人造木板复试报告	检测单位	▲		▲	△	
13	装饰装修用花岗石复试报告	检测单位	▲		▲	△	
14	装饰装修用安全玻璃复试报告	检测单位	▲		▲	△	
15	装饰装修用外墙面砖复试报告	检测单位	▲		▲	△	
16	钢结构用钢材复试报告	检测单位	▲		▲	▲	▲
17	钢结构用防火涂料复试报告	检测单位	▲		▲	▲	▲
18	钢结构用焊接材料复试报告	检测单位	▲		▲	▲	▲
19	钢结构用高强度大六角头螺栓连接复试报告	检测单位	▲		▲	▲	▲
20	钢结构用扭剪型高强螺栓连接复试报告	检测单位	▲		▲	▲	▲
21	幕墙用铝塑板、石材、玻璃、结构胶复试报告	检测单位	▲		▲	▲	▲
22	散热器、供暖系统保温材料、通风与空调工程绝热材料、风机盘管机组、低压配电系统电缆的见证取样复试报告	检测单位	▲		▲	▲	▲

续表

类别	归档文件	资料来源	保存单位				
			建设单位	设计单位	施工单位	监理单位	城建档案馆
23	节能工程材料复试报告	检测单位	▲		▲	▲	▲
24	其他物资进场复试报告	检测单位					
C5	施工记录文件						
1	隐蔽工程验收记录	施工单位	▲		▲	▲	▲
2	施工检查记录	施工单位			△		
3	交接检查记录	施工单位			△		
4	工程定位测量记录	施工单位	▲		▲	▲	▲
5	基槽验线记录	施工单位	▲		▲	▲	▲
6	楼层平面放线记录	施工单位			△	△	△
7	楼层标高抄测记录	施工单位			△	△	△
8	建筑物垂直度、标高观测记录	施工单位	▲		▲	△	△
9	沉降观测记录	建设单位委托测量单位提供	▲		▲	△	▲
10	基坑支护水平位移监测记录	施工单位			△	△	
11	桩基、支护测量放线记录	施工单位			△	△	
12	地基验槽记录	勘察、施工单位	▲	▲	▲	▲	▲
13	地基钎探记录	勘察、施工单位	▲		△	△	▲
14	混凝土浇灌申请书	施工单位			△	△	
15	预拌混凝土运输单	施工单位			△		
16	混凝土开盘鉴定	施工单位			△	△	
17	混凝土拆模申请单	施工单位			△	△	
18	混凝土预拌测温记录	施工单位			△		
19	混凝土养护测温记录	施工单位			△		
20	大体积混凝土养护测温记录	施工单位			△		
21	大型构件吊装记录	施工单位	▲		△	△	▲
22	焊接材料烘焙记录	施工单位			△		
23	地下工程防水效果检查记录	施工单位	▲		△	△	
24	防水工程试水检查记录	施工单位	▲		△	△	
25	通风（烟）道、垃圾道检查记录	施工单位	▲		△	△	
26	预应力筋张拉记录	施工单位	▲		▲	△	▲
27	有粘结预应力结构灌浆记录	施工单位	▲		▲	△	▲
28	钢结构施工记录	施工单位	▲		▲	△	
29	网架（索膜）施工记录	施工单位	▲		▲	△	▲

续表

类别	归档文件	资料来源	保存单位				
			建设单位	设计单位	施工单位	监理单位	城建档案馆
30	木结构施工记录	施工单位	▲		▲	△	
31	幕墙注胶检查记录	施工单位	▲		▲	△	
32	自动扶梯、自动人行道的相邻区域检查记录	施工单位	▲		▲	△	
33	电梯电气装置安装检查记录	施工单位	▲		▲	△	
34	自动扶梯、自动人行道电气装置检查记录	施工单位	▲		▲	△	
35	自动扶梯、自动人行道整机安装质量检查记录	施工单位	▲		▲	△	
36	其他施工记录文件	施工单位					
C6	**施工试验记录及检测文件**						
C6.1	通用表格						
1	设备单机试运转记录	施工单位	▲		▲	△	△
2	系统试运转调试记录	施工单位	▲		▲	△	△
3	接地电阻测试记录	施工单位	▲		▲	△	△
4	绝缘电阻测试记录	施工单位	▲		▲	△	△
C6.2	建筑与结构工程						
1	锚杆试验报告	检测单位	▲		▲	△	▲
2	地基承载力检验报告	检测单位	▲		▲	△	▲
3	桩基检测报告	检测单位	▲		▲	△	▲
4	土工击实试验报告	检测单位	▲		▲	△	▲
5	回填土试验报告（应附图）	检测单位	▲		▲	△	▲
6	钢筋机械连接试验报告	检测单位	▲		▲	△	△
7	钢筋焊接连接试验报告	检测单位	▲		▲	△	△
8	砂浆配合比申请书、通知单	施工、检测单位			△	△	△
9	砂浆抗压强度试验报告	检测单位	▲		▲	△	▲
10	砌筑砂浆试块强度统计、评定记录	施工、检测单位	▲		▲		△
11	混凝土配合比申请书、通知单	施工单位	▲		△	△	△
12	混凝土抗压强度试验报告	检测单位	▲		▲	△	▲
13	混凝土试块强度统计、评定记录	施工单位	▲		▲	△	△
14	混凝土抗渗试验报告	检测单位	▲		▲	△	△
15	砂、石、水泥放射性指标报告	检测单位	▲		▲	△	△

续表

类别	归档文件	资料来源	保存单位				
			建设单位	设计单位	施工单位	监理单位	城建档案馆
16	混凝土碱总量计算书	施工、检测单位	▲		▲	△	△
17	外墙饰面砖样板粘结强度试验报告	检测单位	▲		▲	△	△
18	后置埋件抗拔试验报告	检测单位	▲		▲	△	△
19	超声波探伤报告、探伤记录	检测单位	▲		▲	△	△
20	钢构件射线探伤报告	检测单位	▲		▲	△	△
21	磁粉探伤报告	检测单位	▲		▲	△	△
22	高强度螺栓抗滑移系数检测报告	检测单位	▲		▲	△	△
23	钢结构焊接工艺评定	施工、检测单位	▲		▲	△	△
24	网架节点承载力试验报告	检测单位	▲		▲	△	△
25	钢结构防腐、防火涂料厚度检测报告	检测单位	▲		▲	△	△
26	木结构胶缝试验报告	检测单位	▲		▲	△	△
27	木结构构件力学性能试验报告	检测单位	▲		▲	△	△
28	木结构防护剂试验报告	检测单位	▲		▲	△	△
29	幕墙双组分硅酮结构胶混匀性及拉断试验报告	检测单位	▲		▲	△	△
30	幕墙的抗风压性能、空气渗透性能、雨水渗透性能及平面内变形性能检测报告	检测单位	▲		▲	△	△
31	外门窗的抗风压性能、空气渗透性能和雨水渗透性能检测报告	检测单位	▲		▲	△	△
32	墙体节能工程保温板材与基层粘结强度现场拉拔试验报告	检测单位	▲		▲	△	△
33	外墙保温浆料同条件养护试件试验报告	检测单位	▲		▲	△	△
34	结构实体混凝土强度验收记录	检测单位	▲		▲	△	△
35	结构实体钢筋保护层厚度验收记录	检测单位	▲		▲	△	△
36	围护结构现场实体检验	检测单位	▲		▲	△	△
37	室内环境检测报告	检测单位	▲		▲	△	△
38	节能性能检测报告	检测单位	▲		▲	△	▲

续表

类别	归档文件	资料来源	保存单位				
			建设单位	设计单位	施工单位	监理单位	城建档案馆
39	其他建筑与结构施工试验记录与检测文件	检测单位					
C6.3	给水排水及供暖工程						
1	灌（满）水试验记录	施工单位	▲		△	△	
2	强度严密性试验记录	施工单位	▲		▲	△	△
3	通水试验记录	施工单位	▲		△	△	
4	冲（吹）洗试验记录	施工单位	▲		▲	△	
5	通球试验记录	施工单位	▲		△	△	
6	补偿器安装记录	施工单位			△	△	
7	消火栓试射记录	施工单位	▲		▲	△	
8	安全附件安装检查记录	施工单位			▲	△	
9	锅炉烘炉试验记录	施工单位			▲	△	
10	锅炉煮炉试验记录	施工单位			▲	△	
11	锅炉试运行记录	施工单位	▲		▲	△	
12	安全阀定压合格证书	检测单位	▲		▲	△	
13	自动喷水灭火系统联动试验记录	施工单位	▲		▲	△	△
14	其他给水排水及供暖施工试验记录与检测文件	检测单位					
C6.4	建筑电气工程						
1	电气接地装置平面示意图表	施工单位	▲		▲	△	△
2	电气器具通电安全检查记录	施工单位	▲		△	△	
3	电气设备空载试运行记录	施工单位	▲		▲	△	△
4	建筑物照明通电试运行记录	施工单位	▲		▲	△	△
5	大型照明灯具承载试验记录	施工单位	▲		▲	△	
6	漏电开关模拟试验记录	施工单位	▲		▲	△	
7	大容量电气线路结点测温记录	施工单位	▲		▲	△	
8	低压配电电源质量测试记录	施工单位	▲		▲	△	
9	建筑物照明系统照度测试记录	施工单位	▲		△	△	
10	其他建筑电气施工试验记录与检测文件	施工单位					
C6.5	智能建筑工程						
1	综合布线测试记录	施工单位	▲		▲	△	△
2	光纤损耗测试记录	施工单位	▲		▲	△	△
3	视频系统末端测试记录	施工单位	▲		▲	△	△

续表

类别	归档文件	资料来源	保存单位				
			建设单位	设计单位	施工单位	监理单位	城建档案馆
4	子系统检测记录	施工单位	▲		▲	△	△
5	系统试运行记录	施工单位	▲		▲	△	△
6	其他智能建筑施工试验记录与检测文件	施工单位					
C6.6	通风与空调工程						
1	风管漏光检测记录	施工单位	▲		△	△	
2	风管漏风检测记录	施工单位	▲		▲	△	
3	现场组装除尘器、空调机漏风检测记录	施工单位			△	△	
4	各房间室内风量测量记录	施工单位	▲		△	△	
5	管网风量平衡记录	施工单位	▲		△	△	
6	空调系统试运转调试记录	施工单位	▲		▲	△	△
7	空调水系统试运转调试记录	施工单位	▲		▲	△	△
8	制冷系统气密性试验记录	施工单位	▲		▲	△	△
9	净化空调系统检测记录	施工单位	▲		▲	△	△
10	防排烟系统联合试运行记录	施工单位	▲		▲	△	△
11	其他通风与空调施工试验记录与检测文件	施工单位					
C6.7	电梯工程						
1	轿厢平层准确度测量记录	施工单位	▲		△	△	
2	电梯层门安全装置检测记录	施工单位	▲		▲	△	
3	电梯电气安全装置检测记录	施工单位	▲		▲	△	
4	电梯整机功能检测记录	施工单位	▲		▲	△	
5	电梯主要功能检测记录	施工单位	▲		▲	△	
6	电梯负荷运行试验记录	施工单位	▲		▲	△	△
7	电梯负荷运行试验曲线图表	施工单位	▲		▲	△	
8	电梯噪声测试记录	施工单位	△		△	△	
9	自动扶梯、自动人行道安全装置检测记录	施工单位	▲		▲	△	
10	自动扶梯、自动人行道整机性能、运行试验记录	施工单位	▲		▲	△	△
11	其他电梯施工试验记录与检测文件	施工单位					
C7	**施工质量验收文件**						
1	检验批质量验收记录	施工单位	▲		△	△	
2	分项工程质量验收记录	施工单位	▲		▲	▲	

续表

类别	归档文件	资料来源	保存单位				
			建设单位	设计单位	施工单位	监理单位	城建档案馆
3	分部（子分部）工程质量验收记录	施工单位	▲		▲	▲	
3.1	分部（子分部）工程质量控制资料核查记录	施工单位	▲		▲		▲
3.2	分部（子分部）工程安全功能和使用功能检验资料核查及主要功能抽查记录	施工单位	▲		▲		▲
3.3	分部（子分部）工程观感质量检查记录	施工单位	▲		▲		▲
4	建筑节能分部工程质量验收记录	施工单位	▲		▲	▲	
5	自动喷水系统验收缺陷项目划分记录	施工单位	▲		△	△	
6	程控电话交换系统分项工程质量验收记录	施工单位	▲		▲	△	
7	会议电视系统分项工程质量验收记录	施工单位	▲		▲	△	
8	卫星数字电视系统分项工程质量验收记录	施工单位	▲		▲	△	
9	有线电视系统分项工程质量验收记录	施工单位	▲		▲	△	
10	公共广播与紧急广播系统分项工程质量验收记录	施工单位	▲		▲	△	
11	计算机网络系统分项工程质量验收记录	施工单位	▲		▲	△	
12	应用软件系统分项工程质量验收记录	施工单位	▲		▲	△	
13	网络安全系统分项工程质量验收记录	施工单位	▲		▲	△	
14	空调与通风系统分项工程质量验收记录	施工单位	▲		▲	△	
15	变配电系统分项工程质量验收记录	施工单位	▲		▲	△	

续表

类别	归档文件	资料来源	保存单位				
			建设单位	设计单位	施工单位	监理单位	城建档案馆
16	公共照明系统分项工程质量验收记录	施工单位	▲		▲	△	
17	给水排水系统分项工程质量验收记录	施工单位	▲		▲	△	
18	热源和热交换系统分项工程质量验收记录	施工单位	▲		▲	△	
19	冷冻和冷却水系统分项工程质量验收记录	施工单位	▲		▲	△	
20	电梯和自动扶梯系统分项工程质量验收记录	施工单位	▲		▲	△	
21	数据通信接口分项工程质量验收记录	施工单位	▲		▲	△	
22	中央管理工作站及操作分站分项工程质量验收记录	施工单位	▲		▲	△	
23	系统实时性、可维护性、可靠性分项工程质量验收记录	施工单位	▲		▲	△	
24	现场设备安装及检测分项工程质量验收记录	施工单位	▲		▲	△	
25	火灾自动报警及消防联动系统分项工程质量验收记录	施工单位	▲		▲	△	
26	综合防范功能分项工程质量验收记录	施工单位	▲		▲	△	
27	视频安防监控系统分项工程质量验收记录	施工单位	▲		▲	△	
28	入侵报警系统分项工程质量验收记录	施工单位	▲		▲	△	
29	出入口控制（门禁）系统分项工程质量验收记录	施工单位	▲		▲	△	
30	巡更管理系统分项工程质量验收记录	施工单位	▲		▲	△	
31	停车场（库）管理系统分项工程质量验收记录	施工单位	▲		▲	△	
32	安全防范综合管理系统分项工程质量验收记录	施工单位	▲		▲	△	
33	综合布线系统安装分项工程质量验收记录	施工单位	▲		▲	△	

续表

类别	归档文件	资料来源	保存单位				
			建设单位	设计单位	施工单位	监理单位	城建档案馆
34	综合布线系统性能检测分项工程质量验收记录	施工单位	▲		▲	△	
35	系统集成网络连接分项工程质量验收记录	施工单位	▲		▲	△	
36	系统数据集成分项工程质量验收记录	施工单位	▲		▲	△	
37	系统集成整体协调分项工程质量验收记录	施工单位					
38	系统集成综合管理及冗余功能分项工程质量验收记录	施工单位	▲		▲	△	
39	系统集成可维护性和安全性分项工程质量验收记录	施工单位	▲		▲	△	
40	电源系统分项工程质量验收记录	施工单位	▲		▲	△	
41	其他施工质量验收文件	施工单位					
C8	**施工验收文件**						
1	单位(子单位)工程竣工预验收报验表	施工单位	▲		▲		▲
2	单位(子单位)工程质量竣工验收记录	施工单位	▲	△	▲		▲
3	单位(子单位)工程质量控制资料核查记录	施工单位	▲		▲		▲
4	单位(子单位)工程安全功能和使用功能检验资料核查及主要功能抽查记录	施工单位	▲		▲		▲
5	单位(子单位)工程观感质量检查记录	施工单位	▲		▲		▲
6	施工资料移交书	施工单位	▲		▲		
7	其他施工验收文件	施工单位					
	竣工图(D类)						
1	建筑竣工图	编制单位	▲		▲		▲
2	结构竣工图	编制单位	▲		▲		▲
3	钢结构竣工图	编制单位	▲		▲		▲
4	幕墙竣工图	编制单位	▲		▲		▲
5	室内装饰竣工图	编制单位	▲		▲		

续表

类别	归档文件	资料来源	保存单位				
			建设单位	设计单位	施工单位	监理单位	城建档案馆
6	建筑给水排水与供暖竣工图	编制单位	▲		▲		▲
7	建筑电气竣工图	编制单位	▲		▲		▲
8	智能建筑竣工图	编制单位	▲		▲		▲
9	通风与空调竣工图	编制单位	▲		▲		▲
10	室外工程竣工图（包括道路、边坡两个子单位工程）、附属建筑及室外环境两个单位工程竣工图	编制单位	▲		▲		▲
11	规划红线内室外给水、排水、供热、供电、照明管线等竣工图	编制单位	▲		▲		▲
12	规划红线内道路、园林绿化、喷灌设施等竣工图	编制单位	▲		▲		▲
竣工验收文件（E类）							
E1	**竣工验收与备案文件**						
1	勘察单位工程质量检查报告	勘察单位	▲		△	△	▲
2	设计单位工程质量检查报告	设计单位	▲	▲	△	△	▲
3	施工单位工程竣工报告	施工单位	▲		▲	△	▲
4	监理单位工程质量评估报告	监理单位	▲		△	▲	▲
5	工程竣工验收报告	建设单位	▲	▲	▲	▲	▲
6	工程竣工验收会议纪要	建设单位	▲	▲	▲	▲	▲
7	专家组竣工验收意见	建设单位	▲	▲	▲	▲	▲
8	工程竣工验收证书	建设单位	▲	▲	▲	▲	▲
9	规划（自然资源管理部门）、消防（应急管理部门）、环保（生态环境保护主管部门）、民防（人民防空办公室）、防雷（住房和城乡建设主管部门）等部门出具的认可文件或准许使用文件	政府主管部门	▲	▲	▲	▲	▲
10	房屋建筑工程质量保修书	施工单位	▲		▲	▲	▲
11	住宅质量保证书、住宅使用说明书	建设单位	▲		▲	▲	▲
12	建设工程竣工验收备案表	建设单位	▲	▲	▲	▲	▲
13	城市建设档案移交书	建设单位	▲				▲

续表

类别	归档文件	资料来源	保存单位				
			建设单位	设计单位	施工单位	监理单位	城建档案馆
E2	竣工决算文件						
1	施工决算资料	施工单位	▲		▲		△
2	监理决算资料	监理单位	▲			▲	△
E3	工程声像资料						
1	开工前原貌、施工阶段、竣工新貌照片	建设单位	▲		△	△	▲
2	工程建设过程的录音、录像资料（重大工程）	建设单位	▲		△	△	▲
E4	其他工程文件						

注：表中符号"▲"表示必须归档保存；"△"表示选择性归档保存。

移交城建档案的工程资料分为工程准备阶段文件、监理文件、施工文件、竣工图和竣工验收文件五类，在项目实施过程中归档文件分别由建设单位、监理单位、施工单位负责收集管理。项目竣工后勘察、设计、施工、监理等单位应将本单位形成的工程文件立卷后向建设单位移交（建设单位可委托相关单位实施），最终建设单位向城建档案馆移交。

（四）建设工程文件归档的质量要求

根据《建设工程文件归档规范》GB/T 50328—2014（2019年版）的规定，建设工程文件在归档时应满足以下质量要求：

（1）归档的纸质文件应为原件。

（2）工程文件的内容及其深度必须符合国家现行有关工程勘察、设计、施工、监理等标准的规定。监理文件应符合《建设工程监理规范》GB/T 50319—2013的编制要求，建筑工程文件应符合《建筑工程资料管理规程》JGJ/T 185—2009的编制要求。

（3）工程文件的内容必须真实、准确，应与工程实际相符合。

（4）计算机输出文字、图件以及手工书写材料，其字迹的耐久性和耐用性应符合现行国家标准《信息与文献　纸张上书写、打印和复印字迹的耐久性和耐用性　要求与测试方法》GB/T 32004—2015的规定。

（5）工程文件应字迹清楚、图样清晰、图表整洁，签字盖章手续应完备。

（6）工程文件中文字材料幅面尺寸规格宜为A4幅面（297mm×210mm），图纸宜采用国家标准图幅。

（7）工程文件的纸张的耐久性和耐用性应符合现行国家标准《信息与文献　档案纸　耐久性和耐用性要求》GB/T 24422—2009的规定。

（8）所有竣工图均应加盖竣工图章（图3-1），并应符合下列规定：

1）竣工图章的基本内容应包括："竣工图"字样、施工（编制）单位、编制人、审核人、技术负责人、编制日期、监理单位、总监理工程师、监理工程师。

2）竣工图章尺寸为：50mm×80mm，如图 3-1 所示。具体尺寸详见《建设工程文件归档规范》GB/T 50328—2014（2019 年版）的竣工图章示例。

竣工图			
施工（编制）单位			
编制人		审核人	
技术负责人		编制日期	
监理单位			
总监理工程师		监理工程师	

图 3-1　竣工图章示例

3）竣工图章应使用不易褪色的印泥，应盖在图标栏上方空白处。

（9）竣工图的绘制与改绘应符合现行国家有关制图标准的规定。

（10）不同幅面的工程图样应按《技术制图　复制图的折叠方法》GB/T 10609.3—2009 统一折叠成 A4 幅面（297mm×210mm），图标栏露在外面。

（11）归档的建设工程电子文件应采用或转换为表 3-2 所列文件格式。

工程电子文件存储格式表　　　　**表 3-2**

文件类别	格式	文件类别	格式
文本（表格）文件	OFD、DOC、DOCX、XLS、XLSX、PDF/A、XML、TXT、RTF	音频文件	AVS、WAV、AIF、MID、MP3
图像文件	JPEG、TIFF	数据库文件	SQL、DDL、DBF、MDB、ORA
图形文件	DWG、PDF/A、SVG	虚拟现实/3D 图像文件	WRL、3DS、VRML、X3D、IFC、RVT、DGN
视频文件	AVS、AVI、MPEG2、MPEG4	地理信息数据文件	DXF、SHP、SDB

（12）归档的建设工程电子文件应符合《建设电子文件与电子档案管理规范》CJJ/T 117—2017 的规定，并应包含元数据，保证文件的完整性和有效性。元数据应符合现行行业标准《建设电子档案元数据标准》CJJ/T 187—2012 的规定。

（13）归档的建设工程电子文件应采用电子签名等手段，所载内容应真实和可靠。

（14）归档的建设工程电子文件的内容必须与其纸质档案一致。

（15）建设工程电子文件离线归档的存储媒体，可采用移动硬盘、闪存盘、光盘、磁带等。

（16）存储移交电子档案的载体应经过检测，应无病毒、无数据读写故障，并应确保接收方能通过适当设备读出数据。

（五）建设工程文件立卷的规定

立卷是指按照一定的原则和方法，将有保存价值的文件分门别类整理成案卷，亦称组卷。案卷是指由互相有联系的若干文件组成的档案保管单位。

1. 立卷的流程

（1）对于归档范围的工程文件进行分类，确定归入案卷的文件资料。

（2）对卷内文件材料进行排列、编目、装订（或装盒）。

（3）排列所有案卷，形成案卷目录。

2. 立卷的原则

（1）立卷应遵循工程文件的自然形成规律和工程专业特点，保持卷内文件之间的有机联系，便于档案资料的保管和利用。

（2）工程文件应按不同的形成、整理单位及建设程序，按工程准备阶段文件、监理文件、施工文件、竣工图、竣工验收文件分别进行立卷，并可根据数量多少组成一卷或多卷。

（3）一项建设工程由多个单位工程组成时，工程文件按单位工程立卷。

（4）不同载体的文件应分别立卷。

3. 立卷的方法

（1）工程准备阶段文件应按建设程序、形成单位进行立卷。

（2）监理文件应按单位工程、分部工程或专业、阶段等进行立卷。

（3）施工文件应按单位工程、分部（分项）工程进行立卷。

（4）竣工图应按单位工程分专业进行立卷。

（5）竣工验收文件应按单位工程分专业进行立卷。

（6）电子文件立卷时，每个工程（项目）应建立多级文件夹，应与纸质文件在案卷设置上一致，并应建立相应的标识关系。

（7）声像资料应按建设工程各阶段立卷，重大事件及重要活动的声像资料应按专题立卷，声像档案与纸质档案应建立相应的标识关系。

4. 施工文件立卷的要求

（1）专业承（分）包施工的分部、子分部（分项）工程应分别单独立卷。

（2）室外工程应按室外建筑环境和室外安装工程单独立卷。按《建筑工程施工质量验收统一标准》GB 50300—2013 附录 C 的规定，室外工程应划分为室外设施（包括道路、边坡两个子单位工程）、附属建筑及室外环境两个单位工程。

（3）当施工文件中部分内容不能按一个单位工程分类立卷时，可按建设工程立卷。

5. 工程文件的排列要求

卷内文件排列顺序要依据卷内的文件构成而定，一般卷内的组成顺序为封面、目录、文件部分、备考表、封底。组成的案卷力求美观、整齐。卷内文件若有多种文件时，同类文件按日期顺序排列，不同文件之间的排列顺序应按日期的编号顺序排列。卷内文件的排列应符合下列规定：

（1）卷内文件应按《建设工程文件归档规范》GB/T 50328—2014（2019年版）规定的类别和顺序排列。即按照工程准备阶段文件、监理文件、施工文件、竣工图、竣工验收文件等五类顺序排列。

1）工程准备阶段文件的排列顺序：立项文件（A1）、建设用地拆迁文件（A2）、勘察、设计文件（A3）、招标投标文件（A4）、开工审批文件（A5）、工程造价文件（A6）、工程建设基本信息（A7）。

2）监理文件排列顺序：监理管理文件（B1）、进度控制文件（B2）、质量控制文件（B3）、造价控制文件（B4）、工期管理文件（B5）、监理验收文件（B6）。

3）施工文件排列顺序：施工管理文件（C1）、施工技术文件（C2）、进度造价文件（C3）、施工物资出厂质量证明及进场检测文件（C4）、施工记录文件（C5）、施工试验记录及检测文件（C6）、施工质量验收文件（C7）、施工验收文件（C8）。

4）工程竣工验收文件排列顺序：竣工验收与备案文件（E1）、竣工决算文件（E2）、工程声像资料（E3）、其他工程文件（E4）。

（2）文字材料按事项、专业顺序排列。同一事项的请示与批复、同一文件的印本与定稿、主件与附件不能分开，并应按批复在前、请示在后，印本在前、定稿在后，主体在前、附件在后的顺序排列。

（3）图纸按专业排列，同专业图纸按图号顺序排列。既有文字材料又有图纸的案卷，文字材料应排在前面，图纸应排在后面。

（4）不同幅面的工程图纸，应统一折叠成A4幅面（297mm×210mm）。应图面朝内，首先沿标题栏短边方向以W形折叠，然后再沿标题栏的长边方向以W形折叠，并使标题栏露在外面。

（5）案卷不宜过厚，文字材料卷厚度不宜超过20mm，图纸卷厚度不宜超过50mm。

（6）案卷内不应有重份文件，印刷成册的工程文件宜保持原状。

（7）建设工程电子文件的组织和排序可按纸质文件进行。

6. 案卷的编目

（1）卷内文件页号的编制规定

1）卷内文件均按有书写内容的页面编号。每卷单独编号，页号从“1”开始。

2）页号编写位置：单面书写的文件在右下角；双面书写的文件，正面在右下角，背面在左下角。折叠后的图纸一律写在右下角。

3）成套图纸或印刷成册的文件材料，自成一卷的，原目录可代替卷内目录，不必重新编写页码。

4）案卷封面、卷内目录、卷内备考表不编写页号。

（2）卷内目录的编制规定

1）卷内目录排列在卷内文件首页之前，式样宜符合《建设工程文件归档规范》GB/T 50328—2014（2019年版）附录C的要求，如图3-2所示。

序号	文件编号	责任人	文件题名	日期	页次	备注

图 3-2 卷内目录式样

2）序号应以一份文件为单位，用阿拉伯数字从“1”依次标注。

3）文件编号应填写文件形成单位的发文号或图纸的图号，或设备、项目代号。

4）责任人应填写文件的直接形成单位和个人。有多个责任者时，应选择两个主要责任者，其余用“等”代替。

5）文件题名应填写文件标题的全称。当文件无标题时，应根据内容拟写标题，拟写标题外应加“［］”符号。

6）日期应填写文件形成的日期或文件的起止日期，竣工图应填写编制日期。日期中“年”应用四位数字表示，“月”和“日”应分别用两位数字表示。

7）页次应填写文件在卷内所排的起始页号，最后一份文件应填写起止页号。

8）备注应填写需要说明的问题。

（3）卷内备考表的编制规定

1）卷内备考表应排列在卷内文件的尾页之后，式样宜符合《建设工程文件归档规范》GB/T 50328—2014（2019 年版）附录 D 的要求，如图 3-3 所示。

2）卷内备考表应标明卷内文件的总页数、各类文件页数或照片张数及立卷单位对案卷情况说明。

3）立卷单位的立卷人和审核人应在卷内备考表上签名，年、月、日应按立卷、审核时间填写。

（4）案卷封面的编制规定

1）案卷封面应印刷在卷盒、卷夹的正表面，也可采用内封面形式。案卷封面的式样宜符合《建设工程文件归档规范》GB/T 50328—2014（2019 年版）附录 E 的要求，如图 3-4所示。

2）案卷封面的内容应包括档号、案卷题名、编制单位、起止日期、密级、保管期限、本案卷所属工程的案卷总量、本案卷在该工程案卷总量中的排序。

3）档号应由分类号、项目号和案卷号组成。档号由档案保管单位填写。

4）案卷题名应简明、准确地揭示卷内文件的内容。

5）编制单位应填写案卷内文件的形成单位或主要责任者。

本案卷共有文件材料 ___ 页，其中：文字

材料 ________页，图样材料_________ 页，

照片 ________ 张。

说明：

图 3-3　案卷备考表式样

档　　号 ____

案卷题名 ____

____

____

编制单位 ____

起止日期 ____

密　　级 ______________________ 保管期限____________________

本工程共____卷　　　　　　　　本案卷为第 ____卷

图 3-4　案卷封面

6）起止日期应填写案卷内全部文件形成的起止日期。

7）保管期限应根据卷内文件的保存价值，在永久保管、长期保管、短期保管三种保管期限中选择划定。同一案卷内有不同保管期限的文件，该案卷保管期限应从长。

8）密级应在绝密、机密、秘密三个级别中选择划定。当同一案卷内有不同密级的文件，应以高密级为本卷密级。

（5）编写案卷题名规定

1）建筑工程案卷题名应包括工程名称（含单位工程名称）、分部工程或专业名称及卷内文件概要等内容；当房屋建筑有地名管理机构批准的名称或正式名称时，应以正式名称为工程名称，建设单位名称可省略；必要时可增加工程地址内容。

2）道路、桥梁工程案卷题名应包括工程名称（含单位工程名称）、分部工程或专业名称及卷内文件概要等内容；必要时可增加工程地址内容。

3）地下管线工程案卷题名应包括工程名称（含单位工程名称）、专业管线名称及卷内文件概要等内容；必要时可增加工程地址内容。

4）卷内文件概要应符合《建设工程文件归档规范》GB/T 50328—2014（2019 年版）

附录 A、附录 B 中所列案卷内容（标题）的要求。

5）外文资料的提名及主要内容应译成中文。

（6）案卷脊背的内容包括档号、案卷题名，由档案保管单位填写；式样宜符合《建设工程文件归档规范》GB/T 50328—2014（2019 年版）附录 F 的要求。

（7）卷内目录、卷内备考表、案卷内封面应采用 70g 以上白色书写纸制作，幅面统一采用 A4 幅面。

7. 案卷装订与装具

（1）案卷可采用装订与不装订两种形式。文字材料必须装订。装订时不应破坏文件的内容，并应保持整齐、牢固，便于保管和利用。

（2）案卷装具可采用卷盒、卷夹两种形式，并应符合下列规定：

1）卷盒的外表尺寸为 310mm×220mm，厚度分别为 20mm、30mm、40mm、50mm。

2）卷夹的外表尺寸为 310mm×220mm，厚度一般为 20～30mm。

3）卷盒、卷夹应采用无酸纸制作。

（六）建设工程文件的归档

归档指文件形成部门或单位完成其工作任务后，将形成的文件整理立卷后，按规定向本单位档案室或向城建档案管理机构移交。

1. 建设工程文件归档范围、立卷和方式的规定

（1）归档文件范围和质量应符合《建设工程文件归档规范》GB/T 50328—2014（2019 年版）规定的要求。

（2）归档文件必须经过分类整理，并应符合《建设工程文件归档规范》GB/T 50328—2014（2019 年版）工程文件立卷的要求。

（3）电子文件归档应包括在线式归档和离线式归档两种方式。可根据实际情况选择其中一种或两种方式进行归档。

2. 建设工程文件归档时间规定

（1）根据建设程序和工程特点，归档可分阶段分期进行，也可在单位或分部工程通过竣工验收后进行。

（2）勘察、设计单位应在任务完成后，施工、监理单位应在工程竣工验收前，将各自形成的有关工程档案向建设单位归档。

3. 建设工程档案归档审查和移交准备

（1）勘察、设计、施工单位在收齐工程文件并整理立卷后，建设单位、监理单位应根据城建档案管理机构的要求，对归档文件完整、准确、系统情况和案卷质量进行审查。审查合格后方可向建设单位移交。

（2）工程档案的编制不得少于两套，一套应由建设单位保管，一套（原件）应移交当

地城建档案管理机构保存。

（3）勘察、设计、施工、监理等单位向建设单位移交档案时，应编制移交清单，双方签字、盖章后方可交接。

（4）设计、施工及监理单位需向本单位归档的文件，应按国家有关规定和《建设工程文件归档规范》GB/T 50328—2014（2019 年版）附录 A、附录 B 的要求立卷归档。

（七）建设工程档案的验收与移交

1. 建设工程档案的验收

建设工程档案是建设工程项目建设的重要组成部分，建设工程档案的验收是工程竣工验收的重要内容。凡是列入城建档案管理机构档案接收范围的工程均应验收。建设工程档案验收时，应查验下列主要内容：

（1）工程档案齐全、系统、完整，全面反映工程建设活动和工程实际状况。

（2）工程档案已整理立卷，立卷符合《建设工程文件归档规范》GB/T 50328—2014（2019 年版）的规定。

（3）竣工图的绘制方法、图式及规格等符合专业技术要求，图面整洁，盖有竣工图章。

（4）文件的形成、来源符合实际，要求单位或个人签章的文件，其签章手续完备。

（5）文件的材质、幅面、书写、绘图、用墨、托裱等符合要求。

（6）电子档案格式、载体等符合要求。

（7）声像档案内容、质量、格式符合要求。

验收组织：由建设单位组织，监理单位、施工单位项目负责人及档案员参加，城建档案机构负责审验。

验收地点：城建档案馆、城建档案机构或建设工程现场。

为确保工程资料的质量，各编制单位、施工单位、监理单位、建设单位、地方城建档案部门、档案行政管理部门等要严格进行检查、验收。编制单位、制图人、审核人、技术负责人必须进行签字或盖章。对不符合技术要求的，一律退回编制单位进行改正、补齐，问题严重者可令其重做。不符合要求者，不能交工验收。

凡报送的工程档案资料，如验收不合格将其退回建设单位，由建设单位责成责任者重新进行编制，待达到要求后重新报送。检查验收人员应对接收的档案负责。

地方城建档案管理机构负责工程档案的最后验收。并对编制报送工程资料进行业务指导、督促和检查。

2. 建设工程档案的移交

建设工程档案的移交由四部分组成：工程开工和施工阶段资料的移交；竣工阶段工程资料的移交；工程资料向城建档案馆的移交；停建、改建、缓建、扩建和维修工程的建设工程档案的移交。

（1）工程开工和施工阶段资料的移交

建设单位在委托工程勘察和设计时，应向勘察、设计单位提供工程建设项目的相关批准文件，勘察、设计单位可以在查验批准文件的原件后留存影（复）印件；建设单位应向施工单位提供建设市场管理的相关工程批准文件和工程建设相关资料。工程前期移交的资料主要包括：

1）工程建设项目批准文件。

2）建设用地、征地和施工临时用地批准文件。

3）工程建设规划批准文件。

4）工程地质勘察报告及设计文件。

5）地下设施分布图及有关情况的说明。

6）建设临时用水、用电和道路通行许可文件。

7）建设工程质量安全监督注册登记文件。

8）建设工程施工许可证。

9）其他施工所需文件。

各参建单位在施工过程中形成的工程资料，应由《建设工程文件归档规范》GB/T 50328—2014（2019年版）规定的收集保存单位收集并保存，须相关方签证或签署意见的应及时签证完毕，及时移交并做好移交记录。

（2）竣工阶段工程资料的移交

1）完成工程项目按照工程设计和合同约定的全部内容，经工程竣工验收合格后，勘察设计、施工、监理单位分别将工程文件根据《建设工程文件归档规范》GB/T 50328—2014（2019年版）的规定整理后向建设单位移交。

2）建筑工程施工总承包单位负责施工文件的收集整理，分包单位负责本单位分包工程文件的收集整理，向施工总承包单位（或发包方）移交。

3）工程建设参建各方应对提交资料负责，保证资料的完整性、真实性和有效性，资料移交前应经本单位资料管理负责人审核，编制资料移交目录清单，经交接双方在资料移交清单上签字后各保存一份（作为原始凭证为今后质量纠纷、法律诉讼、经济赔偿提供依据）。

（3）工程资料向城建档案馆的移交

建设工程档案向城建档案馆的移交应符合下列规定：

1）列入城建档案管理机构接收范围的工程，建设单位在工程竣工验收后备案前，必须向城建档案管理机构移交一套符合规定的工程档案。

2）停建、缓建建设工程的档案，可暂由建设单位保管。

3）对改建、扩建和维修工程，建设单位应组织设计、施工单位对改变部位据实编制新的工程档案，并应在工程竣工验收备案前向城建档案管理机构移交。

4）当建设单位向城建档案管理机构移交工程档案时，应提交移交案卷目录，办理移交手续，双方签字、盖章后方可交接。

四、施工资料管理

施工资料管理是施工资料通过填写、编制、审核、审批、签认，计划、收集、分类、整理、组卷、移交、备案、归档，处理、储存、保管、检索和应用等管理工作的统称。按照工作责任的属性可分为资料的形成管理、收集归档管理和应用管理。

资料的形成管理是指资料的形成单位随工程建设进度，按照工作任务的实际要求完成资料的填写或编制，并通过相关责任人或部门的审核、审批和签认，最终形成真实、完整、有效的工程资料。

资料的收集归档管理是指建设、勘察、设计、施工、监理等资料管理单位按照《建设工程文件归档规范》GB/T 50328—2014（2019 年版）规定的流程有计划地进行收集、整理、组卷、移交、备案、归档等资料管理工作。

资料的应用管理是资料收集后的必要管理过程。其工作内容主要包括资料的处理、存储、检索、追溯和应用。资料保存单位通过把建设各方得到的数据和信息进行鉴别、选择、核对、合并、排序、更新、汇总、处理和转储，生成不同形式的资料，提供给不同需求的各类管理人员使用。

资料管理计划是依据资料归档收集的范围、类型和项目的施工过程、技术特点，确定资料管理的目标、组织、范围、来源、程序、收集的内容和完成或提交时间的任务书。

资料的组卷是指按照相关标准、规范规定的原则和方法，将有保存价值的工程资料分类整理成案卷的过程，亦称立卷。

建设工程竣工验收备案是建设单位依据现行《房屋建筑和市政基础设施工程竣工验收备案管理办法》（2019 年修订版）的规定，自工程竣工验收合格之日起 15 日内，向工程所在地的县级以上地方人民政府建设行政主管部门（以下简称备案机关）备案。建设工程竣工验收备案制度是加强政府监督管理、防止不合格工程流向社会的一个重要手段。

资料的归档是指文件形成部门或形成单位完成其工作任务后，将形成的文件整理立卷后，按规定向本单位档案室及建设单位移交和建设单位向城建档案管理机构移交的过程。

（一）建设工程文件分类

由于建设工程信息管理工作涉及多部门、多环节、多专业、多渠道，工程信息量大，来源广泛，在项目实施过程中，信息处理的工作量非常大。为使项目参与各方更方便地对各种信息进行交换、查询和归档管理，利用信息技术建立统一的信息分类和编码体系是建设工程资料管理实施的一项基础工作。信息分类编码工作的核心是在对项目信息内容分析的基础上建立项目信息分类体系。

1. 建设工程文件分类

按照《建设工程文件归档规范》GB/T 50328—2014（2019 年版）的分类方法，建设工程归档文件可分为工程准备阶段文件、监理文件、施工文件、竣工图和竣工验收文件 5 大类，并分别用 A 类、B 类、C 类、D 类、E 类命名；在每一大类中，又依据资料的属性和特点，将其划分为若干小类（如 A 类文件分为 A1～A7）。在每一小类中，依据归档文件范围确定的原则（即与工程建设有关的重要活动、记载工程建设主要过程和现状、具有保存价值的各种载体的文件）细分出若干种归档文件（如 A5 类“开工审批文件”分为建设工程规划许可证、建设工程施工许可证）。

（1）工程准备阶段文件可分为立项文件、建设用地拆迁文件、勘察设计文件、招标投标文件、开工审批文件、工程造价文件、工程建设基本信息 7 类。

（2）监理文件可分为监理管理文件、进度控制文件、质量控制文件、造价控制文件、工期管理文件和监理验收文件 6 类。

（3）施工文件可分为施工管理文件、施工技术文件、进度造价文件、施工物资出厂质量证明及进场检测文件、施工记录文件、施工试验记录及检测文件、施工质量验收文件、施工验收文件 8 类。

（4）竣工图可分为建筑、结构、钢结构、幕墙、室内装饰、建筑给水排水及供暖、建筑电气、智能建筑、通风与空调、电梯、室外工程等竣工图，规划红线内的室外给水、排水、供热、供电、照明管线等竣工图，规划红线内的道路、园林绿化、喷灌设施等 12 类竣工图。

上述划分中，建筑竣工图包括室外装饰、屋面施工、节能专项等竣工图，结构竣工图包括地基与基础施工、主体结构施工等竣工图。钢结构、幕墙、室内装饰等施工竣工图为符合独立组卷要求在归档时单独做了分类。

（5）竣工验收文件可分为竣工验收与备案文件、竣工决算文件、工程声像资料和其他工程文件 4 类。

2. 施工文件分类

施工文件在质量验收和归档过程中有着不同的分类方法。

（1）施工质量验收文件分类

按照《建筑工程施工质量验收统一标准》GB 50300—2013 分类，建筑工程施工质量验收文件应分为施工现场质量管理检查记录、建筑工程施工质量验收记录、单位工程质量竣工验收记录。

其中，建筑工程施工质量验收记录包括检验批质量验收记录、分项工程质量验收记录、分部工程质量验收记录。

单位工程质量竣工验收记录包括单位工程质量竣工验收记录、单位工程质量控制资料核查记录、单位工程安全和功能检验资料核查及主要功能（节能、环境保护、耐久性）抽查记录、单位工程观感质量检查记录。

（2）施工归档文件分类

施工归档文件依据《建设工程文件归档规范》GB/T 50328—2014（2019 年版）的分类方法组卷，由建设单位向城建档案管理机构移交符合规定的工程档案。分类目的是统一资料归档分类和收集的范围。

在施工阶段，施工质量验收文件是工序施工质量控制的重要依据，在工程质量验收过程中核查质量控制资料时，应依据《建筑工程施工质量验收统一标准》GB 50300—2013规定的工程文件的分类方法进行质量验收。分类目的是核查建筑工程在施工中各分部工程的施工过程是否按质量验收规范的规定验收，验收时的相关资料是否完整。

工程质量控制资料是建筑工程归档文件的部分内容，即工程质量控制资料应属于建筑工程归档文件中施工文件里的相关内容。

（二）建设工程文件编号

工程文件编号的目的是使每份工程文件的编号能够体现出所属的分部、分项、类别，便于与工程建设内容相呼应。依据《建设工程文件归档规范》GB/T 50328—2014（2019年版），建立如下各类归档文件编号体系。

（1）工程准备阶段文件、工程竣工文件宜按表3-1规定的类别号、文件序号和文件顺序号编号。例如：编号A1.1-001，A1类立项文件，文件序号为1的项目建议书的批复文件及项目建议书，顺序号为001。

（2）监理文件宜按表3-1中规定的类别号、文件序号和文件顺序号编号。例如：B1类监理管理文件，文件序号为1的监理规划文件，其编号为B1.1-001。

（3）施工文件编号宜符合下列规定：

1）施工文件编号可由分部、子分部、类别号（.子类别号.文件序号）、文件收集的先后顺序号4组代号组成，组与组之间应用横线隔开（图4-1）。

××—××—××.×.×—×××

①　②　③　④

图4-1　施工资料编号

① 为分部工程代号，可按表1-1的规定执行。

② 为子分部工程代号，可按表1-1的规定执行。

③ 为资料的类别号、子类别号（仅C4、C6存在）、文件序号，可按表3-1的规定执行。

④ 顺序号，可根据相同表格、相同检查项目，按形成时间顺序填写。

例如：表4-1中资料编号“01-02-C4.2.01-001”可解读为：01为地基与基础分部；02为基础子分部；C4为施工物资出厂质量证明文件及进厂检验报告类；2.01中，2为进场检验通用表格子类，01为材料、构配件进场检验记录；001为第1份文件。如没有子类别的文件，编号中不出现子类别编号，如：C1.1、C2.3、C7.4等。

隐蔽工程验收记录（C5.1）　　**表4-1**

工程名称	××市××局办公楼	编号	01-02-C4.2.01-001

2）属于单位工程整体管理内容的资料，编号中的分部、子分部工程代号可用“00”代替；例如：单位工程施工组织设计、施工方案、图纸会审、设计变更、洽商记录、施工日志、工程竣工验收资料等内容适用于整个单位工程，难以划分到某个分部（子分部）中，因此组合编号中分部、子分工程代号可用“00”代替。

3）同一厂家、同一品种、同一批次的施工物资用在两个分部、子分部工程中时，资料编号中的分部、子分部工程代号可按主要使用部位填写。例如：同一材料用于多个分部工程时，产品合格证、检测报告、复验报告编号可选用主要分部代号。但为了方便对用于其他部位的材料进行追溯、查找，宜在复验报告空白处或编目时记录具体使用部位。

(4) 竣工图宜按表 3-1 中规定的类别和形成时间顺序编号。

(5) 工程资料的编号应及时填写，专用表格的编号应填写在表格右上角的编号栏中；非专用表格应在资料右上角的适当位置注明资料编号。

施工资料编制时，分部（子分部）工程代号应按表 1-1 填写，表中未明确的分部（子分部）工程代号可依据相关标准自行确定。

五、施工前期、施工期间、竣工验收各阶段建设工程文件形成管理的知识

（一）施工前期文件的形成管理

施工前期资料主要由建设单位负责管理的工程准备阶段（A 类）文件组成，包括立项文件（A1），建设用地、拆迁文件（A2），勘察、设计文件（A3），招标投标文件（A4），开工审批文件（A5），工程造价文件（A6），工程建设基本信息（A7），见表 3-1。建设单位文件资料的形成过程如图 5-1 所示。

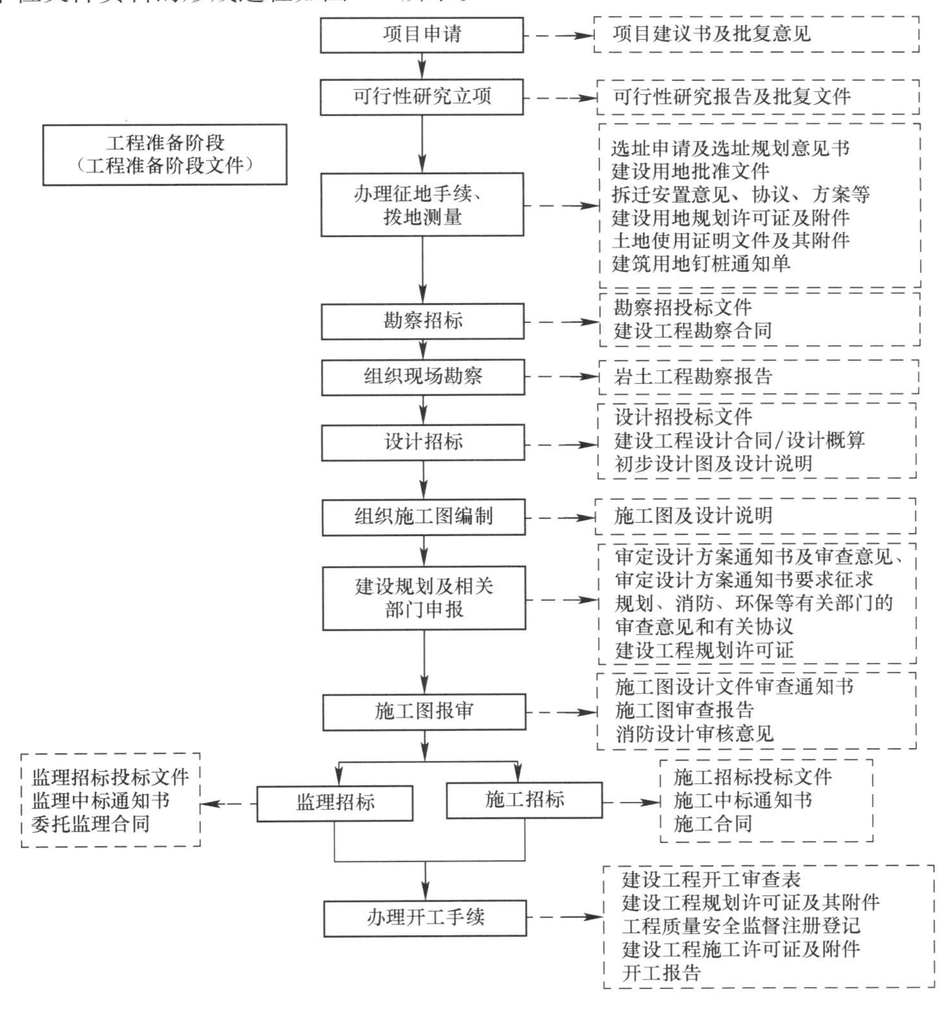

图 5-1　建设单位文件资料的形成过程

1. 立项文件（A1）

（1）项目建议书批复文件及项目建议书（A1.1）

项目建议书是由建设单位自行编制或委托咨询、设计单位编制并申报的文件，由编制单位提供，建设单位负责收集、整理。项目建议书的主要内容包括：项目提出的必要性和依据；产品方案，拟建规模和建设地点的初步设想；资源情况、建设条件、协作关系和设备技术引进国别、厂商的初步分析；投资估算、资金筹措及还贷方案设想；项目的进度安排；经济效果和社会效益的初步估计，包括初步的财务评价和国民经济评价；环境影响的初步评价，包括治理“三废”措施、生态环境影响的分析；结论；附件。

项目建议书的批复文件：根据项目大小、投资主体的不同，分别由国家、行业或地方政府管理部门审批。

（2）可行性研究报告批复文件及可行性研究报告（A1.2）

项目可行性研究报告是由建设单位自行编制或委托工程咨询、设计单位编制，由编制单位提供，建设单位负责收集、整理。项目可行性研究报告主要内容包括：项目摘要；必要性、可行性；市场分析；建设单位情况；项目地点选择分析；工艺技术方案；建设目标、布局、规模（建设方案）；建设内容；投资估算和资金筹措；建设期限和实施进度安排；土地规划和环保；项目组织与管理；效益分析与风险评价；招标方案；有关证明材料；应附表格等。

可行性研究报告批复文件是由国家有关主管部门对该项目可行性研究报告作出的批复，由负责批复的主管部门提供。通常按照项目总规模、限额和划分审批权限，由各级发展和改革委员会审批提供，建设单位负责收集、整理。

（3）专家论证意见、项目评估文件（A1.3）

专家对项目的论证意见是由建设单位或国家主管部门组织专家论证会议，所形成的有关建议性文件由组织单位提供。项目评估研究资料是由建设单位或国家有关主管部门组织会议，对该项目的可行性研究报告进行评估后，所形成的文件，并由组织评估的单位负责提供。建设单位负责收集、整理。

2. 建设用地、拆迁文件（A2）

（1）选址申请及选址规划意见通知书（A2.1）

依据《中华人民共和国城乡规划法》规定，按照国家规定需要有关部门批准或者核准的建设项目，以划拨方式提供国有土地使用权的，建设单位在报送有关部门批准或者核准前，应当向城乡规划主管部门申请核发选址意见书。选址申请及选址规划意见通知书由各级规划委员会审批。建设单位负责收集、整理。

（2）建设用地批准文件（A2.2）

依据《中华人民共和国土地管理法》规定，经批准的建设项目需要使用国有建设用地的，建设单位持建设项目的有关批准文件，向市、县人民政府土地行政主管部门提出建设用地申请，由市、县人民政府土地行政主管部门审查，拟订供地方案，报市、县人民政府批准；需要上级人民政府批准的，应当报上级人民政府批准。供地方案经批准后，由市、县人民政府向建设单位颁发建设用地批准书。有偿使用国有土地的，由市、县人民政府土地行政主管部门与土地使用者签订国有土地有偿使用合同；划拨使用国有土地的，由市、县人民政府土地行政主管部门向土地使用者核发国有土地划拨决定书。建设用地批准文件由市、县级国有土地管理部门办理。建设单位负责收集、整理。

（3）拆迁安置意见、协议、方案等（A2.3）

应由建设单位组织协商形成。

（4）建设用地规划许可证及其附件（A2.4）

依据《中华人民共和国城乡规划法》规定，在城市、镇规划区内以划拨方式提供国有土地使用权的建设项目，经有关部门批准、核准、备案后，建设单位应当向市、县人民政府城乡规划主管部门提出建设用地规划许可申请，由市、县人民政府城乡规划主管部门依据控制性详细规划核定建设用地的位置、面积、允许建设的范围，核发建设用地规划许可证。由此，建设用地规划许可证由建设单位提出申请，规划行政管理部门办理，建设单位负责收集、整理。

（5）土地使用证明文件及其附件（A2.5）

均由国有土地管理部门办理，建设单位负责收集、整理。

（6）建设用地钉桩通知单（书）（A2.6）

规划行政主管部门在核发规划许可证时，应向建设单位一并发放建设用地钉桩通知单。建设单位在施工前应当向规划行政主管部门提交完整的建设用地钉桩通知单，收到上报的验线申请后3个工作日内组织验线。经验线合格后方可施工。

3. 勘察、设计文件（A3）

（1）工程地质勘察报告（A3.1）

是对于一个建设项目，为查明建筑物的地质条件而进行的综合性的地质勘察工作的成果报告。报告是由建设单位委托的勘察单位勘察形成的，建设单位负责收集、整理。

（2）水文地质勘察报告（A3.2）

是由建设单位委托水文地质勘察单位进行勘察、编制而成的文件，建设单位负责收集、整理。

（3）初步设计文件（说明书）（A3.3）

初步设计文件是指初步设计图和说明，初步设计图主要包括总平面图、建筑图、结构图、给水排水图、电气图、弱电图、供暖通风及空调图、动力图、技术与经济概算等。初步设计书说明是由设计总说明和各专业的设计说明书组成，初步设计图和说明由设计单位形成，建设单位负责收集、整理。

（4）设计方案审查意见（A3.4）

由规划行政管理部门审批形成，建设单位负责收集、整理。

（5）人防、环保、消防等有关主管部门（对设计方案）审查意见（A3.5）

依据人防、环保、消防等有关主管部门（对设计方案）的审查规定，建设单位应当将人防、环保、消防设计文件报送负责审核机构审核。未经依法审核或者审核不合格的，负责审批该工程施工许可的部门不得给予施工许可证，建设单位、施工单位不得施工；其他建设工程取得施工许可后经依法抽查不合格的，应当停止施工。人防、环保、消防设计审核意见应由负责审查部门审核形成，建设单位负责收集、整理。

(6) 施工图设计文件审查意见(A3.7)

依据《房屋建筑和市政基础设施工程施工图设计文件审查管理办法》的规定,施工图审查是指建设主管部门认定的施工图审查机构(以下简称审查机构)按照有关法律、法规,对施工图涉及公共利益、公众安全和工程建设强制性标准的内容进行的审查。施工图审查应当坚持先勘察、后设计的原则。审查机构应当对施工图审查下列内容:

1) 是否符合工程建设强制性标准。

2) 地基基础和主体结构的安全性。

3) 消防的安全性。

4) 人防工程(不含人防指挥工程)的防护安全性。

5) 是否符合民用建筑节能强制性标准,对执行绿色建筑标准的项目,还应当审查是否符合绿色建筑标准。

6) 勘察设计企业和注册执业人员以及相关人员是否按规定在施工图上加盖相应的图章和签字。

7) 其他法律、法规、规章规定必须审查的内容。

施工图审查机构对设计的施工图审查合格后,应当向建设单位出具审查合格证书,并在全套施工图上加盖审查专用章。审查合格书应当有各专业的审查人员签字,经法定代表人签发,并加盖审查机构公章。审查机构应当在出具审查合格书后5个工作日内,将审查情况报工程所在地县级以上地方人民政府住房城乡建设主管部门备案。建设单位负责收集、整理。

4. 招标投标文件(A4)

(1) 勘察、设计招标投标文件(A4.1)

1) 勘察招标文件由建设单位或委托的咨询单位编制,用于选择勘察单位,由编制单位提供,建设单位负责收集整理。

2) 勘察投标文件由勘察单位或委托的咨询单位编制,用于承揽勘察任务,由编制单位提供,建设单位负责收集整理。

3) 设计招标文件由建设单位或委托的咨询单位编制,用于选择设计单位,由编制单位提供,建设单位负责收集整理。

4) 设计投标文件由设计单位或委托的咨询单位编制,用于承揽设计任务,由编制单位提供,建设单位负责收集整理。

(2) 施工招标投标文件(A4.3)

1) 施工招标文件由建设单位或委托的咨询单位编制,用于选择施工单位,由编制单位提供,建设单位负责收集整理。

2) 施工投标文件由施工单位或委托的咨询单位按照施工招标文件要求编制,用于承担施工任务,由编制单位提供,建设单位负责收集整理。

(3) 工程监理招标投标文件(A4.5)

1) 监理招标文件由建设单位或委托的咨询单位编制,用于选择监理单位,由编制单位提供,建设单位负责收集整理。

2) 监理投标文件由监理单位或委托的咨询单位按照监理招标文件的要求编制,用于承揽监理任务，由编制单位提供，建设单位负责收集整理。

（4）勘察、设计、监理、施工合同文件（A4.2、A4.4、A4.6）

由建设单位分别与勘察、设计、监理、施工单位签订形成。勘察、设计、监理、施工合同是建设单位（发包方）和勘察、设计、监理、施工企业（承包方）在工程建设项目中必须共同遵循的法律文件和技术经济文件。勘察、设计、监理、施工合同是以工程勘察、设计、监理、施工为目的，明确建设工程发包方和承包方在项目实施中的权利和义务，是建设工程项目实施的法律依据。勘察、设计、监理、施工合同文件由参与签订合同单位负责提供，建设单位负责收集、整理。

5. 开工审批文件（A5）

（1）建设工程规划许可证及其附件（A5.1）

建设工程规划许可证是由建设单位申请划拨、出让土地前，经规划行政管理部门确认建设项目位置、面积和允许建设范围符合城市规划的文件。申请建设工程规划许可证需提交建设工程规划用地许可证申请、选址意见书、可行性研究报告、地形图、建设设计方案和相关部门对设计方案意见等。经规划行政主管部门核定无误后办理形成。建设单位负责收集、整理。

（2）建设工程施工许可证（A5.2）

建设单位在建筑工程开工前，应当按照国家有关规定向工程所在地县级以上人民政府建设行政主管部门申请领取施工许可证，建设单位负责收集、整理。

申请领取施工许可证，应当具备下列条件，并提交相应的证明文件：

1）已经办理该建筑工程用地批准手续。

2）在城市规划区的建筑工程，已经取得建设工程规划许可证。

3）施工现场已经基本具备施工条件，需要拆迁的，其拆迁进度符合施工要求。

4）已经确定建筑施工企业；有满足施工需要的施工图纸及技术资料，施工图设计文件已按规定进行了审查。

5）有保证工程质量和安全的具体措施。

6）按照规定应该委托监理的工程已委托监理。

7）建设资金已经落实。

8）法律、行政法规规定的其他条件。

建筑工程在施工过程中，建设单位或施工单位发生变更的，应当重新申请领取施工许可证。

6. 工程造价文件（A6）

（1）工程投资估算资料（A6.1）

工程投资估算资料由建设单位或委托工程造价咨询单位编制，由编制单位提供，建设单位负责收集、整理。

（2）工程设计概算文件（A6.2）

工程设计概算文件是由设计单位按设计内容概略算出该工程由立项开始到交付使用之间的全过程发生的建设费用文件。其由设计单位编制、提供，建设单位负责收集、整理。

（3）招标控制价格文件（A6.3）

招标控制价格文件是由招标人自行编制或委托具有编制标底资格能力的代理机构编制的，是招标人在招标过程中可以承受的最高工程造价，故是投标人投标报价上限。其由建设单位负责收集、整理。

（4）合同价格文件（A6.4）

合同价格文件是指施工单位与建设单位签订施工合同时，在合同文本上由双方确认的合同价格。其由合同编制单位提供，建设单位负责收集、整理。

（5）结算价格文件（A6.5）

结算价格文件是指在工程竣工验收之后由施工单位根据工程实施过程中所发生的工程变更情况，调整工程的施工图预算价格，确定工程项目最终决算价格文件。其由施工单位编制、提供，建设单位负责收集、整理。

7. 工程建设基本信息（A7）

主要包括：工程概况信息表、建设单位工程项目负责人及现场管理人员名单、监理单位工程项目总监及监理人员名册、施工单位项目经理及质量管理人员名册。

（二）施工期间文件的形成管理

施工期间的建筑工程文件主要来源于监理单位、施工单位、试验检测单位和材料供应单位，监理文件和施工文件均应按照《建设工程文件归档规范》GB/T 50328—2014（2019 年版）规定的归档范围和流程实施文件的形成管理，资料形成过程的步骤如图 5-2 所示。

（三）监理文件的形成管理

监理文件可分为监理管理文件（B1）、进度控制文件（B2）、质量控制文件（B3）、造价控制文件（B4）、工期管理文件（B5）和监理验收文件（B6）六类。

1. 监理管理文件（B1）

（1）监理规划（B1.1）

监理规划是结合工程实际情况，明确项目监理机构的工作目标，确定具体的监理岗位职责、工作制度、范围、内容、程序、方法和措施的指导整个项目监理工作开展的指导性文件；监理规划是在签订建设工程监理合同及收到设计文件（批准的施工组织设计）后由总监理工程师组织，专业监理工程师参与编制，总监理工程师签字后由监理单位技术负责人签字审批，并加盖单位公章。并在召开第一次工地会议前（开工前）报送建设单位。

（2）监理实施细则（B1.2）

监理实施细则是在监理规划指导下，由专业监理工程师（依据批准的施工专项方案）针对某一专业或某一方面编制的建设工程监理工作的操作性文件。对专业性较强、危险性较大的分部分项工程，也应编制监理实施细则。监理实施细则应在相应工程施工开始前由

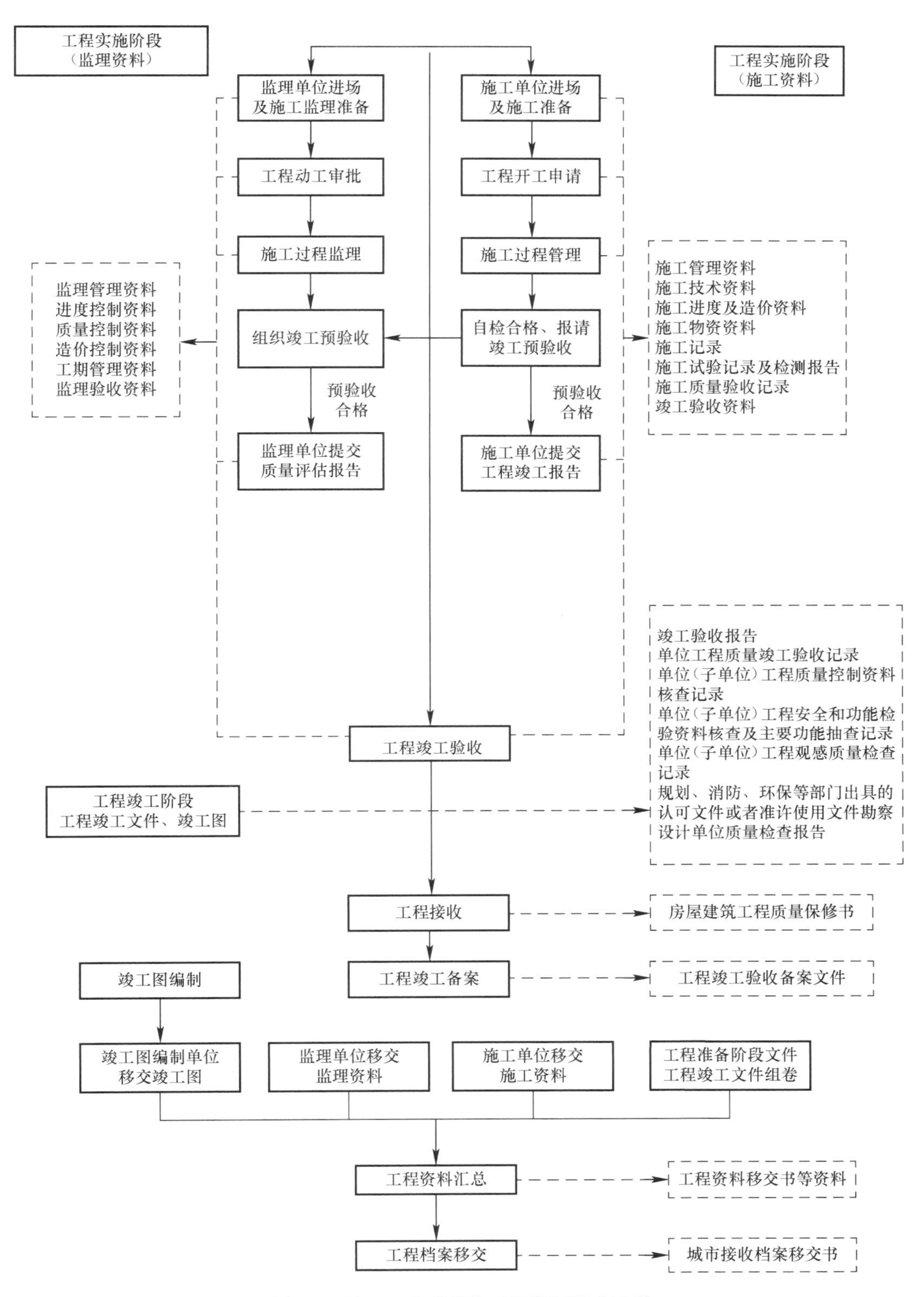

图 5-2 施工、监理单位工程资料形成过程

专业监理工程师组织编制，必须由项目总监理工程师批准方可实施。

（3）监理月报（B1.3）

项目施工过程中，项目监理机构就工程实施情况和监理工作每月向建设单位提交的建设工程监理工作及建设工程实施情况等分析总结报告。监理月报由项目总监组织编写，签署后报送建设单位或本监理单位。

监理月报的内容包括：本月工程实施情况，本月监理工作情况，本月施工中存在的问题及处理情况，下月监理工作重点。

（4）监理会议纪要（B1.4）

监理会议纪要是由项目监理机构根据会议记录整理，与会各方代表会签确认完成。会议纪要的主要内容包括：例会地点与时间；会议主持人；与会人员姓名、单位、职务；例会的主要内容、事项等。监理会议形式主要有开工前的第一次工地会议和定期召开的监理例会。

1）第一次工地会议

工程项目开工前，由建设单位主持召开第一次工地会议，这是建设单位、工程监理单位、施工单位对各自人员及分工、开工准备、监理例会的要求等情况进行沟通和协调的会议。会议内容主要有：建设单位、承包单位和监理单位分别介绍各自驻现场的组织机构、人员及分工；建设单位根据委托监理合同宣布对总监理工程师的授权；建设单位介绍开工准备情况；承包单位介绍施工准备情况；总监理工程师介绍监理规划的主要内容；研究确定各方在施工过程中参加工地例会的主要人员，召开监理例会的周期、地点及主要议题。会议纪要由项目监理机构负责整理，与会代表会签。

2）监理例会

在监理过程中，项目监理机构总监理工程师应定期召开监理例会，组织有关单位研究解决工程监理相关问题。项目监理机构可根据工程需要，主持或参加专题会议，解决监理工作范围内工程专项问题。监理例会、专题例会的会议纪要有项目监理机构负责整理，与会各方代表会签。

（5）监理工作日志（B1.5）

监理日志是监理机构每日对建设工程监理工作及施工进展情况所做的记录。有专人负责逐日连续记载。监理日志的主要内容包括：天气和施工环境情况，当日施工进展情况，当日监理工作情况（施工人数、作业内容及部位；使用的主要设备、材料；主要分部、分项工程开工、完工的标记），其他有关事项（巡视、旁站、见证记录；报验及验收结果；材料、设备、构配件和主要施工机械设备进场验收情况；施工单位资料报审及审查结果；所发监理通知书的主要内容；建设、施工单位提出的有关事宜及处理意见；工地会议的有关问题；质量事故处理方案；异常事件对施工的影响情况；设计人员现场交底的有关事宜；上级有关部门现场检查、指导意见；其他事项）。

（6）监理工作联系单（B1.7）

监理工作联系单用于监理单位和其他参建单位传递意见、建议、决定、通知等的联系用表，监理工作联系单主要针对工程项目的一般问题起到告知的作用，可要求施工单位回复也可不作回复的要求。监理工作联系单应符合现行国家标准《建设工程监理规范》GB/T 50319—2013的有关规定。

监理工作联系单可采用表5-1的格式。当不需回复时应有签收记录，并应注明收件人的姓名、单位和收件日期。监理工作联系单由监理单位填写，一式三份，并由建设单位、施工单位和监理单位各保存一份。

监理工作联系单（B1.7） **表5-1**

工程名称	××市×中学教学楼	编号	00-00-B1.7-×××
致××建筑安装有限公司（施工单位） 事由：关于贵公司资质及项目组织机构报审事宜 内容：请×××建筑安装有限公司于××年×月×日前将贵公司的资质副本复印件及教学楼项目组织机构人员名单、人员岗位证件报送我公司现场监理部。 单位××市××监理有限责任公司 发文单位 负责人　××× ××年×月×日			

（7）监理工程师通知（B1.8）、监理工程师通知回复（B1.9）

按照现行国家标准《建设工程监理规范》GB/T 50319—2013的有关规定，项目监理机构发现施工存在质量、安全隐患问题的，或施工单位采用不适当的施工工艺，或施工不当，造成工程质量不合格的，应及时签发监理通知，要求施工单位整改。整改完毕后，项目监理机构应根据施工单位报送的监理通知回复对整改情况进行复查，提出复查意见。

监理通知由项目监理机构按表5-2要求填报，由总监理工程师或专业监理工程师签发，项目监理机构盖章。监理通知回复应由施工单位按表5-3填报，经项目经理签字，项目经理部盖章，报监理机构。监理通知、监理通知回复一式四份，应由建设单位、监理单位、施工单位和城建档案管理机构各保存一份。

监理工程师通知（B1.8） **表5-2**

工程名称	××市×中学教学楼	编号	01-06-B1.8-×××
致××建筑安装有限公司（施工总承包单位/专业承包单位） 事由：关于基坑开挖边坡放坡相关事宜 内容： 1. 贵单位承建的教学楼在基坑开挖时未按施工方案进行放坡，请接通知后立即整改，按原定施工方案施工。 2. 现正当雨季，请做好边坡防护，防止边坡塌方。 项目监理机构（盖章）××监理有限责任公司 总/专业监理工程师（签字）　×××　××× ××年×月×日			

监理工程师通知回复（B1.9）　　**表 5-3**

工程名称	××市×中学教学楼	编号	01-06-B1.9-×××
××监理有限责任公司（项目经理机构） 我方接到编号为 01-06-B1.8-×××的监理通知后，已按要求完成相关整改工作，请予以复查。 附件：需要说明的情况 1. 基坑开挖放坡施工方案。 2. 工程测量放线成果。 3. 主要人员、材料、设备进场说明。 施工项目经理部　××建筑安装有限公司××项目经理部 项目经理（签字）　××× ××年×月×日			
复查意见： ×××建筑安装有限公司××项目经理部所报×××工程整改方案有效，准予继续施工。 项目监理机构（盖章）　××监理有限责任公司 总监理工程师/专业监理工程师（签字）　××× ××年×月×日			

（8）工程暂停令（B1.10）

按照现行国家标准《建设工程监理规范》GB/T 50319—2013 的有关规定，总监理工程师在签发工程暂停令时，可根据停工原因的影响范围和影响程度，确定停工范围，并应按施工合同和建设工程监理合同的约定签发工程暂停令。此外，签发工程暂停令应事先征得建设单位同意，在紧急情况下未能事先报告时，应在事后及时向建设单位作出书面报告。

项目监理机构在发生下列情况之一时，总监理工程师可签发工程暂停令：建设单位要求暂停施工且工程需要暂停施工；施工单位未经批准擅自施工或拒绝项目监理机构管理的；施工单位未按审查通过的工程设计文件施工的；施工单位违反工程建设强制性标准的；施工存在重大质量、安全事故隐患或发生质量、安全事故的。

监理单位签发的工程暂停令应一式四份，并应由建设单位、监理单位、施工单位和城建档案管理机构各保存一份。工程暂停令宜采用表 5-4 的格式。

（9）工程复工报审表（B1.11）、复工令

按照现行国家标准《建设工程监理规范》GB/T 50319—2013 的有关规定，当暂停施工原因消失、具备复工条件时，施工单位提出复工申请的，项目监理机构应审查施工单位报送的工程复工报审表及有关材料，符合要求后，总监理工程师应及时签署审查意见，并

工程暂停令（B1.10）　　**表 5-4**

工程名称	××市×中学教学楼	编号	01-06-B1.10-×××
致××建筑安装有限公司××（施工项目经理部） 由于 贵单位边坡开挖放坡坡度不够，仍断续基础施工的 原因，现通知你方必须于 ×× 年×月×日12：00时起，对本工程的独立基础施工部位（工序）实施暂停施工，并按要求做好下述各项工作： 1. 做好基坑边的临边防护。 2. 边坡放坡不够的地方进行放坡处理，消除安全隐患。 3. 做好现场其他工作。 项目监理机构（盖章）　××监理有限责任公司 总监理工程师（签字、加盖执业印章）　××× ××年×月×日			

应报建设单位批准后签发工程复工令；施工单位未提出复工申请的，应根据工程实际情况指令施工单位恢复施工。

工程复工令应由项目监理机构按表5-5的要求填写。工程复工报审表应由施工单位按表5-6的要求填报。工程复工报审表、工程复工令应一式四份，并应由建设单位、监理单位、施工单位和城建档案管理机构各保存一份。

工程复工令（GB/T 50319—2013表A.0.7） **表5-5**

工程名称	××市×中学教学楼	编号	A.0.7
致××建筑安装有限公司××（施工项目经理部） 我方发出的编号为 ××× 《工程暂停令》要求暂停施工的基坑开挖边坡施工部位（工序）经查已具备复工条件，经建设单位同意，现通知你方于××年×月×日×时起恢复施工。 附件：工程复工报审表 项目监理机构（盖章）××监理有限责任公司 总监理工程师（签字、加盖执业印章）××× ××年×月×日			

工程复工报审表（B1.11 C3.2） **表5-6**

工程名称	××市×中学教学楼	编号	01-06-B1.11-×××
致××监理有限责任公司（项目监理机构） 编号为×××《工程暂停令》所停工的基坑开挖边坡施工部位（工序）已满足复工条件，我方已申请××年×月×日复工，请予以审批。 附件：证明文件资料。 整改方案。 主要人员、材料、设备进场。 施工项目经理部（盖章）××建筑安装有限公司 项目经理（签字） ××× ××年×月×日			
审核意见： ×××建筑安装有限公司所报×××工程复工资料满足复工条件，准予复工。 项目监理机构（盖章）××监理有限责任公司 总监理工程师（签字） ××× ××年×月×日			
审批意见： 具备复工条件，同意复工。 建设单位（盖章）××市×中学 建设单位代表（签字）××× ××年×月×日			

2. 进度控制文件（B2）

（1）工程开工报审表（B2.1）、开工令

按照现行国家标准《建设工程监理规范》GB/T 50319—2013的有关规定，总监理工程

师应组织专业监理工程师审查施工单位报送的工程开工报审表及相关资料；同时具备下列条件时，应由总监理工程师签署审核意见，并应报建设单位批准后，总监理工程师签发工程开工令：

1）设计交底和图纸会审已完成。

2）施工组织设计已由总监理工程师签认。

3）施工单位现场质量、安全生产管理体系已建立，管理及施工人员已到位，施工机械具备使用条件，主要工程材料已落实。

4）进场道路及水、电、通信等已满足开工要求。

工程开工令由项目监理机构按表5-7要求填写。工程开工报审表应由施工单位按表5-8填报。工程开工报审表一式四份，应由建设单位、监理单位、施工单位、城建档案管理机构各保存一份。

工程开工令（GB/T 50319—2013 表 A.0.2）　　　　**表 5-7**

<table>
<tr><td>工程名称</td><td>××市×中学教学楼</td><td>编号</td><td>A.0.2</td></tr>
<tr><td colspan="4">致××建筑安装有限公司××（施工单位）
经审查，本工程已具备施工合同约定的开工条件，现同意你方开始施工，开工日期为：××年×月×日。
附件：工程开工报审表
项目监理机构（盖章）　××监理有限责任公司
总监理工程师（签字、加盖执业印章）×××
××年×月×日</td></tr>
</table>

工程开工报审表（B2.1　C3.1）　　　　**表 5-8**

<table>
<tr><td>工程名称</td><td>××市×中学教学楼</td><td>编号</td><td>00-00-B2.1-×××</td></tr>
<tr><td colspan="4">致××市×中学（建设单位）
××监理有限责任公司（项目监理机构）
我方承担的××市×中学教学楼工程已完成相关准备工作，具备开工条件，申请于××年×月×日开工，请予以审批。
附件：证明文件资料：
工程施工许可证（复印件）。
工程测量放线。
主要人员、材料、设备进场。
施工现场道路、水电、通信已达到开工条件。
施工单位（盖章）××建筑安装有限公司
项目经理（签字）　×××
××年×月×日</td></tr>
<tr><td colspan="4">审核意见：
×××建筑安装有限公司所报×××工程开工资料齐全、有效，具备开工条件，准予开工。
项目监理机构（盖章）　××监理有限责任公司
总监理工程师（签字）　×××
××年×月×日</td></tr>
<tr><td colspan="4">审批意见：
同意开工。
建设单位（盖章）　××市×中学
建设单位代表（签字）　×××
××年×月×日</td></tr>
</table>

（2）施工进度计划报审表（B2.2）

按照现行国家标准《建设工程监理规范》GB/T 50319—2013 的有关规定，项目监理机构应审查施工单位报审的施工总进度计划和阶段性施工进度计划，提出审查意见，并应由总监理工程师审核后报建设单位。施工进度计划审查应包括下列基本内容：

1）施工进度计划应符合施工合同中工期的约定。

2）施工进度计划中主要工程项目无遗漏，应满足分批投入试运、分批动用的需要，阶段性施工进度计划应满足总进度控制目标的要求。

3）施工顺序的安排应符合施工工艺要求。

4）施工人员、工程材料、施工机械等资源供应计划应满足施工进度计划的需要。

5）施工进度计划应符合建设单位提供的资金、施工图纸、施工场地、物资等施工条件。施工进度计划报审表应由施工单位宜按表 5-9 要求填报，并由项目总监理工程师进行签认。本表一式三份，项目监理机构、建设单位、施工单位各一份，见表 5-9。

施工进度计划报审表（B2.2　C3.3）　　　　表 5-9

<table>
<tr><td>工程名称</td><td>××市×中学教学楼</td><td>编号</td><td>00-00-B2.2-×××</td></tr>
<tr><td colspan="4">致××监理有限责任公司（项目监理机构）
根据施工合同约定，我方已完成××市×中学教学楼工程的施工进度计划的编制和批准，请予以审查。
附件：
□施工总进度计划
■阶段性进度计划
施工项目部（盖章）××建筑安装有限公司
项目经理（签字）×××
××年×月×日</td></tr>
<tr><td colspan="4">审查意见：
报审的施工进度计划符合要求，请总监理工程师审定。
专业监理工程师（签字）×××
××年×月×日</td></tr>
<tr><td colspan="4">审核意见：
同意专业监理工程师的审查意见，并报建设单位。
项目监理机构（盖章）　××监理有限责任公司
总监理工程师（签字）　×××
××年×月×日</td></tr>
</table>

3. 质量控制文件（B3）

（1）质量事故报告及处理资料（B3.1）

按现行国家标准《建设工程监理规范》GB/T 50319—2013 的规定，对需要返工处理或加固补强的质量事故，项目监理机构应要求施工单位报送质量事故调查报告和经设计等相关单位认可的处理方案，并对质量的处理过程进行跟踪检查，同时应对处理结果进行验收。

质量事故报告及处理资料应由项目监理机构及时向建设单位提交，并应将完整的质量事故处理记录整理归档。建设工程质量事故报告应由施工单位按表 5-10 的要求填报。本

表一式四份，项目建设单位、施工单位、监理机构和档案管理机构各一份。

建设工程质量事故报告（B3.1）　　表 5-10

工程名称	××市×中学教学楼	编号	01-02-B3.1-×××
建设单位	××市×中学	建设地点	××市×中学
施工单位	××建筑安装有限公司	结构类型	框架
设计单位	××建筑设计研究院	事故发生时间	××年×月×日
经济损失	××万元	上报时间	××年×月×日
事故经过、后果与原因分析： 由于施工时于××年×月×日，在基础垫层施工时，由于振捣工没有按照混凝土操作规程操作致使①轴，Ⓐ、Ⓒ轴之间基坑垫层混凝土发生露筋、露石、孔洞等质量缺陷。			
事故发生后采取的措施： 经研究决定，对上述部分采取返工处理，重新浇筑混凝土。			
事故责任单位、责任人及处理意见： 事故责任单位：混凝土施工班组 责任人：振捣工 处理意见： （1）对直接责任人进行质量意识教育，切实加强混凝土操作规程培训学习及贯彻执行，经考核合格后持证上岗，并处以适当经济处罚。 （2）对所在班组提出批评，切实加强过程控制。 结论：经返工处理后，结构安全可靠。			

负责人	李××	报告人	王××	日期	××年×月×日

（2）旁站监理记录（B3.2）

旁站是指监理机构在施工现场对工程实体关键部位或关键工序的施工质量进行监督检查活动。按照现行国家标准《建设工程监理规范》GB/T 50319—2013 的有关规定，项目监理机构应根据工程特点和施工单位报送的施工组织设计及专项施工方案，确定旁站的关键部位、关键工序、安排监理人员进行旁站，并应及时记录旁站情况。监理单位填写的旁站监理记录应一式三份，并应由建设单位、监理单位、施工单位各保存一份。旁站监理记录宜采用表 5-11 的格式。

旁站监理记录（B3.2）　　表 5-11

工程名称	××市×中学教学楼	编号	01-02-B3.2-×××
旁站的关键部位、关键工序	独立基础及防水筏板混凝土浇筑	施工单位	××建筑安装有限公司
旁站开始时间	××年×月×日×时×分	旁站结束时间	××年×月×日×时×分
施工情况：采用 C40P6 商品混凝土泵送浇筑，施工过程按规范操作。			
发现问题及处理情况：混凝土浇筑过程中商品混凝土供应不及时，局部混凝土出现初凝。 处理结果：现场搅拌同标号砂浆浇在初凝接槎处（凿毛）。			
旁站监理人员（签字）××× ××年×月×日			

(3) 见证取样和送检见证人员备案表（B3.3）

见证取样是指项目监理机构对施工单位进行的涉及结构及安全的试块、试件及工程材料现场取样、封样、送检工作的监督活动。

平行检验是指项目监理机构在施工单位对工程质量自检的同时，按有关规定、建设工程监理合同约定对同一检验项目进行的检测试验活动。

依据《房屋建筑工程和市政基础设施工程实行见证取样和送检的规定》（建建〔2000〕211号）规定：见证人员应由建设单位或该工程的监理单位具备建筑施工试验知识的专业技术人员担任，并应由建设单位或该工程的监理单位书面通知施工单位、检测单位和负责该项工程的质量监督机构。

单位工程施工前，监理单位应根据施工单位报送的施工试验计划编制确定见证取样和送检计划。

单位工程施工过程中，专业监理工程师应对承包单位报送的拟进场工程材料、构配件和设备的工程材料/构配件/设备报审表及其质量证明资料进行审核，并对进场的实物按照委托监理合同约定或有关工程质量管理文件规定的比例采用平行检验或见证取样方式进行抽检。

对未经监理人员验收或验收不合格的工程材料、构配件、设备，监理人员应拒绝签认，并应签发监理工程师通知单，书面通知承包单位限期将不合格的工程材料、构配件、设备撤出现场。

监理单位填写的见证取样和送检见证人员备案表应一式三份，建设单位、监理单位、施工单位各保存一份。见证取样和送检见证人员备案表宜采用表5-12的格式。

见证取样和送检见证人员备案表（B3.3） **表5-12**

<table>
<tr><td>工程名称</td><td colspan="2">××市×中学教学楼</td><td>编　号</td><td>01-02-B3.3-×××</td></tr>
<tr><td>质量监督站</td><td colspan="2">××市建设工程质量监督站</td><td>日　期</td><td>××年×月×日</td></tr>
<tr><td>检测单位</td><td colspan="4">××市××建筑材料检测中心</td></tr>
<tr><td>施工总承包单位</td><td colspan="4">×××建筑有限公司</td></tr>
<tr><td>专业承包单位</td><td colspan="4">/</td></tr>
<tr><td rowspan="4">见证人员签字</td><td>×××</td><td rowspan="4">见证取样和送检印章</td><td colspan="2" rowspan="4">××监理有限责任公司
见证取样和送检印章</td></tr>
<tr><td>×××</td></tr>
<tr><td>×××</td></tr>
<tr><td>×××</td></tr>
<tr><td colspan="2">建设单位（章）
××市×中学</td><td colspan="3">监理单位（章）
××监理有限责任公司</td></tr>
</table>

(4) 见证记录（B3.4）

依据《房屋建筑工程和市政基础设施工程实行见证取样和送检的规定》（建建〔2000〕211号）规定：涉及结构安全的试块、试件和材料见证取样和送检的比例不得低于有关技术标准中规定应取样数量的30%。下列试块、试件和材料必须实施见证取样和送检：

1）用于承重结构的混凝土试块。

2）用于承重墙体的砌筑砂浆试块。

3）用于承重结构的钢筋及连接接头试件。

4）用于承重墙的砖和混凝土小型砌块。

5）用于拌制混凝土和砌筑砂浆的水泥。

6）用于承重结构的混凝土中使用的掺加剂。

7）地下、屋面、厕浴间使用的防水材料。

8）国家规定必须实行见证取样和送检的其他试块、试件和材料。

在施工过程中，见证人员应按照见证取样和送检计划，对施工现场的取样和送检进行见证，取样人员应在试样或其包装上作出标识、封志。标识和封志应标明工程名称、取样部位、取样日期、样品名称和样品数量，并由见证人员和取样人员签字。见证人员应制作见证记录，并将见证记录归入施工技术档案。监理单位填写的见证记录应一式三份，并应由建设单位、监理单位、施工单位各保存一份。见证记录宜采用表5-13的格式。

见证记录（B3.4）　　**表5-13**

工程名称	××市×中学教学楼		编号		01-06-B3.4-×××
开始时间	××年×月×日	试件编号	HNT001	取样数量	3组
见证取样记录：	见证取样取自6号罐车，在试块上已做出标识，注明取样部位、取样日期。				
见证取样和送检印章	××有限责任公司 见证取样和送检印章				
签字栏	取样人员		见证人员		
	刘××		李××		

4. 造价控制文件（B4）

（1）工程款支付证书（B4.2）、工程款支付报审表（C3.7）

按照现行国家标准《建设工程监理规范》GB/T 50319—2013的规定，项目监理机构应按下列程序进行工程计量和付款签证工作：

1）专业监理工程师对施工单位在工程款支付报审表中提交的工程量和支付金额进行复核，确定实际完成的工程量，提出到期应支付给施工单位的金额，并提出相应的支持性材料。

2）总监理工程师对专业监理工程师的审查意见进行审核，签认后报建设单位审批。

3）总监理工程师根据建设单位的审批意见，向施工单位签发工程款支付证书。

工程款支付证书应由项目监理机构按表5-14填写。工程款支付报审表应由施工单位按表5-15要求填写。工程款支付证书是与工程款支付报审表配套使用的。表格在工程预付款、工程进度款、工程结算款等支付时使用。工程款支付证书、工程款支付报审表应一式三份，建设单位、监理单位、施工单位各保存一份。

工程款支付证书（B4.2） 表 5-14

<table>
<tr><td>工程名称</td><td>××市×中学教学楼</td><td>编号</td><td>00-00-B4.2-×××</td></tr>
<tr><td colspan="4">致××市×中学（施工单位）
根据施工合同约定，经审核编号为×××工程款支付报审表，扣除有关款项后，同意支付工程款共计（大写）叁佰贰拾万元整（小写 3200000.00 ）。

其中：
1. 施工单位申报款为：叁佰伍拾陆万元整。
2. 经审核施工单位应得款为：叁佰贰拾万元整。
3. 本期应扣款为：叁拾陆万元整。
4. 本期应付款为：叁佰贰拾万元整。
附件：施工单位的工程支付报审表及附件

项目监理机构（盖章）××监理有限责任公司
总监理工程师（签字、加盖执业印章）×××
××年×月×日</td></tr>
</table>

工程款支付报审（申请）表（C3.7） 表 5-15

<table>
<tr><td>工程名称</td><td>××市×中学教学楼</td><td>编号</td><td>01-02-C3.7-×××</td></tr>
<tr><td colspan="4">致 ××监理有限责任公司 （项目监理机构）
根据施工合同约定，我方已完成 基础结构工程施工 工作，建设单位应在××年×月×日前支付工程款共计（大写） 叁佰伍拾陆万元整 （小写 3560000.00 ），请予以审核。
附件：■已完成工程量报表
■工程竣工结算证明材料
□相应支持性证明文件
施工项目部（盖章）×××建筑安装有限公司
项目经理（签字）×××
××年×月×日</td></tr>
<tr><td colspan="4">审查意见：
1. 施工单位应得款为：叁佰贰拾万元整。
2. 本期应扣款： 叁拾陆万元整 。
3. 本期应付款为：叁佰贰拾万元整。
附件：相应支持性材料
专业监理工程师（签字） ×××
××年×月×日</td></tr>
<tr><td colspan="4">审核意见：
同意专业监理工程师的审查意见。
项目监理机构（盖章）××监理有限责任公司
总监理工程师（签字） ×××
××年×月×日</td></tr>
<tr><td colspan="4">审批意见：
同意项目监理机构的审核意见。
建设单位（盖章）××市×中学
建设单位代表（签字）×××
××年×月×日</td></tr>
</table>

(2) 费用索赔申请表（B4.4)、费用索赔审批表（B4.5)

按照现行国家标准《建设工程监理规范》GB/T 50319—2013 的规定，项目监理机构可按下列程序处理施工单位提出的费用索赔：

1) 受理施工单位在施工合同约定的期限内提交的费用索赔意向通知书。

2) 收集与索赔有关的资料。

3) 受理施工单位在施工合同约定的期限内提交的费用索赔报审表。

4) 审查费用索赔报审表。需要施工单位进一步提交详细资料时，应在施工合同约定的期限内发出通知。

5) 与建设单位和施工单位协商一致后，在施工合同约定的期限内签发费用索赔报审表，并报建设单位。

按照规定项目监理机构批准施工单位费用索赔应同时满足下列条件：

1) 施工单位在施工合同约定的期限内提出费用索赔。

2) 索赔事件是因非施工单位原因造成，且符合施工合同约定。

3) 索赔事件造成施工单位直接经济损失。

费用索赔意向通知书应按表 5-16 要求填写。费用索赔报审表应按表 5-17 要求填写。费用索赔审批表应按表 5-18 要求填写。

施工单位填写的费用索赔意向通知书、费用索赔审批表应一式三份，并应由建设单位、监理单位、施工单位各保存一份。

索赔意向通知书（GB/T 50319—2013 表 C.0.3)　　**表 5-16**

<table>
<tr><td>工程名称</td><td>××市×中学教学楼</td><td>编号</td><td>C.0.3</td></tr>
<tr><td colspan="4">致××监理有限责任公司（项目监理机构）
根据施工合同 ××× （条款）约定，由于发生 施工用电连续 5 天停电 事件，且该事件的发生非我方的原因所致。为此，我方向建设单位提出索赔要求。
附件：索赔事件资料

项目监理机构（盖章）××监理有限责任公司
总监理工程师（签字、加盖执业印章）×××
××年×月×日</td></tr>
</table>

费用索赔报审（申请）表（B4.4　C3.9）　　　　表 5-17

<table>
<tr><td>工程名称</td><td>××市×中学教学楼</td><td>编号</td><td>00-00-B4.4-×××</td></tr>
<tr><td colspan="4">致 ××监理有限责任公司 （项目监理机构）
根据施工合同×××条款的约定，由于施工用电连续 5 天停电 原因，我方申请索赔金额（大写）壹拾万元，请予批准。
索赔理由：（建设单位应承担的风险）
附件：■索赔金额计算
■证明材料

施工项目部（盖章）
项目经理（签字）×××
××年×月×日</td></tr>
<tr><td colspan="4">审核意见：
□不同意此项索赔
■同意此项索赔，索赔金额为（大写） 壹拾万 元。
同意/不同意索赔的理由：
费用索赔的情况属实。
附件：□索赔审查报告

项目监理机构（盖章）××监理有限责任公司
总监理工程师（签字）×××
××年×月×日</td></tr>
<tr><td colspan="4">审批意见：同意项目监理机构的索赔审核意见。

建设单位（盖章）××市×中学
建设单位代表（签字）×××
××年×月×日</td></tr>
</table>

费用索赔审批表（B4.5）　　　　表 5-18

<table>
<tr><td>工程名称</td><td>××市×中学教学楼</td><td>编号</td><td>00-00-B4.5-×××</td></tr>
<tr><td colspan="4">致××建筑工程有限责任公司 （承包单位项目经理部）
根据施工合同 ××× 条款的规定，你方提出的由于发生 施工用电连续 5 天停电 事件费用索赔申请，索赔金额（大写）______，我方审核评估：
□ 不同意此项索赔。
□ 同意此项索赔，金额（大写）__________。
□ 同意/不同意索赔理由：
索赔金额计算：

项目监理机构（盖章）××监理有限责任公司
总监理工程师（签字、加盖执业印章）×××
××年×月×日</td></tr>
</table>

5. 工期管理文件（B5）

工程延期报审表（B5.1）、(C3.6)、工程延期审批表（B5.2）

按照现行国家标准《建设工程监理规范》GB/T 50319—2013 的规定：当施工单位提出工程延期要求符合施工合同约定条件时，项目监理机构应予以受理。当影响工期事件具有持续性时，项目监理机构应对施工单位提交的阶段性工程临时延期报审表进行审查，并应签署工程临时延期审核意见后报建设单位。当影响工期事件结束后，项目监理机构应对施工单位提交的工程最终延期报审表进行审查，并应签署工程最终延期审核意见后报建设单位。

施工单位填写的工程延期报审表一式四份，并应由建设单位、监理单位、施工单位、城建档案馆各保存一份。监理单位填写的工程延期审批表应一式三份，并应由建设单位、监理单位、城建档案馆各保存一份。工程临时/最终延期报审表，宜采用表 5-19 的格式；工程延期审批表宜采用表 5-20 的格式。

工程临时/最终延期报审（申请）表（B5.1　C3.6）　　**表 5-19**

<table>
<tr><td>工程名称</td><td>××市×中学教学楼</td><td>编号</td><td>00-00-B5.1-×××</td></tr>
<tr><td colspan="4">致　××监理有限责任公司　（项目监理机构）
根据施工合同　×××　条款的约定，由于施工用电连续 5 天停电　原因，我方申请临时/最终延期　5　（日历天），请予批准。

附件：1. 工程延期依据及工期计算
2. 证明材料

施工项目部经理（盖章）
项目经理（签字）×××
××年×月×日</td></tr>
<tr><td colspan="4">审核意见：
□同意工程临时/最终延期　5　（日历天）。工程竣工日期从施工合同约定××年×月×日延期到××年×月×日。
□不同意延期，请按约定竣工日期组织施工。
同意/不同意延期的理由：
延期的情况属实。
附件：□延期审查报告

项目监理机构（盖章）××监理有限责任公司
总监理工程师（签字、加盖执业印章）×××
××年×月×日</td></tr>
<tr><td colspan="4">审批意见：同意项目监理机构的延期审核意见。

建设单位（盖章）××市×中学
建设单位代表（签字）　×××
××年×月×日</td></tr>
</table>

工程延期审批表（B5.2）　　表 5-20

<table>
<tr><td>工程名称</td><td>××市×中学教学楼</td><td>编号</td><td>00-00-B5.2-×××</td></tr>
<tr><td colspan="4">致 ××建筑安装有限公司 （施工总承包/专业承包单位）

根据施工合同 ×× 条 ×× 款的约定，我方对你方提出的 教学楼 工程延期申请（第 002 号）要求延长工期 5 日历天的要求，经过审核评估：

■同意工期延长 4 日历天。使竣工日期（包括已指令延长的工期）从原来的 ×× 年×月×日延迟到 ×× 年 × 月 ×日。请你方执行。

□不同意延长工期，请按约定竣工日期组织施工。

说明：因下暴雨工期延长 3 天，材料耽误工期延长 2 天。
监理单位×××监理有限责任公司
总监理工程师×××
××年×月×日</td></tr>
</table>

6. 监理验收文件（B6）

（1）竣工移交证书（B6.1）

项目竣工验收合格后，施工单位负责向业主等相关单位移交实体，监理单位负责填写竣工移交证书，一式四份，并由建设单位、监理单位、施工单位、城建档案馆各保存一份。竣工移交证书应按表 5-21 要求填写。

竣工移交证书（B6.1）　　表 5-21

<table>
<tr><td>工程名称</td><td>××市×中学教学楼</td><td>编号</td><td>00-00-B6.1-×××</td></tr>
<tr><td colspan="4">致 ××市×中学 （建设单位）
兹证明承包单位××建筑安装有限公司施工的 ××市×中学教学楼 工程已按合同的要求完成，并验收合格，即日起该工程移交建设单位管理，并进入保修期。
附件：单位工程竣工质量验收记录

总监理工程师 ×××　　监理单位：×××监理有限责任公司　　××年×月×日

建设单位代表 ×××　　建设单位：××市×中学　　××年×月×日</td></tr>
</table>

（2）监理资料移交书（B6.2）

项目监理机构参加由建设单位组织的竣工验收，工程质量符合要求的，总监理工程师应在工程竣工报告中签署意见。工程竣工后，监理单位应将工程监理资料组卷后归档移交建设单位，双方应签订监理资料移交书并清晰记录移交情况。监理资料移交书由监理单位填写，一式两份，并由监理单位、建设单位各保存一份。监理资料移交书应按表 5-22 要求填写。

监理资料移交书（B6.2） 表 5-22

<table>
<tr><td>移交单位</td><td colspan="2">×××监理有限责任公司</td></tr>
<tr><td>接收单位</td><td colspan="2">××市×中学</td></tr>
<tr><td>工程名称</td><td colspan="2">××市×中学教学楼</td></tr>
<tr><td colspan="3">移交单位向接收单位移交工程监理资料共计______盒。
其中包括文字材料__册，图样资料__ 册，其他材料__ 盒，另交竣工图光盘__张（移交单位可根据资料具体移交内容进行调整）。

附：移交明细表</td></tr>
<tr><td colspan="2">移交单位：（公章）</td><td>接收单位：（公章）</td></tr>
<tr><td colspan="2">项目负责人：×××</td><td>部门负责人：×××</td></tr>
<tr><td colspan="2">移交人（签字）：×××
联系电话：×××</td><td>接收人（签字）：×××
联系电话：×××</td></tr>
<tr><td colspan="2">移交时间：××年×月×日</td><td>接收时间：××年×月×日</td></tr>
</table>

（四）施工文件资料的管理

施工文件按照《建设工程文件归档规范》GB/T 50328—2014（2019 年版）的规定分为施工管理文件（C1）、施工技术文件（C2）、进度造价文件（C3）、施工物资出厂质量证明及进场检测文件（C4）、施工记录文件（C5）、施工试验记录及检测文件（C6）、施工质量验收文件（C7）、施工验收文件（C8）八类。

1. 施工管理文件（C1）

施工管理文件（C1）由工程概况表、施工现场质量管理检查记录、企业资质证书及相关专业人员岗位证书、分包单位资质报审表、建设工程质量事故调查、勘查记录、建设工程质量事故报告书、施工检测计划、见证记录、见证试验检测汇总、施工日志、监理工程师通知回复单等相关资料组成。

（1）工程概况表（C1.1）

工程概况是对工程基本情况的简要描述，主要包括工程的一般情况、构造特征、设备系统等内容。施工单位填写的工程概况表与施工组织设计同步完成并应一式四份，并应由建设单位、监理单位、施工单位、城建档案馆各保存一份。工程概况表可采用表 5-23 的格式。

工程概况表（C1.1） **表 5-23**

<table>
<tr><td colspan="2">工程名称</td><td>××市×中学教学楼</td><td>编号</td><td>00-00-C1.1-×××</td></tr>
<tr><td rowspan="11">一般情况</td><td>建设单位</td><td colspan="3">××市×中学</td></tr>
<tr><td>建设用途</td><td>用于教学办公</td><td>设计单位</td><td>××勘察设计研究院</td></tr>
<tr><td>建设地点</td><td>××市××路××号</td><td>勘察单位</td><td>××勘察设计研究院</td></tr>
<tr><td>建筑面积</td><td>6763.18m²</td><td>监理单位</td><td>××监理有限责任公司</td></tr>
<tr><td>工期</td><td>455d</td><td>施工单位</td><td>××建筑安装有限公司</td></tr>
<tr><td>计划开工日期</td><td>2012-7-1</td><td>计划竣工日期</td><td>2013-10-30</td></tr>
<tr><td>结构类型</td><td>框架</td><td>基础类型</td><td>独立基础加防水底板</td></tr>
<tr><td>层次</td><td>地下1层、地上5层</td><td>建筑檐高</td><td>20.4m</td></tr>
<tr><td>地上面积</td><td>5449.54m²</td><td>地下面积</td><td>1313.64m²</td></tr>
<tr><td>人防等级</td><td>/</td><td>抗震等级</td><td>抗震设防烈度9度</td></tr>
<tr><td colspan="4"></td></tr>
<tr><td rowspan="8">构造特征</td><td>地基与基础</td><td colspan="3">C30防水底板厚300mm，其上为C30独立基础加条形基础，地下室为混凝土挡土墙，强度等级C30</td></tr>
<tr><td>柱、内外墙</td><td colspan="3">地下室至二层构架柱混凝土强度等级为C40，地上外墙M5.0水泥砂浆砌250mm厚MU2.5陶粒混凝土空心砌块，外贴80mm厚聚苯板保温层，内墙M5.0水泥浆砌150mm厚MU7.5陶粒混凝土空心砌块</td></tr>
<tr><td>梁、板、楼盖</td><td colspan="3">梁、板、楼盖采用C30混凝土现浇，板为现浇空心板</td></tr>
<tr><td>外墙装饰</td><td colspan="3">外墙外贴80mm厚聚苯板保温层，外墙饰面为防水涂料</td></tr>
<tr><td>内墙装饰</td><td colspan="3">室内乳胶漆，过道，卫生间吊顶。详见装饰表</td></tr>
<tr><td>楼地面装饰</td><td colspan="3">配电室为水泥砂浆地面、卫生间为防滑地面砖，其余房间地面为现浇水磨石</td></tr>
<tr><td>屋面构造</td><td colspan="3">150mm厚保温层、30mm厚CL7.5轻集料混凝土找坡层，30mm厚C20细混凝土找平层、两层1.2厚自带保护层合成高分子防水卷材</td></tr>
<tr><td>防火设备</td><td colspan="3">设置火灾报警和消防联动控制系统，消火栓灭火系统、自动喷淋灭火系统、感烟探测器、消防风机、应急照明、疏散指示标志灯、消防广播</td></tr>
<tr><td colspan="2">机电系统名称</td><td colspan="3">10/0.4kV供配电系统、低压配电系统、照明与应急系统、动力配电系统、防雷接地系统、综合布线系统、有线电视系统、广播系统、火灾报警及联动系统</td></tr>
<tr><td colspan="2">其他</td><td colspan="3"></td></tr>
</table>

（2）施工现场质量管理检查记录（C1.2）

施工现场质量管理检查记录是施工企业质量管理体系具体要求，应符合《建筑工程施工质量验收统一标准》GB 50300—2013的有关规定，即施工现场应具有健全的质量管理体系、相应的施工技术标准、施工质量检验制度和综合施工质量水平考核制度。施工现场质量管理检查记录应由施工单位项目管理机构在进场后、开工前按规定填写，报项目总监理工程师检查确认。施工单位填写的施工现场质量管理检查记录应一式两份，并应由监理单位、施工单位各保存一份。施工现场质量管理检查记录宜采用表5-24的格式。

施工现场质量管理检查记录（C1.2）　　**表 5-24**

工程名称	××市×中学教学楼	施工许可证（开工证）	××施建字20××004	编号	00-00-C1.2-×××
建设单位	×××市教育局	项目负责人	×××		
设计单位	×××勘察设计院	项目负责人	×××		
勘测单位	×××勘察设计院	项目负责人	×××		
监理单位	××监理有限责任公司	总监理工程师	×××		
施工单位	×××建筑安装有限公司	项目经理	×××	项目技术负责人	×××
序号	项目	内容			
1	现场质量管理制度	质量例会制度；月评比及奖罚制度；三检及交接检制度；质量与经济挂钩制度			
2	质量责任制	岗位责任制；设计交底会制；技术交底制；挂牌制度			
3	主要专业工种操作上岗证书	测量工、钢筋工、起重工、木工、混凝土工、电焊工、架子工等有证			
4	分包主资质与对分包单位的管理制度	对分包方资质审查，满足施工要求、总包对分包方单位制定的管理制度可行			
5	施工图审查情况	审查报告及审查批准书×设××号，包括：图纸是否取得设计审查合格证书、是否有图审机构盖章、施工图施工前的技术交底和图纸会审的检查			
6	地质勘察资料	地质勘探报告齐全包括：工程建设范围的地质特征和地质结构、不良地质的处理、地下水情况及侵蚀性和氡浓度是否符合标准的说明等			
7	施工组织设计、施工方案及审批	施工组织设计编制、审核、批准齐全			
8	施工技术标准	采用国家、行业标准包括：工法、工艺标准、操作规程、企业标准、管理标准、工程评价标准等			
9	工程质量检验制度	包括：材料、半成品、成品、构配件和设备等进场验收和复验制度、各工序的三检制度（原材料及施工检验制度；抽测项目的检验计划分项工程质量三检制度）			
10	搅拌站及计量设置	有管理制度和计量设施精确度及控制措施包括：有无计量设备及计量设备有无校验			
11	现场材料、设备存放与管理	按材料、设备性能要求制定了各管理措施、制度。按施工总平面图布置			
检查结论： 施工现场质量管理制度完整、齐全，符合要求，工程质量有保障。 总监理工程师（建设单位项目负责人）×××　　××年×月×日					

（3）分包单位资质报审表（C1.4）

分包单位资质报审表应符合现行国家标准《建设工程监理规范》GB/T 50319—2013的有关规定。分包工程开工前，项目监理机构应审核施工单位报送的分包单位资质报审表，专业监理工程师提出审查意见后，应由总监理工程师审核签认。对分包单位资质应审核以下内容：分包单位的营业执照、企业资质等级证书、安全生产许可文件、类似工程业绩、专职管理人员和特种作业人员的资格证。

施工总承包单位填报的分包单位资质报审表应一式三份，并应由建设单位、监理单位、施工总承包单位各保存一份。分包单位资质报审表宜采用表 5-25 的格式。

分包单位资质报审表（C1.4） **表 5-25**

<table>
<tr><td>工程名称</td><td>××市×中学教学楼</td><td>编号</td><td>00-00-C1.4-×××</td></tr>
<tr><td colspan="4">致××监理有限责任公司（项目监理机构）
经考察，我方认为拟选择的×××装饰装修工程公司（分包单位）具有承担下列工程的施工或安装资质和能力，可以保证本工程按施工合同第××—××条款的约定进行施工或安装。请予以审查。

<table>
<tr><td>分包工程名称（部位）</td><td>工程量</td><td>分包工程合同额</td></tr>
<tr><td>装饰装修工程</td><td>5000m²</td><td>300 万元</td></tr>
<tr><td></td><td></td><td></td></tr>
<tr><td>合计</td><td></td><td></td></tr>
</table>
附：
1. 分包单位资质材料
2. 分包单位业绩材料
3. 分包单位专职管理人员和特种作业人员的资格证书
4. 施工单位对分包单位的管理制度

施工项目经理部（盖章）×××建筑安装有限公司
项目经理（签字）×××
××年×月×日</td></tr>
<tr><td colspan="4">审查意见：
同意资格审查。

专业监理工程师（签字）×××
××年×月×日</td></tr>
<tr><td colspan="4">审核意见：
经审查，分包单位资质、业绩材料齐全、真实有效，具有承担分包工程的施工资质和施工能力。

项目监理机构（盖章）××监理有限责任公司
总监理工程师（签字）　×××
××年×月×日</td></tr>
</table>

(4) 建设工程质量事故勘查记录（C1.5）

《建设工程质量管理条例》(国务院令第 279 号）规定：建设工程发生质量事故，有关单位应当在 24 小时内向当地建设行政主管部门和其他有关部门报告。对重大质量事故，事故发生地的建设行政主管部门和其他有关部门应当按照事故类别和等级向当地人民政府和上级建设行政主管部门和其他有关部门报告。特别重大质量事故的调查程序按照国务院有关规定办理。

当工程发生质量事故后，由相关调查人员对工程质量事故进行初步了解和现场勘查后形成建设工程质量事故勘察记录。调查单位填写的建设工程质量事故勘查记录应一式五份，并应由调查单位、建设单位、监理单位、施工单位、城建档案馆各保存一份。建设工程质量事故勘查记录宜采用表 5-26 的格式。

建设工程质量事故勘查记录（C1.5）　　表 5-26

工程名称	××市×中学教学楼		编号	00-00-C1.5-×××
			日期	××年×月×日
调（勘）查时间	××年×月×日×时×分至×时×分			
调（勘）查地点	地下室			
参加人员	单位	姓名	职务	电话
被调查人	××建筑安装有限公司	王××	混凝土工	132××××××××
陪同调（勘）查人员	××监理有限责任公司	吴××	专业监理工程师	167××××××××
调（勘）查笔录	地下室南面④轴至⑤轴交Ⓑ轴挡土墙根部局部有蜂窝麻面现象，约 $30cm^2$。属于混凝土工浇筑混凝土过程中的漏振现象			
现场证物照片	■有　□无　共 4 张共 4 页			
事故证据资料	■有　□无　共 8 条共 2 页			
被调查人签字	王××		调（勘）查人签字	吴××

（5）建设工程质量事故报告书（C1.6）

《建设工程质量管理条例》（国务院令第 279 号）规定：建设工程发生质量事故，有关单位应当在 24h 内向当地建设行政主管部门和其他有关部门报告。填写质量事故报告时，应写明质量事故发生的时间，应记载年、月、日、时、分；经济损失，指因质量事故导致的返工、加固等费用，包括人工费、材料费和一定数额的管理费；事故情况，包括倒塌情况（整体倒塌或局部倒塌的部位）、损失情况（伤亡人数、损失程度、倒塌面积等）；事故原因，包括设计原因（计算错误、构造不合理等）、施工原因（施工粗制滥造、材料、构配件或设备质量低劣等）、设计与施工的共同问题、不可抗力等；处理意见，包括现场处理情况、设计和施工的技术措施、主要责任者及处理结果。建设工程质量事故报告书应一式五份，并应由调查单位、建设单位、监理单位、施工单位、城建档案馆各保存一份，宜采用表 5-27 的格式。

建设工程质量事故报告书（C1.6）　　表 5-27

工程名称	××市×中学教学楼	编号	00-00-C1.6-×××
		建设地点	××市××区××路××号
建设单位	××市×中学	设计单位	××建筑勘察设计院
施工单位	××建筑安装有限公司	建筑面积	$6763m^2$
		工作量	1014 万元
结构类型	框架剪力墙	事故发生时间	××年×月×日
上报时间	××年×月×日	经济损失（元）	2 万元
事故经过、后果与原因分析： ××年×月×日在四层框架柱混凝土施工时，由于振捣工没有按照混凝土振捣操作规程操作致使四层②-③轴，④-⑤轴交接处四根框架柱混凝土发生露筋、露石、孔洞等质量缺陷。			
事故发生后采取的措施： 经研究决定，对上述部分采取返工处理，重新进行混凝土浇筑。			
事故责任单位、责任人及处理意见： 事故责任单位：混凝土施工班组 责任人：振捣工×× 处理意见： （1）对直接责任者进行质量意识教育，切实加强混凝土操作规程培训学习及贯彻执行，经考核合格后持证上岗，并处以适当经济处罚。 （2）对所在班组提出批评，切实加强过程控制。 结论：经返工处理后，结构安全可靠。			

负责人	×××	报告人	×××	日期	××年×月×日

（6）施工检测试验计划表（C1.7）

《建设工程监理规范》GB/T 50319—2013 规定：项目监理机构应审查施工单位报送的用于工程的材料、构配件、设备的质量证明文件，并按有关规定、建设工程监理合同约定，对用于工程的材料进行见证取样、平行检验。

为保证施工过程按规定要求进行见证取样送检，确保工程质量符合设计要求，施工单位应在工程施工前由项目技术负责人组织有关人员编制施工检测试验计划表。施工检测试验计划表应按检测试验项目分别编制，其中包括检测试验样品、项目名称、检测试验参数，以及试样规格、施工部位、代表批量、抽检批次、计划检测试验时间，并应随工程进度按周或月提交一次。施工单位填写的施工检测试验计划表一式三份，由建设单位、监理单位、施工单位各保存一份。施工检测试验计划表宜采用表 5-28 的格式。

施工检测试验计划表（C1.7） **表 5-28**

工程名称	××市×中学教学楼				编号		00-00-C1.7-×××	
					填表日期		××年×月×日	
建设单位	××市×中学				检测单位		××市材料检测中心	
监理单位	××监理有限责任公司				见证人员		郭××	
施工单位	×××建筑安装有限公司				取样人员		刘××	
分部工程	序号	样品名称	检测试验项目名称	试样规格	施工部位	代表数量	抽检批次	检测时间
地基与基础	1	粉土	击实实验	50kg	室内回填			
	2	粉土	干密度	$20m^3$	室内回填			
	3	混凝土试块（标养）	抗压强度	100×100×100	基础垫层			
	4	混凝土试块（标养）	抗压强度	100×100×100	地下室顶梁板柱梯墙			
	5	混凝土试块（标养）	抗压强度	100×100×100	地下室顶梁板柱梯墙			
制表人					审核人			

（7）见证试验检测汇总表（C1.8）

《建设工程监理规范》GB/T 50319—2013 规定：项目监理机构应审查施工单位报送的用于工程的材料、构配件、设备的质量证明文件，并按有关规定、建设工程监理合同约定，对用于工程的材料进行见证取样、平行检验。见证试验检测是在监理单位人员的见证下，由施工单位有关人员对工程中涉及结构安全的试块、试件和材料在现场取样并送至具备相应资质的检测单位进行的检测。各个实验项目的见证试验检测完成后，应由施工单位填写，随工程进度按周或月提交一次，见证试验检测汇总表一式四份，并由建设单位、监理单位、施工单位、城建档案馆各保存一份。见证试验检测汇总表宜采用表 5-29 的格式。

见证试验检测汇总表（C1.8）　　表 5-29

工程名称	××市×中学教学楼		编号	00-00-C1.8-×××
			填表日期	××年×月×日
建设单位	××市×中学		检测单位	××市材料检测中心
监理单位	××监理有限责任公司		见证人员	郭××
施工单位	×××建筑安装有限公司		取样人员	刘××
试验项目	应试验组/次数	见证试验组/次数	不合格次数	备注
混凝土试块	28	11	1	
砂浆试块	11	7	0	
钢筋原材	15	9	0	
电渣压力焊	18	12	1	
闪光对焊	16	12	0	
SBS 防水卷材	3	3	0	
水泥	8	8	0	
制表人（签字）	×××			

（8）施工日志（C1.9）

施工日志是施工单位在整个施工阶段有关现场施工活动和施工现场情况变化的真实综合性记录，也是处理施工问题的备忘录和总结施工管理经验的基本文件。施工日志应以单位工程为记载对象。从工程开工起至工程竣工止，按专业指定专人负责逐日记载，并保证内容真实、连续和完整。施工日志必须保证字迹清晰、内容齐全，由各专业负责人签字。由施工单位填写的施工日志应一式一份，并应自行保存。施工日志宜采用表 5-30 的格式。

施工日志（C1.9）　　表 5-30

工程名称	××市×中学教学楼	编号	00-00-C1.9-×××
		日期	××年×月×日
施工单位	×××建筑安装有限公司		
天气状况		风力	最高/最低温度（℃）
晴		1～3 级	31/21
施工情况记录（施工部位、施工内容、机械使用情况、劳动力情况、施工中存在问题等）： 1. 土建班组：15 人，一层砌筑围护墙。人工搅拌机拌砂浆。 2. 木工班组：25 人，五层搭设满堂脚手架，架设梁底板。 3. 钢筋班组：10 人，制作五层梁、板钢筋。 4. 水电暖班组：4 人，一层沿墙暗敷电线线管、线盒。			
技术、质量、安全工作记录（技术、质量安全活动、检查验收、技术质量安全问题等）： 1. 土建班组在砌筑围护墙时，出现个别有瞎缝。 2. 木工班组：个别人在搭设满堂脚手架时未系安全带。			
记录人（签字）	×××		

2. 施工技术文件（C2）

（1）工程技术文件报审表（C2.1 B3.5）

施工单位在工程项目开工前应将编制好的工程技术文件，经施工单位技术部门审查签认，并由施工单位总工程师或项目技术负责人审查批准后，填写工程技术文件报审表报送项目监理部。由总监理工程师组织专业监理工程师审核，填写审核意见，由总监理工程师签署审定结论。通常需要审批的工程技术文件有施工组织设计、（专项）施工方案、危险性较大分部分项工程施工方案专家论证表、技术交底记录、图纸会审记录、设计变更通知单、工程洽商记录等技术文件。

工程技术文件报审有时限规定，施工和监理单位均应按照施工合同或约定的时限要求完成各自的报送和审批工作。施工单位填报的工程技术文件报审表应一式三份，并应由建设单位、监理单位、施工单位各保存一份。工程技术文件报审表宜采用表5-31的格式。

工程技术文件报审表（C2.1 B3.5）　　表5-31

工程名称	××市×中学教学楼	编号	00-00-C2.1-×××
致××监理有限责任公司（监理单位） 我方已编制完成了××市×中学教学楼单位工程施工组织设计技术文件，并经相关技术负责人审查批准，请予以审定。 附：技术文件230页1册 施工项目经理（盖章）×××建筑安装有限公司 项目经理或项目技术负责人（签字）××× ××年×月×日			
审查验收意见： 经审核，该施工组织设计符合合同、规范和施工图设计要求，同意按此施工组织设计组织本工程施工。 专业监理工程师（签字）××× ××年×月×日			
总监理工程师审批意见： 审定结论：☑同意□修改后再报□重新编制 项目监理机构（盖章）××监理有限责任公司 总监理工程师（签字）××× ××年×月×日			

（2）施工组织设计及施工方案（C2.2）

《建设工程监理规范》GB/T 50319—2013规定：项目监理机构应审查施工单位报审的施工组织设计，符合要求时，应由总监理工程师签认后报建设单位。项目监理机构应要求施工单位按已批准的施工组织设计组织施工。施工组织设计需要调整时，项目监理机构应按程序重新审查。

施工组织设计审查应包括下列基本内容：

1）编审程序应符合相关规定。

2）施工进度、施工方案及工程质量保证措施应符合施工合同要求。

3）资金、劳动力、材料、设备等资源供应计划应满足工程施工需要。

4）安全技术措施应符合工程建设强制性标准。

5）施工总平面布置应科学合理。

施工组织设计及施工方案应由施工单位编制，一式四份，并由建设单位、监理单位、施工单位、城建档案馆各保存一份。

（3）危险性较大分部分项工程施工方案专家论证表（C2.3）

根据《危险性较大的分部分项工程安全管理规定》（住房和城乡建设部令第37号），危险性较大的分部分项工程（以下简称“危大工程”）是指房屋建筑和市政基础设施工程在施工过程中容易导致人员群死群伤或造成重大经济损失的分部分项工程。危大工程及超过一定规模的危大工程范围由国务院住房和城乡建设主管部门制定。省级住房和城乡建设主管部门可以结合本地区实际情况，补充本地区危大工程范围。危大工程的分部分项工程安全专项施工方案，是指施工单位在危大工程施工前组织工程技术人员编制专项施工方案。

实行施工总承包的，专项施工方案应当由施工总承包单位组织编制，危大工程实行分包的，专项施工方案可以由相关专业分包单位编制，并应由总包单位技术负责人及分包单位技术负责人共同审核签字并加盖单位公章。专项施工方案应当由施工单位技术负责人审核签字、加盖单位公章，并由总监理工程师审查签字、加盖执业印章后方实施。

对于超过一定规模的危大工程，施工单位应当组织召开专家论证会对专项施工方案进行论证。专家论证前专项施工方案应当通过施工单位审核和总监理工程师审查。专家应由当地建设主管部门建立的专家库选取，人数不得少于5名。专家论证会后，应当形成论证报告，对专项施工方案提出通过、修改后通过或者不通过的一致意见。专家对论证报告负责并签字确认。根据《建设工程安全生产管理条例》（国务院令第279号），对基坑支护与降水工程、土方开挖工程、模板工程、起重吊装工程、脚手架工程、拆除爆破工程、国务院建设行政主管部门或者其他有关部门确定的其他危险性较大的工程，应编制专项施工方案并附具安全验算结果。

《住房和城乡建设部办公厅关于实施〈危险性较大的分部分项工程安全管理规定〉有关问题的通知》（建办质〔2018〕31号）明确规定了危大工程范围和超过一定规模的危大工程范围。

1）危大工程范围

① 基坑工程

开挖深度超过3m（含3m）的基坑（槽）的土方开挖、支护、降水工程。

开挖深度虽未超过3m，但地质条件、周围环境和地下管线复杂，或影响毗邻建、构筑物安全的基坑（槽）的土方开挖、支护、降水工程。

② 模板工程及支撑体系

各类工具式模板工程：包括滑模、爬模、飞模、隧道模等工程。

混凝土模板支撑工程：搭设高度5m及以上，或搭设跨度10m及以上，施工总荷载（荷载效应基本组合的设计值，以下简称设计值）$10kN/m^2$及以上，或集中线荷载（设计值）15kN/m及以上，高度大于支撑水平投影宽度且相对独立无联系构件的混凝土模板支撑工程。

承重支撑体系：用于钢结构安装等满堂支撑体系。

③ 起重吊装及起重机械安装拆卸工程

采用非常规起重设备、方法，且单件起吊重量在10kN及以上的起重吊装工程。

采用起重机械进行安装的工程。

起重机械安装拆卸工程。

④ 脚手架工程

搭设高度 24m 及以上的落地式钢管脚手架工程（包括采光井、电梯井脚手架）。

附着式升降脚手架工程。

悬挑式脚手架工程。

高出作业吊篮。

卸料平台、移动操作平台工程。

异型脚手架工程。

⑤ 拆除工程

可能影响行人、交通、电力设施、通信设施或其他建、构筑物安全的拆除工程。

⑥ 暗挖工程

采用矿山法、盾构法、顶管法施工的隧道、洞室工程。

⑦ 其他

建筑幕墙安装工程。

钢结构、网架和索膜结构安装工程。

人工挖扩孔桩工程。

水下作业工程。

装配式建筑混凝土预制构件安装工程。

采用新技术、新工艺、新材料、新设备可能影响工程施工安全，尚无国家、行业及地方技术标准的分部分项工程。

2）超过一定规模的危大工程范围

① 深基坑工程

开挖深度超过 5m（含 5m）的基坑（槽）的土方开挖、支护、降水工程。

② 模板工程及支撑体系

各类工具式模板工程：包括滑模、爬模、飞模、隧道模等工程。

混凝土模板支撑工程：搭设高度 8m 及以上，或搭设跨度 18m 及以上，或施工总荷载（设计值）15kN/m^2 及以上，或集中线荷载（设计值）20kN/m 及以上。

承重支撑体系：用于钢结构安装等满堂支撑体系，承受单点集中荷载 7kN 及以上。

③ 起重吊装及起重机械安装拆卸工程

采用非常规起重设备、方法，且单件起吊重量在 100kN 及以上的起重吊装工程。

起重量 300kN 及以上，或搭设总高度 200m 及以上，或搭设基础标高在 200m 及以上的起重机械安装和拆卸工程。

④ 脚手架工程

搭设高度 50m 及以上的落地式钢管脚手架工程。

提升高度在 150m 及以上的附着式升降脚手架工程或附着式升降操作平台工程。

分段架体搭设高度 20m 及以上的悬挑式脚手架工程。

⑤ 拆除工程

码头、桥梁、高架、烟囱、水塔或拆除中容易引起有毒有害气（液）体或粉尘扩散、易燃易爆事故发生的特殊建、构筑物的拆除工程。

文物保护建筑、优秀历史建筑或历史文化风貌区影响范围内的拆除工程。

⑥ 暗挖工程

采用矿山法、盾构法、顶管法施工的隧道、洞室工程。

⑦ 其他

施工高度50m及以上的建筑幕墙安装工程。

跨度36m及以上的钢结构安装工程，或跨度60m及以上的网架和索膜结构安装工程。

开挖深度16m及以上的人工挖孔桩工程。

水下作业工程。

重量1000kN及以上的大型结构整体顶升、平移、转体等施工工艺。

采用新技术、新工艺、新材料、新设备可能影响工程施工安全，尚无国家、行业及地方技术标准的分部分项工程。

施工方案专家论证的主要内容包括：专项方案内容是否完整、可行；专项方案计算书和验算依据是否符合有关标准规定；专项施工方案是否满足现场实际情况，并能确保施工安全。专项方案经论证后，专家组应当提交论证报告，对论证的内容提出明确意见，并在论证报告上签字。施工单位应当根据论证报告修改完善专项方案，并经施工单位技术负责人、项目总监理工程师、建设单位项目负责人签字后，方可组织实施。

施工单位填报危险性较大分部分项工程施工方案应一式四份，建设单位、施工单位、监理单位、城建档案馆各保存一份（选择性归档保存）。危险性较大分部分项工程施工方案专家论证表应一式两份，并应由监理单位、施工单位各保存一份。危险性较大分部分项工程施工方案专家论证表可采用表5-32的格式。

危险性较大分部分项工程施工方案专家论证表（C2.3） **表5-32**

<table>
<tr><td colspan="2">工程名称</td><td colspan="2">××市×中学教学楼</td><td>编号</td><td colspan="2">00-00-C2.3-×××</td></tr>
<tr><td colspan="2">施工总承包单位</td><td colspan="2">×××建筑安装有限公司</td><td>项目负责人</td><td colspan="2">王××</td></tr>
<tr><td colspan="2">专业承包单位</td><td colspan="2">/</td><td>项目负责人</td><td colspan="2">/</td></tr>
<tr><td colspan="2">分项工程名称</td><td colspan="5">基坑支护</td></tr>
<tr><td colspan="7">专家一览表</td></tr>
<tr><td>姓名</td><td>性别</td><td>年龄</td><td>工作单位</td><td>职务</td><td>职称</td><td>专业</td></tr>
<tr><td>李××</td><td>男</td><td>48</td><td>××勘察设计研究院</td><td>总工</td><td>高级工程师</td><td>岩土</td></tr>
<tr><td>王××</td><td>男</td><td>45</td><td>×××建筑科学研究院</td><td>总工</td><td>高级工程师</td><td>结构</td></tr>
<tr><td>张××</td><td>男</td><td>39</td><td>×××建筑科学研究院</td><td>技术部主任</td><td>高级工程师</td><td>结构</td></tr>
<tr><td>周××</td><td>男</td><td>36</td><td>××勘察设计研究院</td><td>工程部主任</td><td>高级工程师</td><td>结构</td></tr>
<tr><td>周××</td><td>女</td><td>39</td><td>××勘察设计研究院</td><td>工程部主任</td><td>高级工程师</td><td>结构</td></tr>
<tr><td colspan="7">专家论证意见：
专项方案内容完整、可行；专项方案计算书和验算依据符合有关标准规定；安全施工的基本条件满足现场实际情况。
××年×月×日</td></tr>
<tr><td colspan="2">签字栏</td><td colspan="5">组长：李××
专家：王×× 张×× 周×× 周××</td></tr>
</table>

（4）技术交底记录（C2.4）

技术交底是指工程开工前，由各级技术负责人将有关工程施工的各项技术要求逐级向下贯彻，直到班组作业层。技术交底可分为施工组织设计交底、专项施工方案技术交底、分项工程施工技术交底、“四新”（新材料、新产品、新技术、新工艺）技术交底和设计变更技术交底。

技术交底的主要内容有：施工方法、技术安全措施、规范要求、质量标准、设计变更等。对于重点工程、特殊工程、新设备、新工艺和新材料的技术要求，更需做详细的技术交底。

施工组织设计交底：重点及大型工程施工组织设计交底，施工单位应在开工前进行由施工企业技术负责人对项目主要管理人员进行交底。

专项施工方案技术交底：应由施工单位项目专业技术负责人根据专项施工方案在专项工程开工前对专业工长进行交底。

分部、分项工程施工技术交底：按分项工程分别进行。分项工程的项目划分，可根据实际情况增加或调整。分部、分项施工工艺技术交底应有专业工长对专业施工班组在分部、分项工程开工前进行。

“四新”技术交底：新材料、新产品、新技术、新工艺技术交底，应由企业技术负责人组织项目技术负责人及有关人员编制。

安全专项交底：由安全技术人员进行交底。

设计变更技术交底：项目技术负责人根据变更要求，并结合具体施工步骤、措施及注意事项等对专业工长进行交底。

施工单位填写的技术交底记录应一式两份，并由施工单位、建设单位各保存一份。技术交底记录宜采用表 5-33 的格式。

技术交底记录（C2.4） **表 5-33**

<table>
<tr><td rowspan="2">工程名称</td><td rowspan="2" colspan="2">××市×中学教学楼</td><td>编号</td><td colspan="2">04-01-C2.4-×××</td></tr>
<tr><td>交底日期</td><td colspan="2">××年×月×日</td></tr>
<tr><td>施工单位</td><td colspan="2">×××建筑安装有限公司</td><td>分项工程名称</td><td colspan="2">屋面找平层</td></tr>
<tr><td>交底摘要</td><td colspan="2">屋面水泥砂浆找平层施工</td><td>页数</td><td colspan="2">共　页，第　页</td></tr>
<tr><td colspan="6">交底内容：
屋面找平层施工
1　范围
本工艺标准适用于工业与民用建筑铺贴卷材屋面基层找平层施工。
2　施工准备
2.1　材料及要求：
2.1.1　用材料的质量、技术性能必须符合设计要求和施工及验收规范的规定。
2.1.2　水泥砂浆：
2.1.2.1　水泥：不低于 32.5 号的普通硅酸盐水泥。
2.1.2.2　砂：宜用中砂，含泥量不大于 3%，不含有机杂质，级配要良好。
2.2　主要机具：
2.2.1　机械：砂浆搅拌机或混凝土搅拌机。
2.2.2　工具：运料手推车、铁锹、铁抹子、水平刮杠、水平尺、沥青锅、炒盘、压滚、烙铁。
2.3　作业条件：
2.3.1　找平层施工前，屋面保温层应进行检查验收，并办理验收手续。
2.3.2　各种穿过屋面的预埋管件、烟囱、女儿墙、暖沟墙、伸缩缝等根部，应按设计施工图及规范要求处理好。
2.3.3　根据设计要求的标高、坡度，找好规矩并弹线（包括天沟、檐沟的坡度）。
2.3.4　施工找平层时应将原表面清理干净，进行处理，有利于基层与找平层的结合，如浇水湿润、喷涂基层处理剂等。
3　操作工艺
3.1　工艺流程：
基层清理→管根封堵→标高坡度弹线→洒水湿润→施工找平层（水泥砂浆及沥青砂找平层）→养护→验收
（略）
4　质量标准（略）
5　成品保护（略）
6　应注意的质量问题（略）
7　质量记录（略）</td></tr>
<tr><td rowspan="2">签字栏</td><td>交底人</td><td>陈××</td><td>审核人</td><td colspan="2">吴××</td></tr>
<tr><td>接受交底人</td><td colspan="4">李××</td></tr>
</table>

(5) 图纸会审记录 (C2.5)

工程开工前，图纸会审 (及设计交底) 应由建设单位组织设计、监理和施工单位技术负责人及有关人员参加。设计单位对各专业问题进行交底，施工单位负责将设计交底内容按专业汇总、整理，形成图纸会审记录。图纸会审记录应由建设、设计、监理和施工单位的项目相关负责人签认，形成正式图纸会审记录。

施工单位整理汇总的图纸会审记录应一式五份，并应由建设单位、设计单位、监理单位、施工单位、城建档案馆各保存一份。图纸会审记录宜采用表 5-34 的格式。表中设计单位签字栏应为项目专业设计负责人的签字，建设单位、监理单位、施工单位签字栏应为项目技术负责人或相关专业负责人的签字。

图纸会审记录 (C2.5)　　**表 5-34**

工程名称	××市×中学教学楼		编号	00-00-C2.5-×××
			日期	××年×月×日
设计单位	×××建筑设计研究院		专业名称	结构
地点	施工现场会议室		页数	共　页，第　页
序号	图号	图纸问题	答复意见	
1	结施-1	地下室剪力墙、框架柱保护层厚度为多少	剪力墙保护层外 25mm，内 20mm，框架柱外 35mm，内 30mm	
2	结施-1	结构总说明中基础混凝土的强度等级为多少	C20	
	…	…	…	
签字栏	建设单位	监理单位	设计单位	施工单位
	李××	张××	王××	陈××

(6) 设计变更通知单 (C2.6)

设计变更是指设计部门对原施工图纸和设计文件所表达的设计标准状态的改变和修改。在施工过程中，由于施工图纸本身差错或设计图纸与实际情况不符，施工条件变化，原材料的规格、品种、质量不符合设计要求等原因，需要对设计图纸部分内容进行修改而办理的变更设计文件。设计变更有可能是建设单位、设计单位、监理单位或施工单位中的任何一个单位或几个单位联合提出，由设计单位签发，经项目总监理工程师 (建设单位负责人) 审核后，转交施工单位。

设计单位签发的设计变更通知单应一式五份，并应由建设单位、设计单位、监理单位、施工单位、城建档案馆各保存一份。设计变更通知单宜采用表 5-35 的格式。

设计变更通知单 (C2.6)　　**表 5-35**

工程名称	××市×中学教学楼		编号	01-06-C2.6-×××
			日期	××年×月×日
设计单位	×××建筑设计研究院		专业名称	结构
变更摘要	基础结构		页数	共　页，第　页
序号	图号	变更内容		
1	结施-1	底板保护层为 50mm 厚 C15 细石混凝土		
2	…	…		
签字栏	建设单位	设计单位	监理单位	施工单位
	李××	张××	王××	陈××

(7) 工程洽商记录(C2.7)

洽商是建筑工程施工过程中一种协调建设单位与施工单位、施工单位与设计单位的工作记录。用于对工程方面的技术核定,可由建设单位、监理单位和施工单位中任何一方提出,由提出方填写,各参与方签字后存档。

工程洽商记录应分专业办理,不同专业的洽商应分别办理,不得办理在同一份文件上。

洽商纪录的内容详实,必要时应附图,并逐条注明应修改图纸的图号。工程洽商记录应由设计专业负责人以及建设、监理和施工单位的相关负责人签认。设计单位如委托建设(监理)单位办理签认,应办理委托手续。

工程洽商提出单位填写的工程洽商记录应一式五份,并应由建设单位、设计单位、监理单位、施工单位、城建档案馆各保存一份。工程洽商记录宜采用表5-36的格式。

工程洽商记录(技术核定单)(C2.7) **表5-36**

工程名称	××市×中学教学楼		编号	03-01-C2.7-×××
			日期	××年×月×日
提出单位	×××建筑设计研究院		专业名称	结构
洽商摘要	地面做法变更		页数	共　页,第　页
序号	图号	洽商内容		
1	建施-2	原设计走廊水泥砂浆地面,建议改为彩色水磨石地面		
…	…	…		
签字栏	建设单位	设计单位	监理单位	施工单位
	李××	张××	王××	陈××

3. 进度造价文件(C3)

(1) 工程开工报审表(C3.1见监理文件表5-8)

(2) 工程复工报审表(C3.2见监理文件表5-6)

(3) 施工进度计划报审表(C3.3见监理文件表5-9)

(4) 工程延期申请表(C3.6见监理文件表5-19)

(5) 工程款支付申请表(C3.7见监理文件表5-15)

(6) 费用索赔申请表(C3.9见监理文件表5-17)

(7) 人、机、料动态表(C3.5)

人、机、料动态表是根据进度计划,由施工单位向监理单位呈报的下月使用的人、机、料的情况,监理工程师收到此报表后,认真核实施工组织设计及现场的施工进度,特别对进场的机械、材料进行审查,以此对进度做出准确判断。

施工单位填报的_______年___月人、机、料动态表应一式两份,监理单位、施工单位各保存一份。人、机、料动态表宜采用表5-37的格式。

______年___月人、机、料动态表（C3.5） 表 5-37

工程名称	××市×中学教学楼				编号		00-00-C3.5-×××
					日期		××年×月×日
致××监理有限责任公司（监理单位） 根据××年×月施工进度情况，我方现报上××年×月人、机、料统计表。							
劳动力	工种	混凝土工	模板工	钢筋工	防水工	电工	水暖工	合计
	人数	26	30	40	20	5	5	126
	持证人数	26	30	38	20	5	5	124
主要机械	机械名称	生产厂家		规格、型号		数量		
	塔式起重机	江苏××机厂		QTE80F		1		
	振捣棒	湖北××机厂		Hg50		10		
	电焊机	山东××机厂		Z×7-160		2		
主要材料	名称	单位	上月库存量	本月进厂量	本月消耗量	本月库存量		
	预拌混凝土	m^3	0	800	800	0		
	钢筋	t	25	120	120	25		
	砌块	m^3	1000	2000	2500	500		
附件：塔式起重机安检资料及特殊工种上岗证复印件 施工单位×××建筑安装有限公司 项目经理×××								

（8）工程变更费用报审表（C3.8）

依据《建设工程监理规范》GB/T 50319—2013 的有关规定：施工单位提出的工程变更，由总监理工程师组织专业监理工程师审查，提出审查意见。对涉及工程设计文件修改的工程变更，应由建设单位转交原设计单位修改工程设计文件。必要时，项目监理机构应建议建设单位组织设计、施工等单位召开论证工程设计文件的修改方案的专题会议。总监理工程师组织专业监理工程师对工程变更费用及工期影响作出评估；总监理工程师组织建设单位、施工单位等共同协商确定工程变更费用及工期变化，会签工程变更单。项目监理机构根据批准的工程变更文件监督施工单位实施工程变更。

施工单位根据审查同意的设计变更文件填报工程变更费用报审表一式三份，并应由建设单位、监理单位、施工单位各保存一份。工程变更费用报审表宜采用表 5-38 的格式。

工程变更费用报审表（C3.8） 表 5-38

<table>
<tr><td>工程名称</td><td>××市×中学教学楼</td><td>施工编号</td><td>00-00-C3.8-×××</td></tr>
<tr><td colspan="4">致×××监理有限责任公司（项目监理机构）
兹申报第××号工程变更单，申请费用见附表，请予以审核。
附件：工程变更费用计算书
施工项目经理部（盖章）×××建筑安装有限公司
项目经理 ×××
××年×月×日</td></tr>
<tr><td colspan="4">审查意见：
1. 所报工程量符合工程实际。
2. 涉及的工程内容符合工程变更单内容。
3. 定额项目选用准确，单价、合价计算正确。
同意施工单位提出的变更费用申请。
专业监理工程师（签字）×××
××年×月×日</td></tr>
<tr><td colspan="4">审核意见：
同意。
项目监理机构（盖章）×××监理有限责任公司
总监理工程师（签字、加盖执业印章）×××
××年×月×日</td></tr>
<tr><td colspan="4">审批意见：
变更工程量计费用符合实际，同意批准。
建设单位（盖章）××市×中学
建设单位代表（签字）×××
××年×月×日</td></tr>
</table>

4. 施工物资出厂质量证明文件及进场检测文件（C4）

施工物资主要包括建筑材料、成品、半成品、构配件、器具和设备等。施工物资文件是反映工程所用物资质量和性能指标等各种证明文件和相关配套文件的统称。

质量证明文件应反映工程物资的品种、规格、数量、性能指标等。出厂质量证明文件包括产品合格证、质量认证书、检验报告、试验报告、产品生产许可证、质量保证书、特定产品核准证和进口物资商检证、中文版质量证明、安装、使用、维修说明书等。质量证明文件的复印件应与原件内容一致，加盖原件存放单位公章，注明原件存放处，并由经办人签字。如质量证明为传真件，则应转换成为复印件再保存。

《建筑工程施工质量验收统一标准》GB 50300—2013 规定：建筑工程采用的主要材料、半成品、成品、建筑构配件、器具和设备应进行进厂检验。并有进场验收记录；涉及安全、功能的有关物资，应按工程施工质量验收规范及相关规定进行复试或有见证取样送检，有相应检（试）验报告。并应经监理工程师检查认可。工程物资进场需工程物资供应单位提交出厂质量证明文件及检测报告，由施工单位收集保存。

（1）出厂质量证明文件及检测报告（C4.1）

1）砂、石、砖、水泥、钢筋、隔热保温、防腐材料、轻集料出厂质量证明文件（C4.1.1）

文件的数量按材料进场的验收批确定，供应单位随物资进场提交。

① 水泥试验批量：每批指不超过 500t（袋装不超过 200t）（以同一厂家、同一品种、同一等级、同批号且连续进场的为一批）。

② 钢筋试验批量：检验按进场的批次和产品的抽样检验方案确定，对同一厂家、同一牌号、同一规格的钢筋按规定的数量作为一个检验批。对不同时间进场的同批钢筋，当有可靠依据时，可按一次进场的钢筋处理。如热轧光圆钢筋、热轧带肋钢筋、余热处理钢筋、预应力混凝土用钢绞线，每批不超过60t。

③ 砖的试验批量：烧结砖、混凝土实心砖，每批不超过15万块；烧结多孔砖、混凝土多孔砖、蒸压灰砂砖及蒸压粉煤灰砖每批不超过10万块（以同产地、同规格的为一批）。

④ 砌块试验批量：空心砌块每批不超过3万块；粉煤灰砌块每批不超过200m^3；普通混凝土小型空心砌块、加气混凝土砌块、轻集料混凝土小型砌块每批不超过1万块。

⑤ 砂、石试验批量：用大型工具运输的（如火车、汽车、船）每批不超过400m^{3}或600t；用小型运输工具运输的（如马车、拖拉机），每批不超过200m^{3}或300t（以同产地、同规格、同一进场时间随物资进场提交为一批）。

⑥ 防水材料试验批量：大于1000卷抽5卷，每500～1000卷抽4卷，499～100卷抽3卷，100卷以下抽2卷。防水涂料同一类型每15t为一批，不足15t按一批抽样。

2）其他物资出厂合格证、质量保证书、检测报告和报关单或商检证（C4.1.2）

常见的其他物资材料有：半成品钢筋、焊条、焊剂和焊药、外加剂、商品混凝土、预制混凝土构件预制桩、钢桩、钢筋笼等成品或半成品桩、土工合成材料以及土、砂石料、钢结构用钢材、连接件及涂料、半成品钢构件（场外委托加工）、石材、外加剂、掺合料（粉煤灰、蛭石粉、沸石粉）；轻质隔墙材料如砌块、隔墙板；节能保温材料；防水材料如涂料、卷材、密封材料；装饰材料如天然板材、人造板材、门窗玻璃、幕墙材料、饰面板（砖）、涂料。

3）材料、设备的相关检验报告、型式检验报告、3C强制认证合格证书或3C标志（C4.1.3）

①型式检验报告是型式检验机构出具的型式检验结果判定文件。型式检验是为了证明产品质量符合产品标准的全部要求而对产品进行的抽样检验。通常在有下列情况之一时进行型式检验：新产品或者产品转厂生产的试制定型鉴定；正式生产后，如结构、材料、工艺有较大改变，可能影响产品性能时；长期停产后恢复生产时；正常生产，按周期进行型式检验；出厂检验结果与上次型式检验有较大差异时；国家质量监督机构提出进行型式检验要求时；用户提出进行型式检验的要求时。

型式检验的依据是产品标准，为了认证目的所进行的型式检验必须依据产品国家标准。

② “3C”指中国强制性产品安全认证，是国家对强制性产品认证使用的统一标志。3C认证是英文名称“China Compulsory Certification”（中国强制性产品认证制度）的英文缩写。凡列入强制性产品认证目录内的产品，必须经国家指定的认证机构认证合格，取得相关证书并加施认证标志后，方能出厂、进口、销售和在经营服务场所使用。目前，中国公布的首批必须通过强制性认证的产品共有19大类132种。主要包括电线电缆、低压电器、信息技术设备、安全玻璃、消防产品、机动车辆轮胎、乳胶制品等。

4）主要设备、器具的安装使用说明书（C4.1.4）

主要设备、器具的安装使用说明书由物资供应单位提供，施工单位收集。主要有：地下墙与梁板之间的接驳器；预应力工程物资（预应力筋、锚具、夹具和连接器、水泥、外加剂和预应力筋用螺旋管)。

5)进口的主要材料设备的商检证明文件(C4.1.5)

进口材料和设备等应有商检证明[国家认证委员会公布的强制性(CCC)产品除外],中文版的质量证明文件、性能检测报告以及中文版的安装维修、使用、试验要求等技术文件。

6)涉及消防、安全、卫生、环保、节能的材料、设备的检测报告或法定机构出具的有效证明文件(C4.1.6)

如涉及安全、卫生、环保的物资应有相应资质等级检测单位的检测报告如压力容器、消防设备、生活供水设备、卫生洁具等:涉及结构安全和使用功能的材料需要代换且改变了设计要求时必须有设计单位签署的认可文件。

(2)进场检验通用表格(C4.2)

1)材料、构配件进场检验记录(C4.2.1)

材料构配件进场后,应由建设(监理)单位会同施工单位共同对进场物资进行检查验收,填写《材料、构配件进场检验记录》。检查验收的主要内容包括:

① 物资出厂质量证明文件及检验(测)报告是否齐全。

② 实际进场物资数量、规格和型号等是否满足设计和施工计划要求。

③ 物资外观质量是否满足设计要求和规范规定。

④ 按规定需进行抽检的材料、构配件是否抽检,检验结论是否齐全。

⑤ 按规定应进场复验的物资,必须在进场验收合格后取样复试。

材料、构配件进场检验记录应符合现行国家有关标准的规定。施工单位填写的材料、构配件进场检验记录应一式两份,并应由监理单位、施工单位各保存一份。材料、构配件进场检验记录宜采用表5-39的格式。

材料、构配件进场检验记录(C4.2.1)　　表5-39

<table>
<tr><td colspan="2" rowspan="2">工程名称</td><td colspan="3" rowspan="2">××市×中学教学楼</td><td>编号</td><td colspan="2">01-02-C4.2.1-×××</td></tr>
<tr><td>检验日期</td><td colspan="2">××年×月×日</td></tr>
<tr><td rowspan="2">序号</td><td rowspan="2">名称</td><td rowspan="2">规格型号</td><td rowspan="2">进场数量</td><td>生产厂家</td><td>外观检验项目</td><td>试件编号</td><td rowspan="2">备注</td></tr>
<tr><td>质量证明书编号</td><td>检验结果</td><td>复验结果</td></tr>
<tr><td rowspan="2">1</td><td rowspan="2">热轧带肋钢筋</td><td rowspan="2">HRB335</td><td rowspan="2">2.0</td><td>××钢铁有限公司</td><td></td><td>×××××××××</td><td rowspan="2"></td></tr>
<tr><td>××-××××</td><td>良好</td><td>合格</td></tr>
<tr><td rowspan="2">2</td><td rowspan="2">低碳钢热轧圆盘条</td><td rowspan="2">HPB300</td><td rowspan="2">3.0</td><td>××钢铁有限公司</td><td></td><td>×××××××××</td><td rowspan="2"></td></tr>
<tr><td>××-××××</td><td>良好</td><td>合格</td></tr>
<tr><td colspan="8">检查意见(施工单位):
以上材料经外观检查良好,复验合格。规格型号及数量符合设计及规范要求,产品质量证明文件齐全。同意进场使用。
附件:共__6__页</td></tr>
<tr><td colspan="8">验收意见(监理/建设单位):
■同意　□重新检验　□退场　　验收日期:××年×月×日</td></tr>
<tr><td rowspan="3">签字栏</td><td rowspan="2">施工单位</td><td colspan="2" rowspan="2">×××建筑安装有限公司</td><td>专业质检员</td><td>专业工长</td><td colspan="2">检验员</td></tr>
<tr><td>×××</td><td>×××</td><td colspan="2">×××</td></tr>
<tr><td>监理或建设单位</td><td colspan="3">×××监理有限责任公司</td><td>专业工程师</td><td colspan="2">×××</td></tr>
</table>

2）设备开箱检验记录（C4.2.2）

建筑工程所使用的设备进场后，应由施工单位、建设（监理）单位、供货单位共同开箱检验，施工单位填写的设备开箱检验记录应一式两份，并应由监理单位、施工单位各保存一份。设备开箱检验记录宜采用表5-40的格式。

设备开箱检验记录（C4.2.2）　　**表5-40**

<table>
<tr><td rowspan="2">工程名称</td><td colspan="2" rowspan="2">××市×中学教学楼</td><td>编号</td><td colspan="2">06-02-C4.2.2-×××</td></tr>
<tr><td>检验日期</td><td colspan="2">××年×月×日</td></tr>
<tr><td>设备名称</td><td colspan="2">排烟风机</td><td>规格型号</td><td colspan="2">DF-8</td></tr>
<tr><td>生产厂家</td><td colspan="2">××机电设备公司</td><td>产品合格证编号</td><td colspan="2">××-××××</td></tr>
<tr><td>总数量</td><td colspan="2">2台</td><td>检验数量</td><td colspan="2">2台</td></tr>
<tr><td colspan="6">进场检验记录</td></tr>
<tr><td>包装情况</td><td colspan="5">木箱及塑料布包装</td></tr>
<tr><td>随机文件</td><td colspan="5">合格证、出厂检验报告、技术说明书齐全</td></tr>
<tr><td>备件与附件</td><td colspan="5">减振垫、螺栓齐全</td></tr>
<tr><td>外观情况</td><td colspan="5">外观喷涂均匀、无铸造缺陷情况良好</td></tr>
<tr><td>测试情况</td><td colspan="5">手动测试运转情况良好</td></tr>
<tr><td colspan="6">缺、损附备件明细</td></tr>
<tr><td>序号</td><td>附备件</td><td>规格</td><td>单位</td><td>数量</td><td>备注</td></tr>
<tr><td></td><td></td><td></td><td></td><td></td><td></td></tr>
<tr><td></td><td></td><td></td><td></td><td></td><td></td></tr>
<tr><td colspan="6">检查意见（施工单位）：经外观检验和手动测试符合设计与施工规范的要求。
附件：共＿6＿页</td></tr>
<tr><td colspan="6">验收意见（监理/建设单位）：
■同意　　□重新检验　　□退场　　　　验收日期：××年×月×日</td></tr>
<tr><td>供应单位</td><td colspan="2">××机电设备公司</td><td>责任人</td><td colspan="2">×××</td></tr>
<tr><td>施工单位</td><td colspan="2">×××建筑安装有限公司</td><td>专业工长</td><td colspan="2">×××</td></tr>
<tr><td>监理或建设单位</td><td colspan="2">×××监理有限责任公司</td><td>专业工程师</td><td colspan="2">×××</td></tr>
</table>

3）设备及管道附件试验记录（C4.2.3）

设备、阀门、闭式喷头、密闭水箱或水罐、风机盘管、成组散热器及其他散热设备等在安装前按规定进行试验时，均应由检测单位填写设备及管道附件试验记录，并应由建设单位、监理单位、施工单位各保存一份。设备及管道附件试验记录参考采用表5-41的格式。

（3）进场复试报告（C4.3）

根据《建筑工程施工质量验收统一标准》GB 50300—2013的有关规定，建筑材料、设备等进入现场后，在外观质量检查和质量证明文件核查符合要求的基础上，凡涉及安全、节能、环境保护和主要功能的重要材料、产品，应按各专业工程施工规范、验收规范和设计文件等规定从施工现场抽取试样送至试验室进行复验，并应经监理工程师检查认可。

1）钢材试验报告（C4.3.1）

依据《混凝土结构工程施工质量验收规范》GB 50204—2015 规定，钢筋进场时，应按现行国家标准《钢筋混凝土用钢 第 2 部分：热轧带肋钢筋》GB/T 1499.2—2018 等的规定抽取试件做力学性能检验，其质量必须符合有关标准的规定。检查数量：按进场的批次和产品的抽样检验方案确定。检验方法：检查产品合格证、出厂检验报告和进场复验报告。当发现钢筋脆断、焊接性能不良或力学性能显著不正常等现象时，应对该批钢筋进行化学成分检验或其他专项检验。

设备及管道附件试验记录（C4.2.3） **表 5-41**

<table>
<tr><td colspan="2">工程名称</td><td>××市×中学教学楼</td><td>编号</td><td colspan="2">06-01-C4.2.3-×××</td></tr>
<tr><td colspan="2">使用部位</td><td>风机盘管</td><td>试验日期</td><td colspan="2">××年×月×日</td></tr>
<tr><td colspan="2">试验要求</td><td colspan="4">风机盘管进场逐个进行打压试验，工作压力为 1.6MPa，试验压力为 2.4MPa。在试验压力下观察 10min，压力降不应大于 0.02MPa，然后降至工作压力进行检查，不渗不漏为合格</td></tr>
<tr><td colspan="2">设备/管道附件名称</td><td>风机盘管</td><td>风机盘管</td><td colspan="2">风机盘管</td></tr>
<tr><td colspan="2">材质、型号</td><td>YGFC</td><td>YGFC</td><td colspan="2">YGFC</td></tr>
<tr><td colspan="2">规格</td><td>02-CC-3SL</td><td>02-CC-3S</td><td colspan="2">04-CC-3SL</td></tr>
<tr><td colspan="2">试验数量</td><td>1</td><td>1</td><td colspan="2">1</td></tr>
<tr><td colspan="2">试验介质</td><td>水</td><td>水</td><td colspan="2">水</td></tr>
<tr><td colspan="2">公称或工作压力（MPa）</td><td>1.6</td><td>1.6</td><td colspan="2">1.6</td></tr>
<tr><td rowspan="5">强度试验</td><td>试验压力（MPa）</td><td>2.4</td><td>2.4</td><td colspan="2">2.4</td></tr>
<tr><td>试验持续时间（s）</td><td>10min</td><td>10min</td><td colspan="2">10min</td></tr>
<tr><td>试验压力降（MPa）</td><td>0</td><td>0</td><td colspan="2">0</td></tr>
<tr><td>渗漏情况</td><td>无</td><td>无</td><td colspan="2">无</td></tr>
<tr><td>试验结论</td><td>合格</td><td>合格</td><td colspan="2">合格</td></tr>
<tr><td rowspan="5">严密性试验</td><td>试验压力（MPa）</td><td></td><td></td><td colspan="2"></td></tr>
<tr><td>试验持续时间（s）</td><td></td><td></td><td colspan="2"></td></tr>
<tr><td>试验压力降（MPa）</td><td></td><td></td><td colspan="2"></td></tr>
<tr><td>渗漏情况</td><td></td><td></td><td colspan="2"></td></tr>
<tr><td>试验结论</td><td></td><td></td><td colspan="2"></td></tr>
<tr><td rowspan="3">签字栏</td><td rowspan="2">施工单位</td><td rowspan="2">×××建筑安装有限公司</td><td>专业技术负责人</td><td>专业质检员</td><td>专业工长</td></tr>
<tr><td>×××</td><td>×××</td><td>×××</td></tr>
<tr><td>监理或建设单位</td><td>×××监理有限责任公司</td><td colspan="2">专业工程师</td><td>×××</td></tr>
</table>

钢筋进场时按批见证取样，送有见证检测资质的检测试验机构检测复验。对每批钢筋抽取 5 个试件，先进行重量偏差检验，再取其中两个试件进行拉伸试验、2 个试件进行弯曲试验。如钢筋混凝土用热轧钢筋，每批由同一牌号、同一罐号、同一规格、同一强度等级、同一进场批次的钢筋 60t 为一批，超过 60t 的部分，每增加 40t（或不是 40t 的余数）增加一个拉伸试验试件和一个弯曲试验试件。当钢筋发现脆断、焊接性能不良或力学性能

显著不正常等现象时，还应对钢筋进行化学成分检验或其他专项检验，检测钢材中碳（C）、硫（S）、硅（Si）、锰（Mn）、磷（P）的含量。

对于预应力混凝土用钢材检测复验项目包括：最大力、规定非比例延伸率、最大力总伸长率、应力松弛性能、抗拉强度、弹性模量等。对于预应力锚夹具检测复验项目包括：硬度、静载试验等。对于预应力波纹管检测复验项目包括：钢带厚度（金属管）、波高、壁厚（金属管）、径向刚度（金属管）、抗渗漏性能（金属管）、环刚度（塑料管）、局部横向荷载（塑料管）、柔韧性（塑料管）、抗冲击性（塑料管）等。

钢材试验报告由检测单位提供，应一式四份，并应由建设单位、监理单位、施工单位，城建档案馆各保存一份。钢材试验报告参考采用表5-42的格式。

钢材试验报告（C4.3.1参考用表）　　　　**表5-42**

<table>
<tr><td colspan="2" rowspan="3">工程名称</td><td colspan="9" rowspan="3">××市×中学教学楼</td><td colspan="2">资料编号</td><td colspan="2">01-02-C4.3.1-×××</td></tr>
<tr><td colspan="2">试验编号</td><td colspan="2">××-×××</td></tr>
<tr><td colspan="2">委托编号</td><td colspan="2">××-×××</td></tr>
<tr><td colspan="2" rowspan="2">委托单位</td><td colspan="9" rowspan="2">×××建筑安装有限公司</td><td colspan="2">试件编号</td><td colspan="2">×××</td></tr>
<tr><td colspan="2">试验委托人</td><td colspan="2">×××</td></tr>
<tr><td colspan="2">钢材种类</td><td colspan="2">热轧光圆钢筋</td><td colspan="3">规格、牌号</td><td colspan="4">××</td><td colspan="2">生产厂家</td><td colspan="2">×××钢厂</td></tr>
<tr><td colspan="2">代表数量</td><td colspan="2">25t</td><td colspan="3">来样日期</td><td colspan="4">××年×月×日</td><td colspan="2">试验日期</td><td colspan="2">××年×月×日</td></tr>
<tr><td rowspan="2">公称直径规格（mm）</td><td colspan="3">屈服点（MPa）</td><td colspan="4">抗拉强度（MPa）</td><td colspan="4">伸长率（%）</td><td colspan="2" rowspan="2">弯曲条件</td><td rowspan="2">弯曲结果</td></tr>
<tr><td colspan="2">标准要求</td><td>实测值</td><td>标准要求</td><td colspan="3">实测值</td><td colspan="2">标准要求</td><td colspan="2">实测值</td></tr>
<tr><td></td><td colspan="2"></td><td></td><td></td><td colspan="3"></td><td colspan="2"></td><td colspan="2"></td><td colspan="2"></td><td></td></tr>
<tr><td></td><td colspan="2"></td><td></td><td></td><td colspan="3"></td><td colspan="2"></td><td colspan="2"></td><td colspan="2"></td><td></td></tr>
<tr><td></td><td colspan="2"></td><td></td><td></td><td colspan="3"></td><td colspan="2"></td><td colspan="2"></td><td colspan="2"></td><td></td></tr>
<tr><td colspan="15">化学分析结果</td></tr>
<tr><td>分析编号</td><td colspan="11">化学成分（%）</td><td colspan="3" rowspan="3">其他</td></tr>
<tr><td></td><td colspan="2">C</td><td>Si</td><td>Mn</td><td colspan="3">P</td><td colspan="2">S</td><td colspan="2">Ceq</td></tr>
<tr><td></td><td colspan="2"></td><td></td><td></td><td colspan="3"></td><td colspan="2"></td><td colspan="2"></td></tr>
<tr><td></td><td colspan="2"></td><td></td><td></td><td colspan="3"></td><td colspan="2"></td><td colspan="2"></td><td colspan="3"></td></tr>
<tr><td colspan="15">检验结论：依据《钢筋混凝土用钢 第2部分：热轧带肋钢筋》GB/T 1499.2—2018，××钢筋所验指标合格。</td></tr>
<tr><td colspan="2">负责人</td><td colspan="2">×××</td><td colspan="2">审核</td><td colspan="3">×××</td><td colspan="3">试验</td><td colspan="3">×××</td></tr>
<tr><td colspan="2">试验单位</td><td colspan="13">××市建筑材料检测中心</td></tr>
<tr><td colspan="2">报告日期</td><td colspan="13">××年×月×日</td></tr>
</table>

2）水泥试验报告（C4.3.2）

依据《混凝土结构工程施工质量验收规范》GB 50204—2015规定，水泥进场时应对其品种、级别、包装或散装仓号、出厂日期等进行检查，并应对其强度、安定性及其他必要的性能指标进行复验，其质量必须符合现行国家标准《通用硅酸盐水泥》GB 175—2007的规定。

当在使用中对水泥质量有怀疑或水泥出厂超过三个月（快硬硅酸盐水泥超过一个月）

时，应进行复验，并按复验结果使用。

钢筋混凝土结构、预应力混凝土结构中，严禁使用含氯化物的水泥。

检查数量：按同一生产厂家、同一等级、同一品种、同一批号且连续进场的水泥，袋装不超过200t为一批，散装不超过500t为一批，每批抽样不少于一次。

检验方法：检查产品合格证、出厂检验报告和进场复验报告。水泥试验报告参考采用表5-43的格式。水泥试验报告由检测单位提供，应一式四份，并应由建设单位、监理单位、施工单位、城建档案馆各保存一份。

水泥试验报告（C4.3.2参考用表） **表5-43**

工程名称	××市×中学教学楼			资料编号	01-02-C4.3.2-×××
				试验编号	××-×××
				委托编号	××-×××
委托单位	×××建筑安装有限公司			试件编号	×××
				试验委托人	×××
品种及强度等级	PO42.5	出厂编号及日期	出厂编号×××× ××年×月×日	生产厂家	×××集团水泥厂
代表数量	200t	来样日期	××年×月×日	试验日期	××年×月×日
检验项目	标准要求	实测结果	检验项目	标准要求	实测结果
试验依据	《通用硅酸盐水泥》GB 175—2007				
细度	0.8μm方孔筛余量		/%		
	比表面积		$/m^2/kg$		
标准稠度用水量	27.5%				
凝结时间	初凝	220min	终凝	285min	
安定性	雷氏法	/	饼法	合格	
其他					

强度检验	抗折强度（MPa）				抗压强度（MPa）			
	3d		28d		3d		28d	
标准要求	≥2.5		≥5.5		≥10.0		≥32.5	
强度结果	单块值	平均值	单块值	平均值	单块值	平均值	平均值	单块值
	4.5	4.4	8.7	8.7	23.0	23.5	52.5	53.1
					23.8		53.2	
	4.3		8.8		23.2		52.7	
					24.1		53.8	
	4.3		8.7		23.8		53.2	
					22.9		53.1	
检验结论：依据《通用硅酸盐水泥》GB 175—2007检验，各项指标合格。								
负责人	×××	审核	×××	试验	×××			
试验单位	××市建筑材料检测中心							
报告日期	××年×月×日							

3）砂试验报告（C4.3.3）

依据《混凝土结构工程施工质量验收规范》GB 50204—2015 规定，普通混凝土所用的粗、细骨料的质量应符合行业现行标准《普通混凝土用砂、石质量及检验方法标准》JGJ 52—2006 规定。

检查数量：按进场的批次和产品的抽样检验方案确定。

检验方法：检查进场复验报告。

砂试验报告由检测单位提供，应一式四份，并应由建设单位、监理单位、施工单位、城建档案馆各保存一份。砂试验报告参考采用表 5-44 的格式。

砂试验报告（C4.3.3 参考用表）　　　**表 5-44**

<table>
<tr><td colspan="2" rowspan="3">工程名称</td><td colspan="3" rowspan="3">××市×中学教学楼</td><td>资料编号</td><td>01-02-C4.3.3-×××</td></tr>
<tr><td>试验编号</td><td>××-×××</td></tr>
<tr><td>委托编号</td><td>××-×××</td></tr>
<tr><td colspan="2" rowspan="2">委托单位</td><td colspan="3" rowspan="2">×××建筑安装有限公司</td><td>试件编号</td><td>×××</td></tr>
<tr><td>试验委托人</td><td>×××</td></tr>
<tr><td colspan="2">种类</td><td>中砂</td><td>产地</td><td colspan="3">××砂石场</td></tr>
<tr><td colspan="2">代表数量</td><td>200t</td><td>来样日期</td><td>××年×月×日</td><td>试验日期</td><td>××年×月×日</td></tr>
<tr><td colspan="2">试验依据</td><td colspan="5">《普通混凝土用砂、石质量及检验方法标准》JGJ 52—2006</td></tr>
<tr><td rowspan="8">试验结果</td><td rowspan="2">筛分析</td><td colspan="2">细度模数（μf）</td><td colspan="3">2.6</td></tr>
<tr><td colspan="2">级配区域</td><td colspan="3">Ⅱ区</td></tr>
<tr><td>含泥量</td><td colspan="5">2.3%</td></tr>
<tr><td>泥块含量</td><td colspan="5">0.3%</td></tr>
<tr><td>表观密度</td><td colspan="5">/　kg/m³</td></tr>
<tr><td>堆积密度</td><td colspan="5">/　kg/m³</td></tr>
<tr><td>碱活性指标</td><td colspan="5">/</td></tr>
<tr><td>其他</td><td colspan="5">/</td></tr>
<tr><td colspan="7">检验结论：
依据《普通混凝土用砂、石质量及检验方法标准》JGJ 52—2006，含泥量、泥块含量合格，属Ⅱ区中砂，4.75mm 筛孔累计筛余小于 10%，各项指标合格。</td></tr>
<tr><td colspan="2">负责人</td><td>×××</td><td>审核</td><td>×××</td><td>试验</td><td>×××</td></tr>
<tr><td colspan="2">试验单位</td><td colspan="5">××市建筑材料检测中心</td></tr>
<tr><td colspan="2">报告日期</td><td colspan="5">××年×月×日</td></tr>
</table>

4）防水涂料试验报告（C4.3.6）

依据《地下防水工程质量验收规范》GB 50208—2011 的规定涂料防水层所用材料及配合比必须符合设计要求。防水涂料应符合《聚氨酯防水涂料》GB/T 19250－2013、《聚合物乳液建筑防水涂料》JC/T 864－2008 和《聚合物水泥防水涂料》GB/T 23445－2009 的要求。防水材料进场时按批检查验收的内容包括由供应单位提供的产品合格证、性能检测报告和进场复验报告。合格证要求应注明出厂日期、检验部门印章、合格证的编号、品种、规格、数量、各项性能指标、包装、标识、重量、面积、产品外观、物理性能等。检测报告应有检测单位的计算合格参数，由检验（试验）、审核、负责人（技术）三级人员签字。

检查数量：按进场的批次和产品的抽样检验方案确定。

检验方法：检查出厂合格证、质量检验报告、计量措施和现场抽样试验报告。防水涂料试验报告由检测单位提供，应一式三份，并应由建设单位、监理单位、施工单位各保存一份。防水涂料试验报告参考采用表 5-45 的格式。

5）防水卷材试验报告（C4.3.7）

依据《地下防水工程质量验收规范》GB 50208—2011 的规定，卷材防水层所用材料及配合比必须符合设计要求。卷材防水层应采用高聚物改性沥青防水卷材和合成高分子防水卷材。高聚物改性沥青防水卷材应符合国标《弹性体改性沥青防水卷材》GB 18242—2008、《塑性体改性沥青防水卷材》GB 18243—2008 和《改性沥青聚乙烯胎防水卷材》GB 18967—2009 的要求。国内合成高分子防水卷材的种类很多，产品质量应符合现行国家标准《高分子防水材料 第 1 部分：片材》GB 18173.1—2012 的要求。

防水涂料试验报告（C4.3.6 参考用表） **表 5-45**

<table>
<tr><td colspan="2" rowspan="3">工程名称</td><td colspan="5" rowspan="3">××市×中学教学楼</td><td colspan="2">资料编号</td><td colspan="2">01-07-C4.3.6-×××</td></tr>
<tr><td colspan="2">试验编号</td><td colspan="2">××-×××</td></tr>
<tr><td colspan="2">委托编号</td><td colspan="2">××-×××</td></tr>
<tr><td colspan="2" rowspan="2">委托单位</td><td colspan="5" rowspan="2">×××建筑安装有限公司</td><td colspan="2">试件编号</td><td colspan="2">×××</td></tr>
<tr><td colspan="2">试验委托人</td><td colspan="2">×××</td></tr>
<tr><td colspan="2">种类、型号</td><td>聚氨酯防水涂料（双组分）</td><td colspan="2">产地</td><td colspan="6">××建材涂料厂</td></tr>
<tr><td colspan="2">代表数量</td><td>2t</td><td colspan="2">来样日期</td><td colspan="2">××年×月×日</td><td colspan="2">试验日期</td><td colspan="2">××年×月×日</td></tr>
<tr><td colspan="2">试验依据</td><td colspan="9">《聚氨酯防水涂料》GB/T 19250—2013</td></tr>
<tr><td rowspan="7">试验结果</td><td>延伸性（mm）</td><td colspan="9">/</td></tr>
<tr><td>拉伸强度（MPa）</td><td colspan="9">2.3</td></tr>
<tr><td>断裂伸长率（%）</td><td colspan="9">345</td></tr>
<tr><td>黏结性（MPa）</td><td colspan="9">/</td></tr>
<tr><td>耐热度</td><td colspan="2">温度（℃）</td><td colspan="2">/</td><td colspan="2">评定</td><td colspan="3"></td></tr>
<tr><td>不透水性</td><td colspan="9">合格</td></tr>
<tr><td>柔韧性</td><td colspan="2">温度（℃）</td><td colspan="2">−30</td><td colspan="2">评定</td><td colspan="3">合格</td></tr>
<tr><td rowspan="2"></td><td>固体含量（%）</td><td colspan="9">97</td></tr>
<tr><td>其他</td><td colspan="9">/</td></tr>
<tr><td colspan="11">检验结论：依据《聚氨酯防水涂料》GB/T 19250—2013，各项指标合格。</td></tr>
<tr><td colspan="2">负责人</td><td colspan="2">×××</td><td colspan="2">审核</td><td colspan="2">×××</td><td colspan="2">试验</td><td>×××</td></tr>
<tr><td colspan="2">试验单位</td><td colspan="9">××市建筑材料检测中心</td></tr>
<tr><td colspan="2">报告日期</td><td colspan="9">××年×月×日</td></tr>
</table>

检查数量：按进场的批次和产品的抽样检验方案确定。

检验方法：检查出厂合格证、质量检验报告现场抽样试验报告。防水卷材试验报告由检测单位提供，应一式三份，并应由建设单位、监理单位、施工单位各保存一份。防水卷材试验报告参考采用表 5-46 的格式。

6）砖（砌块）试验报告（C4.3.8）

依据《砌体结构工程施工质量验收规范》GB 50203—2011 的规定：砖、砌块和砂浆的强度等级必须符合设计要求。每一生产厂家的砖到现场后，按烧结普通砖、混凝土实心砖每 15 万块，烧结多孔砖、混凝土多孔砖、蒸压灰砂砖及蒸压粉煤灰砖每 10 万块为一验收批，抽检数量为 1 组。砌块每一生产厂家，每 1 万块至少应抽检一组。用于多层以上建筑基础和底层的小砌块抽检数量不应少于 2 组。

防水卷材试验报告（C4.3.7 参考用表） **表 5-46**

<table>
<tr><td rowspan="3">工程名称</td><td colspan="5" rowspan="3">××市×中学教学楼</td><td>资料编号</td><td>01-07-C4.3.7-×××</td></tr>
<tr><td>试验编号</td><td>××-×××</td></tr>
<tr><td>委托编号</td><td>××-×××</td></tr>
<tr><td rowspan="2">委托单位</td><td colspan="5" rowspan="2">×××建筑安装有限公司</td><td>试件编号</td><td>××</td></tr>
<tr><td>试验委托人</td><td>×××</td></tr>
<tr><td>种类、等级、牌号</td><td colspan="2">弹性体改性沥青防水卷材×型××牌</td><td>产地</td><td colspan="4">××防水材料厂</td></tr>
<tr><td>代表数量</td><td colspan="2">450 卷</td><td>来样日期</td><td>××年×月×日</td><td colspan="2">试验日期</td><td>××年×月×日</td></tr>
<tr><td>试验依据</td><td colspan="7">《弹性体改性沥青防水卷材》GB 18242—2008</td></tr>
<tr><td rowspan="8">试验结果</td><td rowspan="2">拉力试验</td><td>拉力（N）</td><td>纵</td><td>545</td><td>横</td><td colspan="2">532</td></tr>
<tr><td>拉伸强度（MPa）</td><td>纵</td><td>/</td><td>横</td><td colspan="2">/</td></tr>
<tr><td colspan="2">断裂伸长率（延伸率）%</td><td>纵</td><td>/</td><td>横</td><td colspan="2">/</td></tr>
<tr><td>耐热度</td><td>温度（℃）</td><td>90</td><td>评定</td><td colspan="3">合格</td></tr>
<tr><td>不透水性</td><td colspan="6">合格</td></tr>
<tr><td>柔韧性</td><td>温度（℃）</td><td>−18</td><td>评定</td><td colspan="3">合格</td></tr>
<tr><td>其他</td><td colspan="6">合格</td></tr>
<tr><td colspan="8">检验结论：依据《弹性体改性沥青防水卷材》GB 18242—2008，各项指标合格。</td></tr>
<tr><td>负责人</td><td>×××</td><td>审核</td><td>×××</td><td>试验</td><td colspan="3">×××</td></tr>
<tr><td>试验单位</td><td colspan="7">××市建筑材料检测中心</td></tr>
<tr><td>报告日期</td><td colspan="7">××年×月×日</td></tr>
</table>

检验方法：检查砖和砂浆试块试验报告。砖（砌块）试验报告由检测单位提供，应一式四份，并应由建设单位、监理单位、施工单位、城建档案馆各保存一份。砖（砌块）试验报告参考采用表 5-47 的格式。

砖（砌块）试验报告（C4.3.8参考用表） 表5-47

工程名称	××市×中学教学楼					资料编号	02-02-C4.3.8-×××	
						试验编号	××-×××	
						委托编号	××-×××	
委托单位	×××建筑安装有限公司					试件编号	××	
						试验委托人	×××	
种类	轻集料混凝土小型空型砌块		产地	××建材公司				
代表数量	10000块		密度等级	800		强度等级	MU2.5	
处理日期	××年×月×日		来样日期	××年×月×日		试验日期	××年×月×日	
试验依据	《轻集料混凝土小型空心砌块》GB/T 15229—2011							
试验结果	烧结普通砖、烧结多孔砖							
	抗压强度平均值 f(MPa)		变异系数 $\delta \leqslant 0.21$			变异系数 $\delta > 0.21$		
			强度标准值 f_k(MPa)			单块最小强度值 f_k(MPa)		
			/			/		
	《轻集料混凝土小型空心砌块》GB/T 15229—2011							
	砌块抗压强度（MPa）					砌块干燥表观密度（kg/m³）		
	平均值		最小值					
	2.6		2.4			/		
	其他种类							
	抗压强度（MPa）						抗折强度（MPa）	
	平均值	最小值	大面		条面		平均值	最小值
			平均值	最小值	平均值	最小值		
	/	/	/	/	/	/	/	/
检验结论：依据《轻集料混凝土小型空心砌块》GB/T 15229—2011，各项指标合格。								
负责人	×××		审核	×××		试验	×××	
试验单位	××市建筑材料检测中心							
报告日期	××年×月×日							

7）其他材料试验要求见表5-48。

其他材料试验要求 表5-48

序号	工程资料名称	内容及注意事项
1	预应力筋复试报告（C4.3.9）	预应力混凝土用钢丝、中强度预应力混凝土用钢丝、预应力混凝土用钢棒、预应力混凝土用钢绞线同一牌号、同一规格、同一生产工艺、同一加工状态为同一验收批每批重量不大于60t。材料进场后，材料验收前，现场取样复试，复试时间1～3d。 检查数量：按进场批次和产品的抽样检验方案确定。 检验方法：检查产品合格证、出厂检验报告和进场复验报告。 预应力筋使用前应进行外观检查，有粘接预应力筋展开后应平顺，不得有弯折，表面不应有裂纹、小刺、机械损伤、氧化铁皮和油污等；无粘接预应力筋护套应光滑、无裂纹、无明显褶皱。 检查数量：全数检查。 检查方法：观察

续表

序号	工程资料名称	内容及注意事项
2	预应力锚具、夹具和连接器复试报告（C4.3.10）	预应力筋用锚具、夹具和连接器应按设计要求采用，其性能应符合现行国家标准《预应力筋用锚具、夹具和连接器》GB/T 14370—2015 等的规定。 检查数量：按进场批次和产品的抽样检验方案确定。 检验方法：检查产品合格证、出厂检验报告和进场复验报告。 注：对锚具用量较少的一般工程，如供货方提供有效的试验报告，可不做静载锚固性能试验。 预应力筋用锚具、夹具和连接器使用前应进行外观检查，其表面应无污物、锈蚀、机械损伤和裂纹。 检查数量：全数检查。 材料进场后，材料验收前，现场取样复试，复试时间 1～3d
3	装饰装修用门窗复试报告（C4.3.11）	同一厂家生产的同一品种、同一类型的进场材料应至少抽取一组样品进行复验，当合同另有约定时应按合同执行。材料进场后，材料验收前，现场取样（抽样）复试，复试时间 3d 左右
4	装饰装修用人造木板复试报告（C4.3.12）	同一地点、同一类别、同一规格的产品为一验收批。材料进场后，材料验收前，现场取样（抽样）复试，复试时间 3d 左右
5	装饰装修用花岗石复试报告（C4.3.13）	以同一产地、同一品种、同一等级、同一类别的板材每 $200m^2$ 为一验收批，不足 $200m^2$ 的单一工程部位的板材也按一批计。材料进场后，材料验收前，现场取样（抽样）复试，复试时间 3d 左右
6	装饰装修用安全玻璃复试报告（C4.3.14）	同一厂家生产的同一品种、同一类型的进场材料应至少抽取一组样品进行复验，复试时间 3d 左右
7	装饰装修用外墙面砖复试报告（C4.3.15）	同一生产厂、同种产品、同一级别、同一规格、实际交货量大于 $5000m^2$ 为一批，不足 $5000m^2$ 也按一批计。材料进场后，材料验收前，现场取样（抽样）复试，复试时间 3d 左右
8	钢结构用钢材复试报告（C4.3.16）	碳素结构钢、低合金高强度结构钢、桥梁用碳素钢及低合金钢钢板：每批不超过 60t。材料进场后，材料验收前。现场取样（抽样）复试，复试时间 3d 左右
9	钢结构用防火涂料复试报告（C4.3.17）	防火涂料：薄型每批不超过 100t，厚型每批不超过 500t 材料进场后，材料验收前。现场取样（抽样）复试，复试时间 3d 左右
10	钢结构用焊接材料复试报告（C4.3.18）	重要钢结构采用的焊接材料应进行抽样复验，材料进场后，材料验收前。现场取样（抽样）复试，复试时间 3d 左右
11	钢结构用高强度大六角头螺栓连接复试报告（C4.3.19）	进场验收的检验批原则上应与各分项工程检验批一致，也可以根据工程规模及进料实际情况划分检验批。在施工现场待安装的检验批随机抽取。 1. 高强度大六角头螺栓连接副出厂时应分别随箱带有扭矩系数和紧固轴力（预拉力）的检验报告。材料进场后，材料验收前。现场取样（抽样）复试，复试时间 3d 左右。 2. 扭剪型高强度螺栓连接副出厂时应分别随箱带有扭矩系数和紧固轴力（预拉力）的检验报告。在施工现场待安装的检验批随机抽取。材料进场后，材料验收前。现场取样（抽样）复试，复试时间 3d 左右
12	钢结构用扭剪型高强螺栓连接复试报告（C4.3.20）	
13	幕墙用铝塑板、石材、玻璃、结构胶复试报告（C4.3.21）	铝塑复合板按同一品种、同一等级、同一规格的产品每 $3000m^2$ 为一验收批；天然花岗岩板材按同一产地、同一品种、同一等级、同一类别的板材每 $200m^2$ 为一验收批；天然大理石按同一产地、同一品种、同一等级、同一类别的板材每 $100m^2$ 为一验收批；材料进场后，现场取样（抽样）复试，复试时间 3d 左右

续表

序号	工程资料名称	内容及注意事项
14	散热器、供暖系统保温材料、通风与空调工程绝热材料、风机盘管机组、低压配电系统电缆的见证取样复试报告（C4.3.22）	散热器用保温材料：同一厂家、同一规格的散热器按其数量的1%见证取样送检；材料进场后，现场取样（抽样）复试，复试时间3d左右。 供暖系统保温材料、通风与空调用保温材料：同一生产厂家同一品种产品当单位工程建筑面积在20000m² 以下时各抽查不少于3次，20000m² 以上时各抽查不少于6次。材料进场后，现场取样（抽样）复试，复试时间3d左右
15	节能工程材料复试报告（C4.3.23）	1. 墙体节能工程采用的保温材料：同一厂家同一品种的产品，当单位工程建筑面积在20000m² 以下时各抽查不少于3次；当单位工程建筑面积在20000m² 以上时各抽查不少于6次。材料进场后，现场取样（抽样）复试，复试时间3d左右。 2. 幕墙节能工程使用的材料、构件等进场时，进场时抽样复验，检查数量：同一厂家的同一种产品抽查不少于一组。材料进场后，现场取样（抽样）复试，复试时间3d左右。 3. 屋面节能工程使用的保温隔热材料，进场时应对其导热系数、密度、抗压强度或压缩强度、燃烧性能进行复验，复验应为见证取样送检。检验方法：随机抽样送检，核查复验报告。检查数量：同一厂家同一品种的产品各抽查不少于3组。材料进场后，现场取样（抽样）复试，复试时间3d左右。 4. 地面节能工程采用的保温材料，进场时应对其导热系数、密度、抗压强度或压缩强度、燃烧性能进行复验，复验应为见证取样送见。检验方法：随机抽样送检，核查复验报告。检查数量：同一厂家同一品种的产品各抽查不少于3组。材料进场后，现场取样（抽样）复试，复试时间3d左右

5. 施工记录文件（C5）

（1）隐蔽工程验收记录（C5.1）

依据《建筑工程施工质量验收统一标准》GB 50300—2013规定：隐蔽工程在隐蔽前应由施工单位通知监理单位进行验收，并形成验收文件，验收合格后方可继续施工。《建设工程监理规范》GB/T 50319—2013规定：项目监理机构应对施工单位报验的隐蔽工程进行验收，对验收不合格的应拒绝签认，同时要求施工单位在指定的时间内整改并重新报验。对已同意覆盖的工程隐蔽部位质量有疑问的，或发现施工单位私自覆盖工程隐蔽部位的，项目监理机构应要求施工单位对该隐蔽部位进行钻孔探测、剥离或其他方法进行重新检验。隐蔽工程施工完毕后，由专业工长填写隐蔽工程验收记录，项目技术负责人组织监理旁站，施工单位专业工长、质量检查员共同参加。验收后由监理单位签署审核意见，并下审核结论。若验收存在问题，则在验收中给予明示。对存在的问题，必须按处理意见进行处理，处理后对该项进行复查，并将复查结论填入表内。凡未经过隐蔽工程验收或验收不合格的工序，不得进入下一道工序的施工。

“隐蔽工程验收”与“检验批验收”是不同的。它们的区别在于：“隐蔽工程验收”仅仅针对将被隐蔽的工程部位作出验收，而“检验批验收”是对工程的所有部位、工序的验收。在施工中“隐蔽工程验收”与“检验批验收”的时间关系可以有“之前”“之后”和“等同”三种不同情况。

隐蔽工程验收记录应符合国家相关标准的规定。施工单位填写的隐蔽工程验收记录应一式四份，并应由建设单位、监理单位、施工单位、城建档案馆各保存一份。隐蔽工程验收记录宜采用表5-49的格式。

隐蔽工程验收记录（通用）(C5.1) **表5-49**

<table>
<tr><td colspan="2">工程名称</td><td colspan="2">××市×中学教学楼</td><td>编号</td><td>01-05-C5.1-×××</td></tr>
<tr><td colspan="2">隐检项目</td><td colspan="2">土方工程</td><td>隐检日期</td><td>××年×月×日</td></tr>
<tr><td colspan="2">隐检部位</td><td colspan="4">基槽　　1-11/A-F轴线　　-5.200m标高</td></tr>
<tr><td colspan="6">隐检依据：施工图号总施-1结构总说明、结施-1、结施-2，设计变更/洽商/技术核定单（编号______/____）及有关国家现行标准等。
主要材料名称及规格/型号：____/____</td></tr>
<tr><td colspan="6">隐检内容：
1. 基础基地标高为-5.2m，槽底土质为圆砾，无地下水。
2. 基槽土层已挖至-5.2m，基底清理到位，无杂物。
3. 基底轮廓尺寸符合图纸要求。
隐检内容已做完毕，请予以检查验收。</td></tr>
<tr><td colspan="6">检查结论：
经检查基底标高轮廓尺寸符合设计要求，槽底土质与地质勘察报告相符，清槽工作符合要求，无地下水，同意进行下道工序施工。
■同意隐蔽　　□不同意隐蔽，修改后复查</td></tr>
<tr><td colspan="6">复查结论：
符合有关规范规定及设计要求。
复查人：×××　　　　复查日期：××年×月×日</td></tr>
<tr><td rowspan="3">签字栏</td><td rowspan="2">施工单位</td><td rowspan="2">×××建筑安装有限公司</td><td>专业技术负责人</td><td>专业质检员</td><td>专业工长</td></tr>
<tr><td>×××</td><td>×××</td><td>×××</td></tr>
<tr><td>监理或建设单位</td><td colspan="2">×××监理有限责任公司</td><td>专业工程师</td><td>×××</td></tr>
</table>

建筑工程常见的隐蔽验收项目见表5-50。

隐蔽工程验收项目 **表5-50**

工程名称	内容要求及注意事项
土方工程	检查内容：土方基槽、土方回填前检查基底清理、基底标高、基地轮廓尺寸及回填土方质量、过程等
	填写要求：土方工程隐检记录中要注明施工图纸编号、地质勘查报告编号
支护工程	检查内容：锚杆、土钉的品种、规格、数量、位置、插入长度、钻孔直径、深度和角度等；地下连续墙的成槽宽度、深度、倾斜度垂直度、钢筋笼规格、位置、槽底清理、沉渣厚度等
	填写要求：支护工程隐检记录中要注明施工图纸编号，地质勘查报告编号，锚杆、土钉的品种、规格、数量、插入长度、钻孔直径等主要数据
桩基工程	检查内容：钢筋笼规格、尺寸、沉渣厚度、清孔情况等
	填写要求：桩基工程隐检记录中要注明施工图纸编号、地质勘查报告编号，检查的钢筋笼规格、尺寸、沉渣厚度、清孔等情况

续表

工程名称	内容要求及注意事项
地下防水工程	检查内容：混凝土变形缝、施工缝、后浇带、穿墙套管、预埋件等设置的形式和构造；人防出口防水做法；防水层基层处理、防水材料规格、厚度、铺设方式、阴阳角处理、搭接密封处理等
	填写要求：地下防水工程隐检记录中要注明施工图纸编号，刚性防水混凝土的防水等级、抗渗等级，柔性防水材料的型号、规格、防水材料的复试报告编号、施工铺设方法、搭接长度、宽度尺寸等情况，阴阳角的处理、附加层情况等
结构工程	检查内容：用钢筋绑扎的钢筋的品种规格、数量、位置、锚固和接头位置、搭接长度、保护层厚度钢筋及垫块绑扎和除锈、除污情况、钢筋代用变更及预留、预埋钢筋处理等；钢筋焊（连）接型式、焊（连）接种类、接头位置、数量及焊条、焊剂、焊口形式焊缝长度、厚度及表面清渣和连接质量等
	填写要求：钢筋原材复式报告、钢筋竖向水平各自的型号、排距、保护层尺寸、箍筋的型号、间距的尺寸、钢筋绑扎接头长度尺寸、垫块规格尺寸；钢筋连接试验报告编号，钢筋连接的种类，连接形式、焊（连）接的具体规格尺寸、数量、接头位置，对不同连接形式分别填写隐检记录
预应力工程	检查内容：检查预应力筋的品种、规格、数量、位置，预留孔道的规格、数量、位置、形状及灌浆孔、排气兼泌水管的情况等，预应力筋下料长度、切断方法、竖向位置偏差、固定、护套的完整性，锚具、夹具、连接点的组装情况，锚固区局部加强构造情况
	填写要求：注明图纸编号、预应力的种类、预应力的施工方法、锚具的规格型号、预应力筋的长度尺寸、预埋垫板的尺寸等
钢结构工程	检查内容：地脚螺栓规格、位置、埋设方法、紧固情况，防火涂料涂装基层的涂料遍数及涂层厚度，网架焊接球节点的连接方式、质量情况，网架支座锚栓的位置、支承垫块的种类及锚栓的禁锢情况等
	填写要求：注明图纸编号、主要材料的型号规格、主要原材料的复式报告编号
节能工程	检查内容：外墙内、外保温构造节点做法
	填写要求：注明图纸编号，保温材料的种类规格、厚度，可附与外墙板连接的节点简图等
地面工程	检查内容：基层（垫层、找平层、隔离层、填充层、基土）的材料品种、规格、铺设厚度、铺设方式、坡度、标高、表面情况、节点密封处理、粘结情况，厕浴防水地面检查基层表面含水率、地漏、套管、卫生器具根部、阴阳角等部位的处理情况，防水层墙面的涂刷情况等
	填写要求：注明图纸的编号、地面铺设的类型、材料的品种规格，防水材料的复试报告编号，防水材料的品种、涂刷厚度，玻纤布的搭接宽度，地漏、套管、卫生器具根部附加层的情况，防水层从地面延伸到墙面的高度尺寸等
抹灰工程	检查内容：具有加强措施的抹灰应检查其加强构造的材料品种、规格、铺设、固定方法、搭接情况等
	填写要求：注明图纸编号、水泥复试报告编号，不同材料基体交界处表面的抹灰采取的防治开裂的加强措施等
门窗工程	检查内容：预埋件和锚固件、螺栓等的数量、位置、间距、埋设方式、与框的连接方式、防腐处理、缝隙的嵌填、密封材料的粘结等
	填写要求：注明图纸编号，门窗的类型，预埋件和锚固件的位置，木门窗预埋木砖的防腐处理、与墙体间缝隙的嵌填材料、保温材料等，金属门窗的预埋件位置、埋设方式、密封处理等，塑料门窗内衬型钢的壁厚尺寸，门窗框、副框和扇的安装固定片或膨胀螺栓的数量，特种门窗的防腐处理，与框的连接方式等

续表

工程名称	内容要求及注意事项
吊顶工程	检查内容：吊顶龙骨及吊件材质、规格、间距、连接固定方式、表面防火、防腐处理，吊顶材料外观质量情况、接缝和角缝情况
	填写要求：注明图纸编号，洽商记录编号，吊顶类型，骨架类型，吊顶材料的种类，材料的规格，吊杆、龙骨的材质、规格、安装间距及连接方式，金属吊杆、龙骨表面的防腐处理，木龙骨的防腐、防火处理，吊顶内各种管道设备的检查及水管试压等
轻质隔墙工程	检查内容：预埋件、连接件、拉结筋的位置、数量、连接方法，与周边墙体及顶棚的连接、龙骨连接、间距、防火、防腐处理、填充材料设置等
	填写要求：注明图纸的编号，轻质隔墙的类型，板材的种类，规格、型号、预埋件（后置埋件）、连接件位置、连接方式等
饰面板（砖）工程	检查内容：预埋件（后置埋件）、连接件规格、数量、位置、连接方式、防腐处理、防火处理等，有防水构造部位应检查防水层、找平层的构造做法
	填写要求：注明图纸的编号，饰面工程材料的种类，板材的规格、龙骨的间距等
幕墙工程	检查内容：构件之间（预埋件、后置埋件）以及构件与主体结构的连接节点的安装（焊接、栓接、铆接、粘结）及防腐处理，幕墙四周、幕墙表面与主体结构之间间隙节点的安装，幕墙伸缩缝、沉降缝、防震缝及墙面转角节点的安装，幕墙防雷接地节点的安装等
	填写要求：注明图纸的编号，幕墙类型，主要材料的规格型号，预埋件的具体位置，主体结构与立柱、立柱与横梁连接点安装及防腐处理，防雷接点的位置，防火、防水、保温情况等
细部工程	检查内容：预埋件或后置埋件和连接件的数量、规格、位置连接方式、防腐处理等
	填写要求：注明图纸的编号、主要材料的规格型号、预埋件的具体位置
建筑屋面工程	检查内容：基层、找平层、保温层、防水层、隔离层情况，材料的品种、规格、厚度、铺贴方式、搭接宽度、接缝处理、粘结情况，附加层、天沟、檐沟、泛水和变形缝细部做法，分隔缝设置、密封嵌填部位及处理等
	填写要求：注明图纸的编号，屋面基层情况，找平层坡度，保温层材料的厚度、规格尺寸，防水材料复试编号、品种、规格型号，防水卷材搭接长度、上下层错开搭接尺寸，附加层、细部及密封部位处理等
给水排水及供暖工程	（1）不露明的管道和设备直埋于地下或结构中，暗敷于沟槽、管井、不进入吊顶内的给水、排水、供暖、消防管道和相关设备以及有防水要求的套管：检查管材、管件、阀门、设备的材料材质与型号、安装位置、标高、防水套管的定位及尺寸、管道连接做法及质量，附件使用、支架固定，以及是否已按照设计要求及施工规范规定完成强度严密性、冲洗等试验。 （2）有绝热防腐要求的给水、排水、供暖、消防、喷淋管道和相关设备：检查绝热方式、绝热材料的材质与规格、绝热管道与支吊架之间的防结露措施、防腐处理材料及做法等。 （3）埋地的供暖、热水管道：在保温层、保护层完成后，所在部位进行回填之前，应检查安装位置、标高、坡度，支架做法、保温层、保护层设置等。 （4）埋地管道穿卫生间门口或墙体：应设置套管，在垫层施工之前也应对该套管进行隐检

续表

工程名称	内容要求及注意事项
建筑电气工程	（1）埋于结构内的各种电线导管：验收导管的品种、规格、位置、弯扁度、弯曲半径、连接、跨接地线、防腐、管盒固定、管口处理、敷设情况、保护层、需焊接部位的焊接质量等。 （2）利用结构钢筋做的避雷引下线：验收轴线位置、钢筋数量、规格、搭接长度、焊接质量，与接地极、避雷网、均压环等连接点的焊接情况。 （3）等电位及均压环暗埋：验收使用材料的品种、规格、安装位置、连接方法、连接质量、保护层厚度等。 （4）接地极装置埋设：验收接地极的位置、间距、数量、材质、埋深、接地极的连接方法、连接质量、防腐情况。 （5）金属门窗、幕墙、与避雷引下线的连接：验收连接材料的品种、规格、连接位置的数量、连接方法和质量。 （6）不进人吊顶内的电线导管：验收导管的品种、规格、位置、弯扁度、弯曲半径、连接、跨接地线、防腐、需焊接部位的焊接质量、管盒固定、管口处理、固定方法、固定间距等。 （7）不进人吊顶内的线槽：验收使用材料的品种、规格、位置、连接、接地防腐、固定方法、固定间距及其他管线位置的关系。 （8）直埋电缆：验收电缆的品种、规格、埋设方法、埋深、弯曲半径、标桩埋设情况等。 （9）不进人的电缆沟敷设电缆：验收电缆的品种、规格、弯曲半径、固定方法、固定间距、标识情况等。
通风与空调工程	（1）敷设于竖井内、不进人吊顶内的风道（包括各类附件、部件、设备等）：检查风道的标高、材质，接头、接口严密性，附件、部件安装位置，支、吊、托架安装、固定，活动部件是否灵活可靠、方向是否正确，风道分支、变径处理是否合理，是否符合要求，是否已按照设计要求及施工规范规定完成风管的漏光、漏风检测，以及空调水管道的强度严密性、冲洗等试验。 （2）有绝热、防腐要求的风管、空调水管及设备：检查绝热形式与做法、绝热材料的材质和规格、防腐处理材料及做法。绝热管道与支吊架之间应垫绝热衬垫或经防腐处理的木衬垫，其厚度应与绝热层厚度相同，表面平整，衬垫接合面的空隙应填实
电梯工程	检查电梯承重梁、起重吊环埋设，电梯钢丝绳头灌注，电梯井道内导轨、层门的支架、螺栓埋设等
智能建筑工程	（1）埋在结构内的各种电线导管：验收导管的品种、规格、位置、弯扁度、弯曲半径、连接、跨接地线、防腐、需焊接部位的焊接质量、管盒固定、管口处理、敷设情况、保护层等。 （2）不能进人吊顶内的电线导管：验收导管的品种、规格、位置、弯扁度、弯曲半径、连接、跨接地线、防腐、需焊接部位的焊接质量、管盒固定、管口处理、固定方法、固定间距等。 （3）不能进人吊顶内的线槽：验收其品种、规格、位置、连接、接地、防腐、固定方法、固定间距等。 （4）直埋电缆：验收电缆的品种、规格、埋设方法、埋深、弯曲半径、标桩埋设情况等。 （5）不进人的电缆沟敷设电缆：验收电缆的品种、规格、弯曲半径、固定方法、固定间距、标识情况等

（2）施工检查记录（C5.2）

根据《建筑工程施工质量验收统一标准》GB 50300—2013 的有关规定，各施工工序应按施工技术标准进行质量控制，每道施工工序完成后，经施工单位自检符合规定后，才能进行下道工序施工。通常施工单位对于施工过程中影响质量、观感、安装、人身安全的工序应在施工过程中做好过程控制并填写施工检查记录。

施工检查程序：须办理施工检查的手续，完成后由项目专业工长组织质量员、班组长检查，合格后由专业工长填写施工检查记录，有关责任人签认齐全后生效。

由施工单位填写的施工检查记录应一式一份，并由施工单位自行保存。施工检查记录宜采用表 5-51 的格式。

施工检查记录（C5.2 通用） **表 5-51**

<table>
<tr><td rowspan="2" colspan="2">工程名称</td><td rowspan="2">××市×中学教学楼</td><td>编号</td><td>02-01-C5.2-×××</td></tr>
<tr><td>检查日期</td><td>××年×月×日</td></tr>
<tr><td colspan="2">检查部位</td><td>地下一层①-⑧/Ⓐ-Ⓕ轴顶板、梁、楼梯</td><td>检查项目</td><td>模板工程</td></tr>
<tr><td colspan="5">检查依据：
1. 施工图纸：结施-10、结施-11、结施-21。
2.《混凝土结构工程施工质量验收规范》GB 50204—2015。</td></tr>
<tr><td colspan="5">检查内容：
1. 地下一层①-⑧/Ⓐ-Ⓕ轴顶板、梁、楼梯模板。
2. 模板支撑的强度、刚度、稳定性符合规范要求。
3. 标高、各部尺寸符合设计图纸要求。
4. 拼缝严密，隔离剂涂刷均匀，模内清理干净。</td></tr>
<tr><td colspan="5">检查结论：
经检查地下一层①-⑧/Ⓐ-Ⓕ轴顶板、梁、楼梯模板安装工程已全部完成，符合设计及《混凝土结构工程施工质量验收规范》GB 50204—2015 的规定。</td></tr>
<tr><td colspan="5">复查结论：
符合规范规定及设计要求。

复查人： 复查日期：</td></tr>
<tr><td rowspan="2">签字栏</td><td>施工单位</td><td>×××建筑安装有限公司</td><td>专业质检员</td><td>专业工长</td></tr>
<tr><td>专业技术负责人</td><td>×××</td><td>×××</td><td>×××</td></tr>
</table>

（3）交接检查记录（C5.3）

根据《建筑工程质量验收统一标准》GB 50300—2013 的有关规定，各专业工种之间的相关工序应进行交接检验并做记录。交接检查记录适用于不同施工单位（专业工种）之间的移交检查，当前一专业工程施工质量对后续专业工程施工质量产生直接影响时，应进行交接检查。如，支护与桩基工程完工移交给结构工程，结构工程完工交给幕墙工程，初装修完工移交给精装修工程，设备基础完工移交给机电设备安装等。

交接内容：

1）桩（地）基工程与混凝土结构工程之间的交接，主要检查：桩（地）基工程是否完成，桩（地）基检验检测，桩位偏移和桩顶标高、桩头处理、缺陷桩的处理，竣工图与现场的对应关系，场地是否平整夯实，是否完全具备进行下道工序混凝土结构工程施工的条件等。

2）混凝土结构工程与钢结构工程之间的交接，主要检查：结构的标高、轴线偏差，结构构件的实际偏差及外观质量情况，钢结构预埋件规格、数量、混凝土的实际强度是否满足对钢结构施工时相关混凝土的强度要求，是否具备进行钢结构工程施工的条件等。

3）初装修工程与精装修工程之间的交接，主要检查：结构标高、轴线偏差，结构构件尺寸偏差，填充墙体、抹灰工程质量，相邻楼地面标高，门窗洞口尺寸及偏差，水、暖、电等预埋或管线是否到位等。

交接检查记录由移交单位形成，其中表头和“交接内容”由移交单位填写，“检查结果”由接收单位填写，“复查意见”由见证单位填写。

相关规定与要求：分项（分部）工程完成，在不同专业施工单位之间应进行工程交接，应进行专业交接检查，填写交接检查记录。移交单位、接收单位和见证单位共同对移交工程进行验收，并对质量情况、遗留问题、工序要求、注意事项、成品保护、注意事项等进行记录，填写专业交接检查记录。

交接双方共同填写的交接检查记录应一式三份，并应由移交单位、接收单位和见证单位各保存一份。交接检查记录宜采用表 5-52 的格式。

交接检查记录（C5.3 通用） **表 5-52**

<table>
<tr><td rowspan="2">工程名称</td><td rowspan="2" colspan="2">××市×中学教学楼</td><td>编号</td><td>03-04-C5.3-×××</td></tr>
<tr><td>图纸编号</td><td>××年×月×日</td></tr>
<tr><td>移交单位</td><td colspan="2">×××建筑安装有限公司</td><td>见证单位</td><td>×××监理有限责任公司</td></tr>
<tr><td>交接部位</td><td colspan="2">建筑装饰工程</td><td>接收单位</td><td>×××建筑装饰有限公司</td></tr>
<tr><td colspan="5">交接内容：
1. 结构标高，轴线偏差。
2. 结构构件尺寸偏差。
3. 门窗洞口尺寸偏差。
4. 水、暖、电等预埋或管线是否到位。</td></tr>
<tr><td colspan="5">检查结论：
经检查结构标高、轴线偏差，结构构件尺寸偏差，门窗洞口尺寸偏差，水、暖、电等预埋或管线均符合规范要求，具备装饰工程施工条件。</td></tr>
<tr><td colspan="5">复查结论（由接收单位填写）：

复查人：　　　　　　　　　　复查日期：</td></tr>
<tr><td colspan="5">见证单位意见：
交接检查细致全面，各项检查均符合设计要求及规范规定，同意交接。</td></tr>
<tr><td rowspan="2">签字栏</td><td>移交单位</td><td>接收单位</td><td colspan="2">见证单位</td></tr>
<tr><td>×××</td><td>×××</td><td colspan="2">×××</td></tr>
</table>

（4）工程定位测量记录（C5.4）

工程定位测量记录应在工程开工前完成，记录应依据规划部门提供的红线桩，放线成果及总平面图（场地控制网）测定建筑物位置、主控轴线及尺寸、建筑物的±0.000 高程，填写工程定位测量记录，报监理单位审核签字后，由建设单位报规划部门验收。填写工程定位测量记录注意如下要求：

1）测绘部门根据建设工程规划许可证（附件）批准的建筑工程位置及标高依据，提供的放线成果、红线桩及场地（或建筑物）控制网等资料。

2）施工测量方案（用于大型、复杂的工程）企业自存。

3）建设单位报请具有相应资质的测绘部门对工程定位的验线资料（注：向建设单位索取，企业自存）。

4）工程定位测量完成后，应由建设单位报请政府具有相关资质的测绘部门申请验线，填写建设工程验线申请表报请政府测绘部门验线。工程定位测量记录：含建筑物的位置、主控轴线及尺寸、建筑物±0.00 绝对高程并填报________报验（审）申请表报监理单位审核。

施工单位填写的工程定位测量记录应一式四份，并应由建设单位、监理单位、施工单位、城建档案馆各保存一份。工程定位测量记录宜采用表 5-53 的格式。

工程定位测量记录（C5.4）　　　　**表 5-53**

工程名称	××市×中学教学楼	编号	01-05-C5.4-×××
		图纸编号	总施-1
委托单位	×××建筑安装有限公司	施测日期	××年×月×日
复测日期	××年×月×日	平面坐标依据	DZS3-1
高程依据	甲方指定	使用仪器	DS3　DJ6
允许误差	$m_\beta=6''k\leqslant1/10000f_h\leqslant\pm12\sqrt{L}$mm	仪器校验日期	××年×月×日

定位抄测示意图：

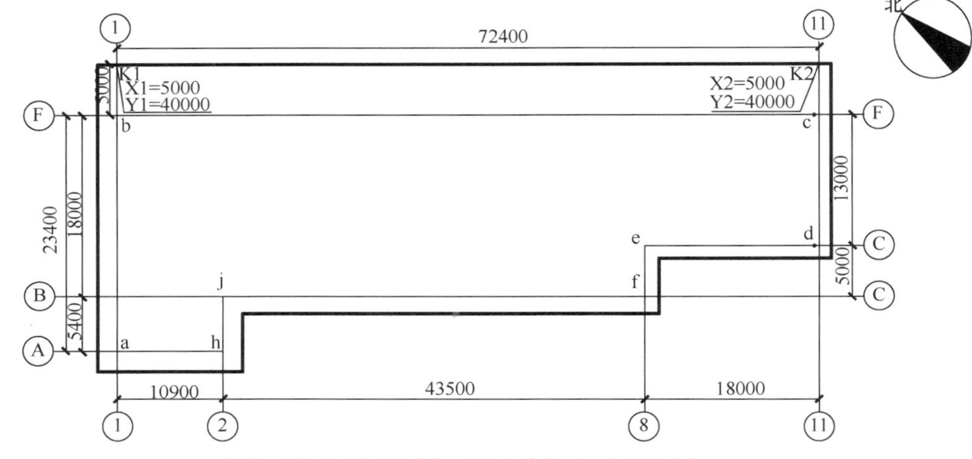

说明：1. 依据规划部门（或建设单位）提供的控制点K1和K2的坐标及K1K2与F轴间的平行距离关系可计算出教学楼各拐点的坐标：

a.X=78.4，Y=400.00；b.X=55.00，Y=400.00；c.X=55.0，Y=472.33；d.X=68.00，Y=472.33；e.X=68.00,Y=454.40；f.X=73.40，Y=454.00；j.X=73.40，Y=410.90；h.X=78.40，Y=410.90。

2. 以K1以点为测站将全站仪置于上对中整平，后视K2点，将K1、K2坐标点输入全站仪，应用坐标放样将a、b、c、d、e、f、j、h教学分别放样到地面，并用钢尺检查各两点间距离符合图纸尺寸。定位放线完成。

复查结果：

1. 平面控制网测角中误差 $m_\beta=6''$、边长相对误差 $k\leqslant1/25200$ 符合《工程测量标准》GB 50026—2020 中二级建筑物平面控制网精度及设计要求。

2. 高程控制网闭合差 $f_h=3$mm，符合《工程测量标准》GB 50026—2020 中三等水准测量精度及设计要求。

签字栏	施工单位	×××建筑安装有限公司	测量人员岗位证书号	×××	专业技术负责人	×××
	施工测量负责人	×××	复测人	×××	施测人	×××
	监理或建设单位	×××监理有限责任公司			专业工程师	×××

（5）基槽验线记录（C5.5）

基槽验线是指对建筑工程项目的基槽轴线、放坡边线等几何尺寸进行复试的工作。依据主控轴线和基础平面图，主要检验建筑物基底外轮廓线、集水坑、电梯井坑、基槽断面尺寸、坡度等是否符合设计要求。按照《工程测量标准》GB 50026—2020 的要求，基槽验线记录填写时应注意：

1）基槽平面、基槽剖面简图中，基地外轮廓线范围至混凝土垫层的外延及所含的集水坑、设备坑、电梯井等示意的位置、标高和基坑下口线的施工工作面尺寸。基槽剖面是指有变化的外廓轴线到基坑边支护的立面结构尺寸，要填写的外廓轴线到基础外边的尺寸与设计图尺寸须一致；此项为准确尺寸外，其余均为技术措施尺寸。简图反映外廓轴线垫层外边沿尺寸，外廓轴线到基础外边准确尺寸，垫层顶标高、底标高，集水坑、设备坑、电梯井垫层等标高，基础外墙、垫层外边沿尺寸、基坑施工面尺寸等。

2）施工单位实施基槽开挖后填写含轴线、放坡边线、断面尺寸、标高、坡度等内容，报监理单位审验。收集附件“普通测量成果”及基础平面图等。

3）施工测量单位应根据主控轴线和基槽底平面图，检验建筑物基底外轮廓线、集水坑、电梯井坑、垫层底标高（高程）、基槽断面尺寸和坡度等，填写基槽验线记录并报监理单位审核。

4）重点工程或大型工业厂房应有测量原始记录。

施工单位填写本表一式四份，由建设单位、施工单位、监理单位、城建档案馆各保存一份。基槽验线记录参考采用 5-54 的格式。

（6）建筑物垂直度、标高观测记录（C5.8）

施工单位在结构工程施工和工程竣工时对建筑物垂直度和全高进行实测，将结果填写到建筑物垂直度、标高观测记录。施工单位填写的建筑物垂直度、标高观测记录应一式四份，并应由建设单位、监理单位、施工单位、城建档案馆各保存一份。建筑物垂直度、标高观测记录宜采用表 5-55 的格式。

（7）地基验槽记录（C5.12）

按照《建筑地基基础工程施工质量验收标准》GB 50202—2018 的有关规定，基坑（槽）、管沟开挖至设计标高后，应对坑底进行保护，经验槽合格后，方可进行垫层施工。验槽要求如下：

1）收集相关设计图纸、设计变更洽商及地质勘察报告等。

2）由总包单位填报，经各相关单位转签后存档。

3）所有建（构）筑物均应进行施工验槽，基槽开挖后检验要点：核对基坑的位置、平面尺寸、坑底标高；核对基坑土质和地下水的情况；空穴、古墓、古井、防空掩体及地下埋设物的位置、深度、形状。基槽检验应填写验槽记录或检验报告。

4）地基验槽检查记录应由建设、勘察、设计、监理、施工单位共同验收签认。

5）地基需处理时，应由勘察、设计部门提出处理意见。

施工单位填写的地基验槽记录要点：验槽内容应注明地质勘查报告编号、基槽标高、断面尺寸，必要时可附断面简图；注明土质情况，附上钎探记录和钎探点平面布置图，在钎探图上用红蓝铅笔标注软土、硬土情况；若采用桩基还应说明桩的类型、数量等，附上桩基施工记录、桩基检测报告等。检查结论应由勘察单位、设计单位出具，对验槽内容是否符合勘察、设计文件要求做出评价，是否同意通过验收。对需要地基处理的基槽，应注明质量问题，并提出具体地基处理意见。对进行地基处理的基槽，还需再办理一次地基验槽记录。在“验槽内容”栏，应将地基处理的洽商编号写上，处理方法应描述清楚。施工单位填写的地基验槽记录应一式六份，并由建设单位、监理单位、勘察单位、设计单位、施工单位、城建档案馆各保存一份。地基验槽记录宜采用表 5-56 的格式。

基槽验线记录（C5.5）　　**表 5-54**

<table>
<tr><td colspan="2" rowspan="2">工程名称</td><td colspan="2" rowspan="2">××市×中学教学楼</td><td>编号</td><td>01-01-C5.5-×××</td></tr>
<tr><td>日期</td><td>××年×月×日</td></tr>
<tr><td colspan="6">验线依据及内容：
1. 依据：甲方提供定位控制桩、水准点，测绘单位提供的测量成果、基础平面图。
2. 内容：基地外轮廓线及外轮廓断面。
3.《工程测量标准》GB 50026—2020 及测量方案。</td></tr>
<tr><td colspan="6">基槽平面及剖面简图：
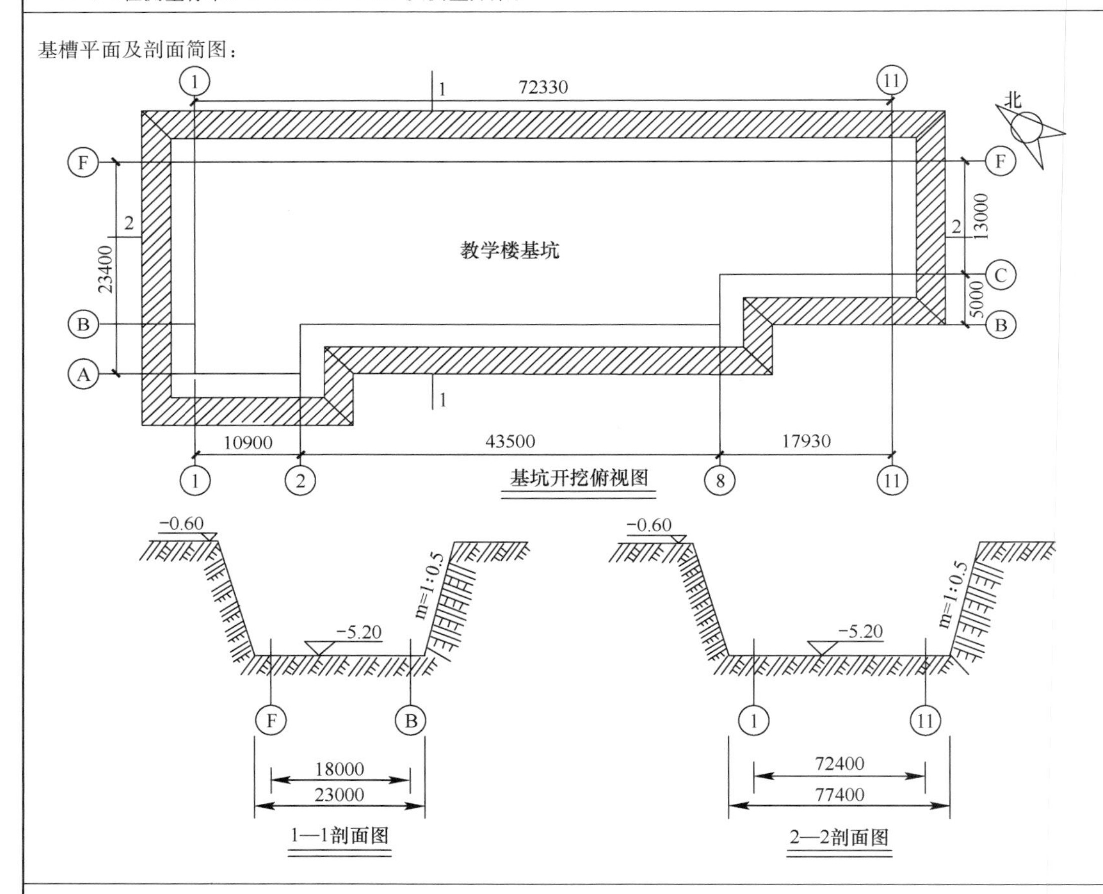
</td></tr>
<tr><td colspan="6">检查意见：
基地外轮廓及断面准确；垫层标高－5.400m，误差均在±5mm 以内。
经检查，基坑开挖质量符合《建筑地基基础工程施工质量验收标准》GB 50202—2018 及设计要求。</td></tr>
<tr><td rowspan="3">签字栏</td><td rowspan="2">施工单位</td><td rowspan="2">×××建筑安装有限公司</td><td>专业技术负责人</td><td>专业质检员</td><td>专业工长</td></tr>
<tr><td>×××</td><td>×××</td><td>×××</td></tr>
<tr><td>监理或建设单位</td><td colspan="2">×××监理有限责任公司</td><td>专业工程师</td><td>×××</td></tr>
</table>

建筑物垂直度、标高观测记录（C5.8） **表 5-55**

工程名称	××市×中学教学楼	编号	00-00-C5.8-×××
施工阶段	工程竣工	观测日期	××年×月×日
观测说明（附观测示意图）： 1. 用 2″精度激光垂准仪配合量距测得全高、垂直度。 2. 用计量 50m 钢尺外加比长、温度、垂曲三项改正数的计算，量得总高偏差。 位置见附图			
垂直度测量（全高）		标高测量（全高）	
观测部位	实测偏差（mm）	观测部位	实测偏差（mm）
①/Ⓐ轴	偏东 2	①/Ⓐ轴	+2
①/Ⓐ轴	偏南 5		
①/Ⓕ轴	偏北 3	①/Ⓕ轴	+3
①/Ⓕ轴	偏东 6		
⑪/Ⓐ轴	偏北 3	⑪/Ⓐ轴	+3
⑪/Ⓐ轴	偏西 4		
⑪/Ⓕ轴	偏北 4	⑪/Ⓕ轴	+2
⑪/Ⓕ轴	偏西 2		
结论： 经实测，本工程建筑垂直度（全高），偏差最大 6mm，标高（全高）偏差最大 3mm，符合《工程测量标准》GB 50026—2020 的规定及设计要求。			

签字栏	施工单位	×××建筑安装有限公司	专业技术负责人	专业质检员	施测人
			×××	×××	×××
	监理或建设单位	×××监理有限责任公司		专业监理工程师	×××

地基验槽记录（C5.12） **表 5-56**

工程名称	××市×中学教学楼	编号	01-01-C5.12-×××
验槽部位	①-⑪/Ⓐ-Ⓕ轴	验槽日期	××年×月×日
依据：施工图号总施-1 结构总说明、结施-1、结施-2、地质勘察报告（编号×××-××） 设计变更/洽商/技术核定编号 / 及有关规范、规程			
验槽内容： 1. 基槽开挖至勘探报告第 × 层，持力层为 × 层。 2. 土质情况：基地为砂砾土质，均匀密实。 3. 基坑位置、平面尺寸：均符合规范规定。 4. 基底绝对高程和相对标高绝对标高××.××m、相对标高××.××m。 申报人：×××			
检查结论： 1. 基底标高、基地轮廓尺寸、工程定位符合设计要求。 2. 槽底土质均匀密实，与地质勘察报告（地勘××-××）相符，清槽工作到位，无地下水，同意地基验槽。 ■无异常，可进行下道工序 □需要地基处理			

签字公章栏	施工单位	勘察单位	设计单位	监理单位	建设单位
	×××	×××	×××	×××	×××

（8）混凝土浇灌申请书（C5.14）

正式浇筑混凝土前，施工单位应检查各项准备工作（如钢筋、模板工程检查，水电预埋件检查，材料设备等准备检查），自检合格由施工现场工长填写本表报请监理单位批准后方可浇筑混凝土。本表审批意见、审批结论应由项目现场负责人或项目专业质量检查员填写并保存，并交给监理一份备案。本表填写时，申请浇灌的部位和方量应准确，注明层、轴线和构件名称（梁、板、柱、墙）。本表由施工单位填写并保存，并交给监理一份备案。混凝土浇灌申请书参考采用表5-57的格式。

混凝土浇灌申请书（C5.14）　　**表5-57**

<table>
<tr><td rowspan="2">工程名称</td><td rowspan="2">××市×中学教学楼</td><td>编号</td><td>02-01-C5.14-×××</td></tr>
<tr><td>申请浇灌日期</td><td>××年×月×日</td></tr>
<tr><td>申请浇灌部位</td><td>一层顶板楼梯</td><td>申请方量（m³）</td><td>35</td></tr>
<tr><td>技术要求</td><td>坍落度180±20mm，初凝时间2h</td><td>强度等级</td><td>C35</td></tr>
<tr><td>搅拌方式
（搅拌站名称）</td><td>×××混凝土有限公司</td><td>申请人</td><td>×××</td></tr>
<tr><td colspan="4">依据：施工图纸（施工图纸号结施03、04）、设计变更/洽商（编号××××）和有关规范、规程</td></tr>
<tr><td colspan="2">施工准备检查</td><td>专业工长
（质量员）签字</td><td>备注</td></tr>
<tr><td colspan="2">1. 隐检情况：■已完成　□未完成隐检</td><td>×××</td><td></td></tr>
<tr><td colspan="2">2. 预检情况：■已完成　□未完成预检</td><td>×××</td><td></td></tr>
<tr><td colspan="2">3. 水电预埋情况：■已完成　□未完成并未经检查</td><td>×××</td><td></td></tr>
<tr><td colspan="2">4. 施工组织情况：■已完备　□未完备</td><td>×××</td><td></td></tr>
<tr><td colspan="2">5. 机械设备准备情况：■已准备　□未准备</td><td>×××</td><td></td></tr>
<tr><td colspan="2">6. 保温及有关准备：■已完备　□未完备</td><td>×××</td><td></td></tr>
<tr><td colspan="4">审批意见：
原材料、机械设备及施工人员已就位。
施工方案及技术交底工作已落实。
计量设备准备完毕。
各种隐检、水电预埋工作已完成。具备浇筑条件。
审批结论：■同意浇筑　□整改后自行浇筑　□不同意，整改后重新申请
审批人：×××审批日期：××年×月×日
施工单位名称：×××建筑安装有限公司</td></tr>
</table>

（9）预拌混凝土运输单（C5.15）

预拌混凝土供应单位应随车向施工单位提供预拌混凝土运输单，预拌混凝土运输单的正本由供应单位保存，副本由施工单位保存。施工单位专业质量员应及时统计、分析混凝土实测坍落度、混凝土浇筑间歇时间等，且需满足规范规定。单车总耗时（运输、浇筑及间歇的全部时间）不得超过初凝时间，当超过规定时间应按施工缝处理。对现场实测坍落度不合格、运输超时的混凝土应及时退场。施工单位应检验运输单项目是否齐全，准确、真实、无未了项，编号填写正确、签字盖章齐全。供应单位填写工程名称、使用部位、供应方量、配合比、坍落度、出站时间、到场时间等。预拌混凝土运输单参考采用表5-58的格式。

预拌混凝土运输单（C5.15） **表 5-58**

<table>
<tr><td>工程名称及施工部位</td><td colspan="3">××市×中学教学楼二层梁、板、梯</td><td colspan="2">编号</td><td colspan="2">02-01-C5.15-×××</td></tr>
<tr><td>合同编号</td><td colspan="3">××××-××</td><td colspan="2">任务单号</td><td colspan="2">××××-×××</td></tr>
<tr><td>供应单位</td><td colspan="3">××商用混凝土有限公司</td><td colspan="2">生产日期</td><td colspan="2">××年×月×日</td></tr>
<tr><td>委托单位</td><td colspan="2">×××建筑安装有限公司</td><td>混凝土强度等级</td><td colspan="2">C30</td><td>抗渗等级</td><td>/</td></tr>
<tr><td>混凝土输送方式</td><td colspan="2">泵送</td><td>其他技术要求</td><td colspan="4">/</td></tr>
<tr><td>本车供应方量（m³）</td><td colspan="2">8</td><td>要求坍落度（mm）</td><td colspan="2">180±20</td><td>实测坍落度（mm）</td><td>190</td></tr>
<tr><td>配合比编号</td><td colspan="2">××××-××××</td><td>配合比比例</td><td colspan="2">C∶W∶S∶G=</td><td colspan="2">1∶××∶××∶××</td></tr>
<tr><td>运距（km）</td><td>21</td><td>车号</td><td>××××××</td><td>车次</td><td>5</td><td>司机</td><td>×××</td></tr>
<tr><td>出站时间</td><td>×日×时×分</td><td colspan="2">到场时间</td><td>×日×时×分</td><td colspan="2">现场出罐温度（℃）</td><td>20</td></tr>
<tr><td>开始浇筑时间</td><td>×日×时×分</td><td colspan="2">完成浇筑时间</td><td>×日×时×分</td><td colspan="2">现场坍落度（mm）</td><td>190</td></tr>
<tr><td rowspan="2">签字栏</td><td colspan="3">现场验收人</td><td colspan="2">混凝土供应单位质量员</td><td colspan="2">混凝土供应单位签发人</td></tr>
<tr><td colspan="3">×××</td><td colspan="2">×××</td><td colspan="2">×××</td></tr>
<tr><td colspan="8">预拌混凝土运输单（副本）</td></tr>
<tr><td>工程名称及施工部位</td><td colspan="3">××市×中学教学楼二层梁、板、梯</td><td colspan="2">编号</td><td colspan="2">02-01-C5.15-×××</td></tr>
<tr><td>合同编号</td><td colspan="3">××××-××</td><td colspan="2">任务单号</td><td colspan="2">××××-×××</td></tr>
<tr><td>供应单位</td><td colspan="3">××商用混凝土有限公司</td><td colspan="2">生产日期</td><td colspan="2">××年×月×日</td></tr>
<tr><td>委托单位</td><td colspan="2">×××建筑安装有限公司</td><td>混凝土强度等级</td><td colspan="2">C30</td><td>抗渗等级</td><td>/</td></tr>
<tr><td>混凝土输送方式</td><td colspan="2">泵送</td><td>其他技术要求</td><td colspan="4">/</td></tr>
<tr><td>本车供应方量（m³）</td><td colspan="2">8</td><td>要求坍落度（mm）</td><td colspan="2">180±20</td><td>实测坍落度（mm）</td><td>190</td></tr>
<tr><td>配合比编号</td><td colspan="2">××××-××××</td><td>配合比比例</td><td colspan="2">C∶W∶S∶G=</td><td colspan="2">1∶××∶××∶××</td></tr>
<tr><td>运距（km）</td><td>21</td><td>车号</td><td>××××××</td><td>车次</td><td>5</td><td>司机</td><td>×××</td></tr>
<tr><td>出站时间</td><td>×日×时×分</td><td colspan="2">到场时间</td><td>×日×时×分</td><td colspan="2">现场出罐温度（℃）</td><td>20</td></tr>
<tr><td>开始浇筑时间</td><td>×日×时×分</td><td colspan="2">完成浇筑时间</td><td>×日×时×分</td><td colspan="2">现场坍落度（mm）</td><td>190</td></tr>
<tr><td rowspan="2">签字栏</td><td colspan="3">现场验收人</td><td colspan="2">混凝土供应单位质量员</td><td colspan="2">混凝土供应单位签发人</td></tr>
<tr><td colspan="3">×××</td><td colspan="2">×××</td><td colspan="2">×××</td></tr>
</table>

（10）地下工程防水效果检查记录（C5.23）

现行国家标准《地下防水工程质量验收规范》GB 50208—2011 规定，地下工程验收时，应对地下工程有无渗漏现象进行检查，检查内容应包括裂缝、渗漏部位、大小、渗漏情况和处理意见等。渗漏水重点调查范围：房屋建筑地下室围护结构内墙和底板；全埋设地下的结构（地下商场、地铁车站）应调查围护结构内墙和底板、背水的顶板（拱顶）；钢筋混凝土衬砌的隧道及钢筋混凝土管片衬砌的隧道渗漏水（重点是上半环）。填写注意事项和要求如下：

1）收集结构背水内表面结构工程展开图、相关图片、相片及说明文件等。

2）由施工单位填写，报送建设单位和监理单位，各相关单位保存。

3）相关要求：地下工程验收时，发现渗漏水现象应制作、标示好背水内表面结构工程展开图。

4）注意事项："检查方法及内容"栏内按《地下防水工程质量验收规范》GB 50208—2011 相关内容及技术方案填写。

填写地下工程防水效果检查记录应由施工单位填写一式三份，并应由建设单位、监理单位、施工单位各保存一份。地下工程防水效果检查记录宜采用表 5-59 的格式。

地下工程防水效果检查记录（C5.23）　　　　**表 5-59**

<table>
<tr><td colspan="2">工程名称</td><td>××市×中学教学楼</td><td>编号</td><td colspan="2">01-07-C5.23-0××</td></tr>
<tr><td colspan="2">检查部位</td><td>地下一层</td><td>检查日期</td><td colspan="2">××年×月×日</td></tr>
<tr><td colspan="6">检查方法及内容：
检察人员用手触摸混凝土墙面及用吸墨纸（或报纸）贴附背水墙面检查地下二层外墙，有无裂缝和渗水现象。</td></tr>
<tr><td colspan="6">检查结论：
地下室混凝土墙面不渗水，结构表面无湿渍现象，观感质量合格，符合设计要求和《地下防水工程质量验收规范》GB 50208—2011 规定。</td></tr>
<tr><td colspan="6">复查结论：
符合有关规范规定及设计要求。

复查人：　　　　　　　　　　　　复查日期：</td></tr>
<tr><td rowspan="3">签字栏</td><td rowspan="2">施工单位</td><td rowspan="2">×××建筑安装有限公司</td><td>专业技术负责人</td><td>专业质检员</td><td>施测人</td></tr>
<tr><td>×××</td><td>×××</td><td>×××</td></tr>
<tr><td>监理或建设单位</td><td colspan="2">×××监理有限责任公司</td><td>专业工程师</td><td>×××</td></tr>
</table>

(11) 防水工程试水检查记录（C5.24）

根据《建筑地面工程施工质量验收规范》GB 50209—2010 的有关规定，地面工程中应检查的安全和功能项目：有防水要求的建筑地面子分部的分项工程施工质量的蓄水检验记录，并抽查复验。蓄水检查内容包括蓄水方式、蓄水时间不少于 24h、蓄水深度最浅水位不应低于 20mm、水落口及边缘的封堵情况和有无渗漏现象等。

根据《屋面工程质量验收规范》GB 50207—2012 的有关规定，屋面防水工程完工后，应进行观感质量检查和雨后观察或淋水、蓄水试验，不得有渗漏和积水现象。接缝处和保护层进行雨期观察或淋水、蓄水检查。雨后或持续淋水试验时间不得少于 2h；蓄水时间不得少于 24h。外墙、屋面应进行持续 2h 淋水试验。

防水工程试水检查记录应由施工单位填写，防水工程试水检查记录应一式三份，并由建设单位、监理单位、施工单位各保存一份。防水工程试水检查记录宜采用表 5-60 的格式。

防水工程试水检查记录（C5.24） **表 5-60**

<table>
<tr><td colspan="2">工程名称</td><td colspan="2">××市×中学教学楼</td><td>编号</td><td colspan="2">03-01-C5.24-×××</td></tr>
<tr><td colspan="2">检查部位</td><td colspan="2">四层卫生间</td><td>检查日期</td><td colspan="2">××年×月×日</td></tr>
<tr><td colspan="2" rowspan="2">检查方式</td><td colspan="2">■第一次蓄水
□第二次蓄水</td><td>蓄水时间</td><td colspan="2">从××年×月×日×时
至××年×月×日×时</td></tr>
<tr><td colspan="5">□淋水　　□雨期观察</td></tr>
<tr><td colspan="7">检查方法及内容：
四层卫生间蓄水试验：在门口用水泥砂浆做挡水墙 50mm，地漏用球塞（或棉丝）的地漏堵严密且不影响试水，然后进行放水，蓄水最浅处 20mm，蓄水时间为 24h。</td></tr>
<tr><td colspan="7">检查结论：
经检查，四层卫生间第一次蓄水 24h 后，蓄水最浅处仍为 20mm，无渗漏现象，检查合格。</td></tr>
<tr><td colspan="7">复查结论：
经复查四层卫生间蓄水试验符合有关规范规定及设计要求。

复查人：×××　　复查日期：××年×月×日</td></tr>
<tr><td rowspan="3">签字栏</td><td rowspan="2">施工单位</td><td rowspan="2">×××建筑安装有限公司</td><td>专业技术负责人</td><td>专业质检员</td><td colspan="2">施测人</td></tr>
<tr><td>×××</td><td>×××</td><td colspan="2">×××</td></tr>
<tr><td>监理或建设单位</td><td colspan="2">×××监理有限责任公司</td><td>专业工程师</td><td>×××</td></tr>
</table>

（12）通风道、烟道、垃圾道检查记录（C5.25）

通风道、烟道、垃圾道检查记录填写时应注意：建筑通风道（烟道）应全数做通（抽）风，串风试验，并做检查记录。垃圾道应全数检查畅通情况，并做检查记录。主烟（风）道可先检查，检查部位按轴线记录；副烟（风）道可按门户编号记录。由施工单位填写的通风道、烟道、垃圾道检查记录应一式三份，并应由建设单位、监理单位、施工单位各保存一份。通风道、烟道、垃圾道检查记录宜采用表 5-61 的格式。

通风道、烟道、垃圾道检查记录（C5.25） **表 5-61**

<table>
<tr><td colspan="2" rowspan="2">工程名称</td><td colspan="4" rowspan="2">××市×中学教学楼</td><td>编号</td><td colspan="2">06-02-C5.25-×××</td></tr>
<tr><td>检查日期</td><td colspan="2">××年×月×日</td></tr>
<tr><td colspan="7">检查部位和检查结果</td><td rowspan="2">检查人</td><td rowspan="2">复检人</td></tr>
<tr><td colspan="2">检查部位</td><td colspan="2">主烟（风）道</td><td colspan="2">副烟（风）道</td><td>垃圾道</td></tr>
<tr><td colspan="2">1 层②～⑥轴处</td><td>√</td><td></td><td></td><td></td><td></td><td>×××</td><td></td></tr>
<tr><td colspan="2">2 层②～⑥轴处</td><td>√</td><td></td><td></td><td></td><td></td><td>×××</td><td></td></tr>
<tr><td colspan="2">3 层②～⑥轴处</td><td>√</td><td></td><td></td><td></td><td></td><td>×××</td><td></td></tr>
<tr><td colspan="2"></td><td></td><td></td><td></td><td></td><td></td><td></td><td></td></tr>
<tr><td rowspan="3">签字栏</td><td colspan="3">施工单位</td><td colspan="5">×××建筑安装有限公司</td></tr>
<tr><td colspan="3">专业技术负责人</td><td colspan="3">专业质检员</td><td colspan="2">专业工长</td></tr>
<tr><td colspan="3">×××</td><td colspan="3">×××</td><td colspan="2">×××</td></tr>
</table>

其他常用施工记录填写要求见表 5-62 所列。

其他常用施工记录　　表 5-62

序号	工程资料类别 C5 类		提供单位
	工程资料名称	主要内容及注意事项	
1	地基处理记录	1. 附件收集：相关设计图纸、设计变更洽商及地质勘察报告等。 2. 资料流程：由总包单位填报，经各相关单位转签后存档。 3. 相关规定与要求：地基需处理时，应由勘察、设计部门提出处理意见，施工单位应依据勘察、设计单位提出的处理意见进行地基处理，并完工后填写地基处理记录。内容包括地基处理方式、处理部位、深度及处理结果等。地基处理完成后，应报请勘察、设计、监理部门复检验收。 4. 注意事项：当地基处理范围较大、内容较多、用文字描述较困难时，应附简图示意。如勘察、设计单位委托监理单位进行复查时，应有书面的委托记录。本表由施工单位填写，建设单位、施工单位、城建档案馆各保存一份	施工单位
2	楼层平面放线记录（C5.6）	1. 由施工单位填写，随相应部位的测量放线报验表进入资料流程，可附平面图。 2. 相关规定与要求：楼层平面放线内容包括轴线竖向投测控制线、各层墙柱轴线、墙柱边线、门窗洞口位置线，垂直度偏差等，应施工单位应在完成楼层平面放线后，填写楼层平面放线放线记录并报监理单位审核。 本表由施工单位填写，监理单位、施工单位、城建档案馆各保存一份	施工单位
3	楼层标高抄测记录（C5.7）	1. 相关规定与要求：楼层标高抄测内容包括地下室+0.5m（或 1m）水平控制线、皮数杆标高定位等，施工单位应在完成楼层标高抄测后，填写楼层标高抄测楼层放线记录报监理单位审核。 2. 注意事项：砖砌基础、砖墙必须设置皮数杆，以此控制标高，用水准仪校核（允许误差±3mm）。 3. 本表由施工单位填写，监理单位、施工单位、城建档案馆各保存一份	施工单位
4	沉降观测记录（C5.9）	由建设单位委托有资质的测量单位进行。 注：下列情况应做沉降观测，并应按《工程测量标准》GB 50026—2020 之表 10.1.3的规定执行： （1）设计要求时； （2）重要的建筑物； （3）20 层以上的建筑物； （4）14 层以上但造型复杂的建筑物； （5）对地基变形有特殊要求的建筑； （6）单桩承受荷载在 400kN 以上的建筑物； （7）使用灌注桩基础而设计与施工人员经验不足的建筑物； （8）因施工、使用或科研要求进行沉降观测的建筑物。 由施工单位填写，建设单位、监理单位、施工单位、城建档案馆各保存一份	建设单位委托测量单位提供
5	基坑支护水平位移监测记录（C5.10）	应在基坑开挖和支护结构使用期间记录，应按《工程测量标准》GB 50026—2020 第 10.2 条的规定执行，由施工单位填写，监理单位、施工单位各保存一份	施工单位
6	桩基、支护测量放线记录（C5.11）	施工单位填写的工程定位测量记录应一式两份，并应由监理单位、施工单位各保存一份	施工单位
7	地基钎探记录（C5.13）	1. 收集地基钎探记录原始记录（或复印件）。 2. 相关规定与要求：钎探记录用于检验浅土层（如基槽）的均匀性，确定基槽的容许承载力及检验填土质量。钎探前应绘制钎探点平面布置图，确定钎探点布置及顺序编号。按照钎探图及有关规定进行钎探并记录。 3. 注意事项：地基钎探记录必须真实有效，严禁弄虚作假。 4. 本表由施工单位填写，建设单位、监理单位、施工单位、城建档案馆各保存一份	施工单位

续表

序号	工程资料类别 C5 类		提供单位
	工程资料名称	主要内容及注意事项	
8	混凝土开盘鉴定（C5.16）	1. 相关规定与要求：采用预拌混凝土的，应对首次使用的混凝土配合比在混凝土出厂前，由混凝土供应单位自行组织相关人员进行开盘鉴定。采用现场搅拌混凝土的，应由施工单位组织监理单位、搅拌机组、混凝土试配单位进行开盘鉴定工作，共同认定试验室签发的混凝土配合比确定的组成材料是否与现场施工所用材料相符，以及混凝土拌合物性能是否满足设计要求和施工需要。 2. 注意事项：鉴定的内容包括浇灌部位及时间、强度等级和配合比、坍落度和保水性。表中各项都应根据实际情况填写清楚、齐全，要有明确的鉴定结果和结论，签字齐全。 3. 由施工单位填写与监理单位各保存一份	施工单位
9	混凝土拆模申请单（C5.17）	1. 收集混凝土试块抗压强度试验报告。 2. 相关规定与要求：在拆除现浇混凝土结构板、梁、悬臂构件等底模和柱墙侧模前，应填写混凝土拆模申请单并附同条件混凝土强度等级报告（或龄期强度推断计算书），报项目专业负责人审批后报监理单位审核，通过后方可拆模。 3. 其他： （1）拆模时混凝土强度规定：当设计有要求时，应按设计要求；当设计无要求时，应按现行规范要求。 （2）结构形式复杂（结构跨度变化较大）或平面不规则，应附拆模平面示意图。 4. 由施工单位填写，在拆模前报送监理单位审核，施工单位和监理单位各保存一份	施工单位
10	混凝土预拌测温记录（C5.18）	1. 由施工单位填写并保存。 2. 相关规定与要求： （1）冬期混凝土施工时，应记载搅拌和养护的测温记录。 （2）混凝土冬期施工搅拌测温记录应包括大气温度、原材料温度、出罐温度、入模温度等。 （3）混凝土冬施养护测温应先绘制测温点布置图，包括测温点的部位、深度等。测温记录应包括大气温度、各测温孔的实测温度、同一时间测得的各测温孔的平均温度和间隔时间等。 3. 注意事项："备注"栏内应填写"现场搅拌"或"预拌混凝土"	施工单位
11	混凝土养护测温记录（C5.19）	依据《建筑工程冬期施工规程》JGJ/T 104—2011 规定，混凝土养护期间温度测量应符合下列规定： 1. 蓄热法或综合蓄热法养护从混凝土入模开始至混凝土达到受冻临界强度，或混凝土温度降到 0℃或设计温度以前应至少每隔 6h 测量一次。 2. 掺防冻剂的混凝土在强度未达到本规程第 7.1.1 条规定之前应每隔 2h 测量一次达到受冻临界强度以后每隔 6h 测量一次。 3. 采用加热法养护混凝土时，升温和降温阶段应每隔 1h 测量一次，恒温阶段每隔 2h 测量一次。 4. 混凝土在达到受冻临界强度后，可停止测温。 5. 全部测温孔均应编号，并绘制布置图。测温孔应设在有代表性的结构部位和温度变化大易冷却的部位，孔深宜为 10～15cm，也可为板厚的 1/2 或墙厚的 1/2。测温时测温仪表应采取与外界气温隔离措施，并留置在测温孔内不少于 3min。 6. 本表由施工单位填写并保存	施工单位
12	大体积混凝土养护测温记录（C5.20）	依据《混凝土结构工程施工质量验收规范》GB 50204—2015 的规定，混凝土浇筑完毕后，应按施工技术方案及时采取有效的养护措施，并应符合下列规定： 1. 应在浇筑完毕后的 12h 以内对混凝土加以覆盖并保湿养护。 2. 混凝土浇水养护的时间：对采用硅酸盐水泥、普通硅酸盐水泥或矿渣硅酸盐水泥拌制的混凝土，不得少于 7d；对掺用缓凝型外加剂或有抗渗要求的混凝土，不得少于 14d。	施工单位

续表

序号	工程资料类别C5类		提供单位
	工程资料名称	主要内容及注意事项	
12	大体积混凝土养护测温记录（C5.20）	3. 浇水次数应能保持混凝土处于湿润状态；混凝土养护用水应与拌制用水相同。 4. 塑料膜覆盖养护的混凝土，其敞露的全部表面应覆盖严密，并应保持塑料面膜内有凝结水。 5. 混凝土强度达到1.2N/mm² 前，不得在其上踩踏或安装模板及支架。 注： 1. 当日平均气温低于5℃时，不得浇水。 2. 当采用其他品种水泥时，混凝土的养护时间应根据所采用水泥的技术性能确定。 3. 混凝土表面不便浇水或使用塑料膜时，宜涂刷养护剂。 4. 对大体积混凝土的养护，应根据气候条件按施工技术方案采取控温措施。 检查数量：全数检查。 检查方法：观察，检查施工记录。 说明：养护条件对于混凝土强度的增长有重要影响。在施工过程中，应根据原材料、配合比、浇筑部位和季节等具体情况，制订合理的施工技术方案，采取有效的养护措施，保证混凝土强度正常增长。 要求： 1. 由施工单位填写并保存。 2. 相关规定与要求： （1）大体积混凝土施工应有对混凝土入模时大气温度、养护温度记录、内外温差和裂缝进行检查并记录。 （2）大体积混凝土养护测温应附测温点布置图，包括测温点的布置部位、深度等。 3. 注意事项：大体积混凝土养护测温记录应真实、及时，严禁弄虚作假	施工单位
13	大型构件吊装记录（C5.21）	构件吊装记录适用于大型混凝土预制构件、钢构件的安装。吊装记录的内容包括构建的名称、安装位置、搁置与搭接长度、接头处理、固定方法、标高等。 填写要求： 1. 收集相关设计要求文件等。 2. 由施工单位填写一式四份，由建设单位、施工单位、监理单位、城建档案馆各保存一份。 3. 相关规定与要求：预制混凝土结构构件、大型钢、木构件吊装应有构件吊装记录。吊装记录内容包括构件型号名称、安装位置、外观检查、楼板堵孔、清理、锚固、构件支点的搁置与搭接长度、接头处理、固定方法、标高、垂直偏差等，应符合设计和现行标准、规范要求。 4. 注意事项："备注"栏内应填写吊装过程中出现的问题、处理措施及质量情况等。对于重要部位或大型构件的吊装工程，应有专项安全交底	施工单位
14	焊接材料烘焙记录（C5.22）	依据《钢结构工程施工质量验收标准》GB 50205—2020的规定：焊条、焊丝、焊剂、电渣焊熔嘴等焊接材料与母材的匹配应符合设计要求及国家现行标准《钢结构焊接规范》GB 50661—2011的规定。焊条、焊剂、药芯焊丝、熔嘴等在使用前，应按其产品说明书及焊接工艺文件的规定进行烘焙和存放。 检查数量：全数检查。 检验方法：检查质量证明书和烘焙记录。 说明：焊接材料对钢结构焊接工程的质量有重大影响。其选用必须符合设计文件和国家现行标准的要求。对于进场时经验收合格的焊接材料，产品的生产日期、保存状态、使用烘焙等也直接影响焊接质量。本条说明即规定了焊条的选用和使用要求，尤其强调了烘焙状态，这是保证焊接质量的必要手段。 填写要求： 1. 由施工单位填写并保存。 2. 相关规定与要求：按照规范、标准和工艺文件等规定应须进行烘焙的焊接材料应在使用前按要求进行烘焙，并填写烘焙记录。烘焙记录内容包括烘焙方法、烘干温度、要求烘干时间、实际烘焙时间和保温要求等	施工单位

续表

序号	工程资料类别C5类		提供单位
	工程资料名称	主要内容及注意事项	
15	预应力筋张拉记录（C5.26）	依据《混凝土结构工程施工质量验收规范》GB 50204—2015的规定： 1. 后张法预应力工程的施工应由具有相应资质等级的预应力专业施工单位承担。 2. 预应力筋张拉机具设备及仪表，应定期维护和校验。张拉设备应配套标定，并配套使用。张拉设备的标定期限不应超过半年。当在使用过程中出现反常现象时或在千斤顶检修后，应重新标定。 注： 1. 张拉设备标定时，千斤顶活塞的运行方向应与实际张拉工作状态一致。 2. 压力表的精度不应低于1.5级，标定张拉设备用的试验机或测力计精度不应低于±2%。 3. 预应力筋张拉或放张时，混凝土强度应符合设计要求；当设计无具体要求时，不应低于设计的混凝土立方体抗压强度标准值的75%。 4. 预应力筋的张拉力、张拉或放张顺序及张拉工艺应符合设计及施工技术方案的要求，并应符合下列规定： （1）当施工需要超张拉时，最大张拉应力不应大于国家现行标准《混凝土结构设计规范》GB 50010—2010（2015年版）的规定。 （2）张拉工艺应能保证同一束中各根预应力筋的应力均匀一致。 （3）后张法施工中，当预应力筋是逐根或逐束张拉时，应保证各阶段不出现对结构不利的应力状态；同时宜考虑后批张拉预应力筋所产生的结构构件的弹性压缩对先批张拉预应力筋的影响，确定张拉力。 （4）先张法预应力筋放张时，宜缓慢放松锚固装置，使各根预应力筋同时缓慢放松。 （5）当采用应力控制方法张拉时，应校核预应力筋的伸长值。实际伸长值与设计计算理论伸长值的相对允许偏差为±5%。 5. 预应力筋张拉锚固后实际建立的预应力值与工程设计规定检验值的相对允许偏差为±5%。 预应力筋张拉时实际建立的预应力值对结构受力性能影响很大，必须予以保证。先张法施工中可以用应力测定仪器直接测定张拉锚固后预应力筋的应力值；后张法施工中预应力筋的实际应力值较难测定，故可用见证张拉代替预加力值测定。见证张拉指监理工程师或建设单位代表现场见证下的张拉。 6. 张拉过程中应避免预应力筋断裂或滑脱；当发生断裂或滑脱时，必须符合下列规定： （1）对后张法预应力结构构件，断裂或滑脱的数量严禁超过同一截面预应力筋总根数的3%，且每束钢丝不得超过一根；对多跨双向连续板，其同一截面应按每跨计算。 （2）对先张法预应力构件，在浇筑混凝土前发生断裂或滑脱的预应力筋必须予以更换。 填写要求： 1. 由施工单位填写一式四份，建设单位、施工单位、监理单位、城建档案馆各保存一份。 2. 相关规定与要求： （1）预应力筋张拉记录应由专业施工人员负责填写。包括预应力施工部位、预应力筋规格、平面示意图、张拉程序、应力记录、伸长量等。 （2）预应力筋张拉记录对每根预应力筋的张拉实测值进行记录。后张法预应力张拉施工应执行见证管理，按规定要求做见证张拉记录。 （3）预应力张拉原始施工记录应归档保存。 3. 预应力工程施工记录应由具有相应资质的专业施工单位负责提供	施工单位
16	有粘结预应力结构灌浆记录（C5.27）	依据《混凝土结构工程施工质量验收规范》GB 50204—2015的规定： 1. 后张法有粘结预应力筋张拉后应尽早进行孔道灌浆，孔道内水泥浆应饱满、密实。	施工单位

续表

序号	工程资料类别 C5 类		提供单位
	工程资料名称	主要内容及注意事项	
16	有粘结预应力结构灌浆记录（C5.27）	2. 锚具的封闭保护应符合设计要求；当设计无具体要求时，应符合下列规定： （1）应采取防止锚具腐蚀和遭受机械损伤的有效措施。 （2）凸出式锚固端锚具的保护层厚度不应小于 50mm。 （3）外露预应力筋的保护层厚度：处于正常环境时，不应小于 20mm；处于易受腐蚀的环境时，不应小于 50mm。 3. 后张法预应力筋锚固后的外露部分宜采用机械方法切割，其外露长度不宜小于预应力筋直径的 1.5 倍，且不宜小于 30mm。 4. 灌浆用水泥浆的水灰比不应大于 0.45，搅拌后 3h 泌水率不宜大于 2%，且不应大于 3%。泌水应能在 24h 内全部重新被水泥吸收。 5. 灌浆用水泥浆的抗压强度不应小于 30N/mm^2。 检查数量：每工作班留置一组边长为 70.7mm 的立方体试件。 检验方法：检查水泥浆试件强度试验报告。 填写要求： 1. 由施工单位填写一式四份，建设单位、施工单位、监理单位、城建档案馆各保存一份。 2. 相关规定与要求：有粘结预应力结构灌浆记录：后张法有粘结预应力筋张拉后应及时灌浆，并做灌浆记录，记录内容包括灌浆孔状况、水泥浆配比状况、灌浆压力、灌浆量，并有灌浆点简图和编号等	施工单位
17	钢结构施工记录（C5.28）	1. 钢结构工程施工记录由多项内容组成，具体形式由施工单位自行确定。 2. 钢结构工程施工记录相关说明： （1）构件吊装记录：钢结构吊装应有构件吊装记录，吊装记录内容包括构件名称、安装位置、搁置与搭接长度、接头处理、固定方法、标高等。 （2）焊接材料烘焙记录：焊接材料在使用前，应按规定进行烘焙，有烘焙记录。 （3）钢结构安装施工记录：钢结构主要受力构件安装完成后，应检查钢柱、钢架（梁）垂直度、侧向弯曲偏差等检查，并做施工记录。 （4）钢结构主体结构在形成空间刚度单元并连接固定后，应做检查整体垂直度和整体平面弯曲度的安装允许偏差检查，并做施工记录。 钢结构安装施工记录应由具有相应资质的专业施工单位负责填写一式三份，建设单位、施工单位、监理单位各保存一份	施工单位
18	网架（索膜）施工记录（C5.29）	1. 钢网架（索膜）结构总拼完成后及屋面工程完成后，应检查对其挠度值和其他安装偏差进行测量，并做施工偏差检查记录。 2. 膜结构的安装过程应形成的记录文件：技术交底记录、与膜结构相连接的部位的检验记录、钢构件、拉索、附件、膜单元运抵现场后的验收记录、现场焊缝检验记录、施加预张力记录、施工过程检验记录、膜结构安装完工检验记录。 网架（索膜）施工记录应由具有相应资质的专业施工单位负责填写一式四份，建设单位、施工单位、监理单位、城建档案馆各保存一份	施工单位
19	木结构施工记录（C5.30）	1. 木结构工程施工记录具体形式由施工单位自行确定。 2. 木结构工程施工记录相关说明：应对木桁架、梁和柱等构件的制作、安装、屋架安装的允许偏差和屋盖横向支撑的完整性进行检查，并做好施工记录。 3. 木结构工程施工记录应由具有相应资质的专业施工单位负责提供一式三份，建设单位、施工单位、监理单位各保存一份	施工单位
20	幕墙注胶检查记录（C5.31）	1. 幕墙工程施工记录具体形式由施工单位自行确定。 2. 幕墙工程施工记录相关说明：幕墙注胶检查记录，检查内容包括注胶宽度、厚度、连续性、均匀性、密实度和饱满度等。 3. 玻璃幕墙结构胶和密封胶的打注应饱满、密实、连续、均匀、无气泡，宽度和厚度应符合设计要求和技术标准的规定。检验方法：观察；尺量检查；检查施工记录。	施工单位

续表

序号	工程资料类别 C5 类		提供单位
	工程资料名称	主要内容及注意事项	
20	幕墙注胶检查记录（C5.31）	4. 金属幕墙的板缝注胶应饱满、密实、连续、均匀、无气泡，宽度和厚度应符合设计要求和技术标准的规定。检验方法：观察；尺量检查；检查施工记录。 5. 石材幕墙的板缝注胶应饱满、密实、连续、均匀、无气泡，板缝宽度和厚度应符合设计要求和技术标准的规定。检验方法：观察；尺量检查；检查施工记录。 幕墙注胶检查记录由施工单位填写一式三份，建设单位、施工单位、监理单位各保存一份	施工单位
21	自动扶梯、自动人行道的相邻区域检查记录（C5.32）	检验项目：出入口畅通区；照明、防碰挡板、净空高度、防护栏、防护网、护板、扶手带外缘、标志须知等。 自动扶梯、自动人行道的相邻区域检查记录由施工单位填写一式三份，建设单位、施工单位、监理单位各保存一份	施工单位
22	电梯电气装置安装检查记录（C5.33）	检验项目：主电源开关、机房照明、轿厢照明和通风电路、轿顶照明及插座、井道照明、接地保护、控制屏柜、防护罩壳、线路敷设、电线管槽、电线槽、电线管、金属软管、轿厢操作盘及显示版面防腐、导线敷设、绝缘电阻等。 电梯电气装置安装检查记录由施工单位填写一式三份，建设单位、施工单位、监理单位各保存一份	施工单位
23	自动扶梯、自动人行道电气装置检查记录（C5.34）	检验项目：主开关；照明电路、开关、插座；防护罩壳、接地保护、线路敷设。 自动扶梯、自动人行道电气装置检查记录由施工单位填写一式三份，建设单位、施工单位、监理单位各保存一份	施工单位
24	自动扶梯、自动人行道整机安装质量检查记录（C5.35）	检验项目：一般要求、装饰板（围板）、护壁板（护栏板）、围裙板体积踏板、扶手带、桁架（机架）、驱动装置、盘车装置、应设置有防护装置的部件等。 自动扶梯、自动人行道整机安装质量检查记录由施工单位填写一式三份，建设单位、施工单位、监理单位各保存一份	施工单位

上述表格中检查项目的施工检查记录可采用施工检查记录（C5.2）表格的形式。见表 5-63。

施工检查记录（C5.2） **表 5-63**

<table>
<tr><td colspan="2">工程名称</td><td colspan="2"></td><td>编号</td><td colspan="2"></td></tr>
<tr><td colspan="2">检查部位</td><td colspan="2"></td><td>检查日期</td><td colspan="2"></td></tr>
<tr><td colspan="2">检查依据</td><td colspan="5"></td></tr>
<tr><td colspan="7">检查方法及内容：</td></tr>
<tr><td colspan="7">检查结论：</td></tr>
<tr><td colspan="7">复查结论：

复查人：　　　　　　　　复查日期：</td></tr>
<tr><td rowspan="3">签字栏</td><td rowspan="2">施工单位</td><td rowspan="2" colspan="2"></td><td>专业技术负责人</td><td>专业质检员</td><td>专业工长</td></tr>
<tr><td></td><td></td><td></td></tr>
<tr><td>监理或建设单位</td><td colspan="3"></td><td>专业工程师</td><td></td></tr>
</table>

6. 施工试验记录与检测报告（C6）

（1）设备单机试运转记录（C6.1.1）

为保证系统安全、正常运行，设备在安装中应进行必要的单机试运转试验。设备单机试运转试验应由施工单位报请建设（监理）单位共同进行。

设备单机试运转记录应符合现行国家标准《建筑给水排水及采暖工程施工质量验收规范》GB 50242—2002、《通风与空调工程施工质量验收规范》GB 50243—2016、《建筑节能工程施工质量验收标准》GB 50411—2019 等有关规定。

相关规定与要求：

1）水泵试运转的轴承升温必须符合设备说明书的规定。检验方法：通电、操作和温度计测温检查。水泵试运转，叶轮与泵壳不应相碰，进、出口部位的阀门应灵活。

2）锅炉风机试运转，轴承升温应符合下列规定：滑动轴承温度最高不得超过 60℃；滚动轴承温度最高不得超过 80℃。检验方法：用温度计测温检查。轴承径向单振幅应符合下列规定：风机转速小于 1000r/min 时，不应超过 0.10mm；风机转速为 1000～1450r/min 时，不应超过 0.08mm。检验方法：用测振仪表检查。

注意事项：

1）以设计要求和规范规定为依据，适用条目要准确。参考规范包括：《机械设备安装工程施工及验收通用规范》GB 50231—2009、《制冷设备、空气分离设备安装工程施工及验收规范》GB 50274—2010、《风机、压缩机、泵安装工程施工及验收规范》GB 50275—2010 等。

2）根据试运转的实际情况填写实测数据，要准确，内容齐全，不得漏项。设备单机试运转后应逐台填写记录，一台（组）设备填写一张表格。

3）设备单机试运转是系统试运转调试的基础工作，一般情况下如设备的性能达不到设计要求，系统试运转调试也不会达到要求。

4）工程采用施工总承包管理模式的，签字人员应为施工总承包单位的相关人员。

施工单位填写的设备单机试运转记录应一式四份，并应由建设单位、监理单位、施工单位、城建档案馆各保存一份。设备单机试运转记录宜采用表 5-64 的格式。

（2）系统试运转调试记录（C6.1.2）

系统试运转调试是对系统功能的最终检验，检验结果应满足设计要求。调试工作在系统投入使用前进行。

系统试运转调试记录应符合现行国家标准《建筑给水排水及采暖工程施工质量验收规范》GB 50242—2002、《通风与空调工程施工质量验收标准》GB 50243—2016、《建筑节能工程施工质量验收标准》GB 50411—2019 的有关规定。

相关规定与要求：

1）内供暖系统冲洗完毕应通水、加热，进行试运行和调试。检验方法：观察、测量室温应满足设计要求。

2）供热管道冲洗完毕应通水、加热，进行试运行和调试。当不具备加热条件时，应延期进行。检验方法：测量各建筑物热力入口处供回水温度及压力。

设备单机试运转记录（C6.1.1 通用） **表 5-64**

<table>
<tr><td colspan="2" rowspan="2">工程名称</td><td colspan="2" rowspan="2">××市×中学教学楼</td><td colspan="2">编号</td><td colspan="2">05-01-C6.1.1-×××</td></tr>
<tr><td colspan="2">试运转时间</td><td colspan="2">××年×月×日</td></tr>
<tr><td colspan="2">设备名称</td><td colspan="2">变频给水泵</td><td colspan="2">设备编号</td><td colspan="2">M2-43（A 版）</td></tr>
<tr><td colspan="2">规格型号</td><td colspan="2">BA1-100×4</td><td colspan="2">额定数据</td><td colspan="2">Q=54m³/h；H=70.4m；N=18.5kW</td></tr>
<tr><td colspan="2">生产厂家</td><td colspan="2">××设备公司</td><td colspan="2">设备所在系统</td><td colspan="2">给水系统</td></tr>
<tr><td>序号</td><td>试验项目</td><td colspan="4">试验记录</td><td colspan="2">试验结论</td></tr>
<tr><td>1</td><td>减振器连接状况</td><td colspan="4">连接牢固、平稳、接触紧密符合减振要求</td><td colspan="2">符合设计要求、施工规范规定及设备技术文件规定</td></tr>
<tr><td>2</td><td>减振效果</td><td colspan="4">基础减振运行平稳，无异常振动与声响</td><td colspan="2">符合设计要求、施工规范规定及设备技术文件规定</td></tr>
<tr><td>3</td><td>传动带装置</td><td colspan="4">水泵安装后其纵向水平度偏差及横向水平度偏差、垂直度偏差以及联轴器两轴芯的偏差满足设计及规范要求。盘车灵活、无异常现象，润滑情况良好。运行时各固定连接部位无松动</td><td colspan="2">符合设计要求、施工规范规定及设备技术文件规定</td></tr>
<tr><td>4</td><td>压力表</td><td colspan="4">灵敏、准确、可靠</td><td colspan="2">符合设计要求、施工规范规定及设备技术文件规定</td></tr>
<tr><td>5</td><td>电气设备</td><td colspan="4">电机绕组对地绝缘电阻合格。电动机转向与泵的转向相符。电机运行电流、电压正常</td><td colspan="2">符合设计要求、施工规范规定及设备技术文件规定</td></tr>
<tr><td>6</td><td>轴承温升</td><td colspan="4">试运转时的环境温度 25℃，连续运转 2h 后，水泵轴承外壳最高温度 67℃</td><td colspan="2">符合设计要求、施工规范规定及设备技术文件规定</td></tr>
<tr><td colspan="8">试运转结论：
经试运转，给水泵的单机试运行符合设计要求、施工规范规定，以及设备技术文件规定。</td></tr>
<tr><td rowspan="3">签字栏</td><td rowspan="2">施工单位</td><td rowspan="2">×××建筑安装有限公司</td><td colspan="2">专业技术负责人</td><td colspan="2">专业质检员</td><td>专业工长</td></tr>
<tr><td colspan="2">×××</td><td colspan="2">×××</td><td>×××</td></tr>
<tr><td>监理或建设单位</td><td colspan="3">×××</td><td colspan="2">专业工程师</td><td>×××</td></tr>
</table>

注意事项：

1）以设计要求和规范规定为依据，适用条目要准确。

2）根据试运转调试的实际情况填写实测数据，要准确，内容齐全，不得漏项。

3）工程采用施工总承包管理模式的，签字人员应为施工总承包单位的相关人员。

4）施工单位填写的系统试运转调试记录应一式四份，并应由建设单位、监理单位、施工单位及城建档案馆各保存一份。系统试运转调试记录宜采用表 5-65 的格式。

系统试运转调试记录（C6.1.2 通用）　　　　表 5-65

工程名称	××市×中学教学楼	编号	05-05-C6.1.2-×××
		试运转调试时间	××年×月×日
试运转调试项目	供暖系统试运行调试	试运转调试部位	地下一层～五层全楼

试运转调试内容：

本工程供暖系统为上供下回单管异程式供暖系统，供回水干管分别设于五层及地下室，末端高点设有集气罐。系统管道采用焊接钢管。散热器采用喷塑柱形 760 型铸铁散热器。热源为地下室换热站内的二次热水。

全楼于××年×月×日×时开始正式通暖，至×月×日×时，全楼供热管道及散热器受热情况基本均匀，各阀门开启灵活，管道、设备、散热器等接口处均不渗不漏。

经进行室温测量，各室内温度均在 18～22℃，卫生间及走道温度在 16～18℃之间。设计温度为室内 20℃，卫生间及走道温度 16℃。实测温度与设计温度相对差为 1%。

试运转调试结论：

通过本系统试运转调试结果符合设计要求及施工规范规定，试运转调试合格。

签字栏	施工单位	×××建筑安装有限公司	专业技术负责人	专业质检员	专业工长
			×××	×××	×××
	监理或建设单位	×××监理有限责任公司		专业工程师	×××

（3）接地电阻测试记录（C6.1.3）

接地电阻测试记录应符合现行国家标准《建筑电气工程施工质量验收规范》GB 50303—2015、《智能建筑工程质量验收规范》GB 50339—2013 和《电梯工程施工质量验收规范》GB 50310—2002 的有关规定。依据《建筑电气工程施工质量验收规范》GB 50303—2015 规定，防雷接地系统测试：接地装置施工完成测试应合格；避雷接闪器安装完成，整个防雷接地系统连成回路，才能系统测试。测试记录应由建设（监理）单位及施工单位共同进行。

施工单位填写的接地电阻测试记录应一式四份，并应由建设单位、监理单位、施工单位、城建档案馆各保存一份。接地电阻测试记录宜采用表 5-66 的格式。

接地电阻测试记录（C6.1.3 通用）　　　　表 5-66

工程名称	××市×中学教学楼		编号	07-07-C6.1.3-×××	
			测试日期	××年×月×日	
仪表型号	ZC-8	天气情况	晴	气温（℃）	22
接地类型	√防雷接地　□计算机接地　□工作接地 □保护接地　□防静电接地　□逻辑接地 □重复接地　□综合接地　□医疗设备接地				
设计要求	□≤10Ω　□≤4Ω　√≤1Ω □≤0.1Ω　□≤Ω　□				

测试部位：

1、2、3、4 号接地电阻测试点。

测试结论：

经测试计算，接地电阻值 0.1Ω，符合设计要求和《建筑电气工程施工质量验收规范》GB 50303—2015 规定。

签字栏	施工单位	×××建筑安装有限公司		
	专业技术负责人	专业质检员	专业工长	专业测试人
	×××	×××	×××	×××
				×××
	监理或建设单位	×××监理有限责任公司	专业工程师	×××

（4）绝缘电阻测试记录（C6.1.4）

电气绝缘电阻测试主要包括电气设备和动力、照明线路及其他必须遥测绝缘电阻的测试，配管及管内穿线分项质量验收前和单位工程质量竣工验收前，应分别按系统回路进行测试，不得遗漏。电器绝缘电阻的检测仪器应在检定的有效期内。

绝缘电阻测试记录应符合现行国家标准《建筑电气工程施工质量验收规范》GB 50303—2015、《智能建筑工程质量验收规范》GB 50339—2013 和《电梯工程施工质量验收规范》GB 50310—2002 的有关规定。施工单位填写的绝缘电阻测试记录应一式四份，并应由建设单位、监理单位、施工单位、城建档案管理机构各保存一份。绝缘电阻测试记录宜采用表 5-67 的格式。

绝缘电阻测试记录（C6.1.4 通用）　　表 5-67

工程名称		××市×中学教学楼				编号			07-05-C6.1.4-×××			
						测试日期			××年×月×日			
计量单位		MΩ（兆欧）				天气情况			晴			
仪表型号		ZC-7		电压		1000V			环境温度		25℃	
层数	箱盘编号	回路号	相间			相对零			相对地			零对地
			L_1—L_2	L_2—L_3	L_3—L_1	L_1—N	L_2—N	L_3—N	L_1—PE	L_2—PE	L_3—PE	N—PE
3	3FAL	1000	1000	1000	1000	1000	1000	1000	1000	1000	1000	1000
3	照明	WL1				1000			1000			1000
3	照明	WL2					1000			1000		1000
3	照明	WL3						1000			1000	1000
测试结论：线路绝缘良好，符合设计要求和《建筑电气工程施工质量验收规范》GB 50303—2015 的规定。												
签字栏	施工单位		×××建筑安装有限公司									
	专业技术负责人		专业质检员			专业工长			测试人			
	×××		×××			×××			××× ×××			
	监理或建设单位		×××监理有限责任公司				专业工程师		×××			

（5）砌筑砂浆试块强度统计、评定记录（C6.2.10）

《砌体结构工程施工质量验收规范》GB 50203—2011 规定，砌筑砂浆试块强度验收时其强度合格标准必须符合以下规定：

1）同一验收批砂浆试块抗压强度平均值应大于或等于设计强度等级值的 1.10 倍；同一验收批砂浆试块抗压强度的最小一组平均值必须大于或等于设计强度等级值的 85%。

砌筑砂浆的验收批，同一类型、强度等级的砂浆试块应不少于 3 组。当同一验收批只有一组或 2 组试块时，每组试块抗压强度的平均值应大于或等于设计强度等级值的 1.10 倍；对于建筑结构安全按等级为一级的或设计使用年限为 50 年及以上的房屋，同一验收批砂浆试块数量不得少于 3 组。

2）砂浆强度应以标准养护，28d 龄期的试块抗压强度为准。

抽检数量：每一检验批且不超过 250m^3 砌体的各类、各强度等级的普通砌筑砂浆，每台搅拌机至少抽检一次。验收批的预拌砂浆、蒸压加气混凝土砌块专用砂浆，抽检可为 3 组。砂浆应见证取样，标准制作，标准养护龄期 28d。试验结果取三个试件强度的算术平均值作为每组试件强度的代表值；当一组试件中强度最大值或最小值与中间值之差超过中间值 15%时，取中间值作为该组试件的强度代表值；当一组试件中强度最大值或最小值与中间值之差均超过中间值 15%时，该组试件的强度不应作为评定的标准。

检验方法：在砂浆搅拌机出料口或在湿拌砂浆的储存容器出料口随机取样制作砂浆试块（现场拌制的砂浆，同盘砂浆只应制作一组试块），试块标养 28d 后做强度试验，预拌砂浆中的试拌砂浆稠度应在进场时取样检验。最后检查试块强度试验报告单。

施工单位填写的砌筑砂浆试块强度统计、评定记录应一式三份，并应由建设单位、施工单位、城建档案馆各保存一份。砌筑砂浆试块强度统计、评定记录宜采用表 5-68 的格式。

砌筑砂浆试块强度统计、评定记录（C6.2.10）　　表 5-68

<table>
<tr><td colspan="2" rowspan="2">工程名称</td><td colspan="6" rowspan="2">××市×中学教学楼</td><td colspan="2">编号</td><td colspan="2">02-02-C6.2.10-×××</td></tr>
<tr><td colspan="2">强度等级</td><td colspan="2">M5</td></tr>
<tr><td colspan="2">施工单位</td><td colspan="6">×××建筑安装有限公司</td><td colspan="2">养护方法</td><td colspan="2">标准养护</td></tr>
<tr><td colspan="2">统计期</td><td colspan="6">××年×月×日
至××年×月×日</td><td colspan="2">结构部位</td><td colspan="2">填充墙砌体</td></tr>
<tr><td colspan="2">试块组数
n</td><td colspan="3">强度标准值 f_2
(MPa)</td><td colspan="3">平均值 $f_{2,mm}$
(MPa)</td><td colspan="2">最小值 $f_{2,min}$
(MPa)</td><td colspan="2">$0.85f_2$</td></tr>
<tr><td colspan="2">18</td><td colspan="3">5.00</td><td colspan="3">6.15</td><td colspan="2">5.7</td><td colspan="2">4.25</td></tr>
<tr><td rowspan="4">每组强度值（MPa）</td><td>6.00</td><td>7.00</td><td>6.60</td><td colspan="2">6.40</td><td>5.80</td><td>6.30</td><td>6.00</td><td>5.90</td><td>6.20</td><td>7.00</td></tr>
<tr><td>5.80</td><td>6.10</td><td>5.70</td><td colspan="2">5.80</td><td>6.10</td><td>6.20</td><td>5.90</td><td>5.90</td><td></td><td></td></tr>
<tr><td></td><td></td><td></td><td colspan="2"></td><td></td><td></td><td></td><td></td><td></td><td></td></tr>
<tr><td></td><td></td><td></td><td colspan="2"></td><td></td><td></td><td></td><td></td><td></td><td></td></tr>
<tr><td>判定式</td><td colspan="7">$f_{2,m} \geqslant 1.10f_2$</td><td colspan="4">$f_{2,min} \geqslant 0.85f_2$</td></tr>
<tr><td>结果</td><td colspan="7">6.15≥5.50　合格</td><td colspan="4">5.7≥4.25　合格</td></tr>
<tr><td colspan="12">结论：依据《砌体结构工程施工质量验收规范》GB 50203—2011 第 4.0.12 条，该统计结果评定为合格。</td></tr>
<tr><td rowspan="3">签字栏</td><td colspan="4">批准</td><td colspan="3">审核</td><td colspan="4">统计</td></tr>
<tr><td colspan="4">×××</td><td colspan="3">×××</td><td colspan="4">×××</td></tr>
<tr><td colspan="4">报告日期</td><td colspan="7">××年×月×日</td></tr>
</table>

（6）混凝土试块强度统计、评定记录（C6.2.13）

《混凝土强度检验评定标准》GB/T 50107—2010 中规定：混凝土的取样，宜根据规定的检验评定方法要求制定检验批的划分方案和相应的取样计划。即混凝土强度试样应在混凝土的浇筑地点随机抽取。试件的取样频率和数量应符合下列规定：每 100 盘，但不超过 $100m^3$ 的同配合比混凝土，取样次数不应少于一次；每一工作班拌制的同配合比混凝土，不足 100 盘和 $100m^3$ 时其取样次数不应少于一次；当一次连续浇筑的同配合比混凝土超过 $1000m^3$ 时，每 $200m^3$ 取样不应少于一次；对房屋建筑，每一楼层、同一配合比的混凝土，取样不应少于一次。每次取样应至少制作一组标准养护试件，同条件养护试件的留置组数应根据实际需要确定。每批混凝土试样应制作的试件总组数，除满足混凝土强度评定所必需的组数外，还应留置为检验结构和构建施工阶段混凝土强度评定所必需的试件。

混凝土强度评定采用标准试件一组三块，标准养护（温度 20±2℃，相对湿度 95%以上），养护至龄期达 28d 时进行试压。试验结果取三个试件强度测值的算术平均值作为每组试件强度的代表值；当一组试件中强度最大值或最小值与中间值之差超过中间值 15%时，取中间值作为该组试件的强度代表值；当一组试件强度最大值和最小值与中间值均超过中间值 15%时，该组试件的强度不应作为评定的标准。

1）混凝土强度的检验评定

采用统计方法评定时，应按下列规定进行：

① 当连续生产的混凝土，生产条件在较长时间内保持一致，且同一品种、同一强度等级混凝土的强度变异性保持稳定时，应按下列规定进行评定。一个检验批的样本容量应为连续的3组试件，其强度应同时符合下列规定：

$$m_{f_{cu}} \geqslant f_{cu,k} + 0.7\sigma_0$$

$$f_{cu,\min} \geqslant f_{cu,k} - 0.7\sigma_0$$

检验批混凝土立方体抗压强度的标准差应按下式计算：

$$\sigma_0 = \sqrt{\frac{\sum_{i=1}^{n} f_{cu,i}^2 - nm_{f_{cu}}^2}{n-1}}$$

当混凝土强度等级不高于C20时，其强度的最小值尚应满足下式要求：

$$f_{cu,\min} \geqslant 0.85 f_{cu,k}$$

当混凝土强度等级高于C20时，其强度的最小值尚应满足下列要求：

$$f_{cu,\min} \geqslant 0.90 f_{cu,k}$$

式中：$m_{f_{cu}}$——同一检验批混凝土立方体抗压强度的平均值（N/mm^2），精确到0.1（N/mm^2）；

$f_{cu,k}$——混凝土立方体抗压强度标准值（N/mm^2），精确到0.1（N/mm^2）；

σ_0——检验批混凝土立方体抗压强度的标准差（N/mm^2），精确到0.01（N/mm^2）。当检验批混凝土强度标准差σ_0计算值小于2.5N/mm^2时，应取2.5N/mm^2；

$f_{cu,i}$——前一个检验期内同一品种、同一强度等级的第i组混凝土试件的立方体抗压强度代表值（N/mm^2），精确到0.1（N/mm^2）；该检验期不应少于60d，也不得大于90d；

n——前一检验期内的样本容量，在该期间内样本容量不应少于45；

$f_{cu,\min}$——同一检验批混凝土立方体抗压强度的最小值（N/mm^2），精确到0.1（N/mm^2）。

② 当样本容量不少于10组时，其强度应同时满足下列要求：

$$m_{f_{cu}} \geqslant f_{cu,k} + \lambda_1 \cdot S_{f_{cu}}$$

$$f_{cu,\min} \geqslant \lambda_2 \cdot f_{cu,k}$$

同一检验批混凝土立方体抗压强度的标准差应按下式计算：

$$S_{f_{cu}} = \sqrt{\frac{\sum_{i=1}^{n} f_{cu,i}^2 - nm_{f_{cu}}^2}{n-1}}$$

式中：$S_{f_{cu}}$——同一检验批混凝土立方体抗压强度的标准差（N/mm^2），精确到0.01（N/mm^2）；当检验批混凝土强度标准差$S_{f_{cu}}$计算值小于2.5N/mm^2时，应取2.5N/mm^2；

λ_1、λ_2——合格评定系数，按表5-69取用；

n——本检验期内的样本容量。

混凝土强度的合格评定系数 **表5-69**

试件组数	10～14	15～19	≥20
λ_1	1.15	1.05	0.95
λ_2	0.90	0.85	

③ 其他情况应按非统计方法评定

当用于评定的样本容量小于 10 组时，应采用非统计方法评定混凝土强度。按非统计方法评定混凝土强度时，其强度应同时符合下列规定：

$$m_{f_{cu}} \geqslant \lambda_3 \cdot f_{cu,k}$$

$$f_{cu,\min} \geqslant \lambda_4 \cdot f_{cu,k}$$

式中：λ_3、λ_4——合格评定系数，应按表 5-70 取用。

混凝土强度的非统计法合格评定系数　　表 5-70

混凝土强度等级	<C60	≥C60
λ_3	1.15	1.10
λ_4	0.95	

2）混凝土强度的合格性评定

当检验结果满足上述规定时，则该批混凝土强度应评定为合格；当不能满足上述规定时，该批混凝土强度应评定为不合格。对评定为不合格批的混凝土，可按国家现行的有关标准进行处理。混凝土试块强度统计、评定记录见表 5-71。

混凝土试块强度统计、评定记录（C6.2.13）　　表 5-71

<table>
<tr><td rowspan="2">工程名称</td><td colspan="4" rowspan="2">××市×中学教学楼</td><td colspan="2">编号</td><td colspan="4">02-01-C6.2.13-×××</td></tr>
<tr><td colspan="2">强度等级</td><td colspan="4">C30</td></tr>
<tr><td>施工单位</td><td colspan="4">×××建筑安装有限公司</td><td colspan="2">养护方法</td><td colspan="4">标准养护</td></tr>
<tr><td>统计期</td><td colspan="4">××年×月×日
至××年×月×日</td><td colspan="2">结构部位</td><td colspan="4">主体 1-顶层梁、板、楼梯</td></tr>
<tr><td rowspan="2">试块组数 n</td><td colspan="2" rowspan="2">强度标准值 $f_{cu.k}$
(MPa)</td><td colspan="2" rowspan="2">平均值 m_{fcu}
(MPa)</td><td colspan="2" rowspan="2">标准差 S_{fcu}
(MPa)</td><td colspan="2" rowspan="2">最小值 $f_{cu,min}$
(MPa)</td><td colspan="2">合格判定系数</td></tr>
<tr><td>λ_1</td><td>λ_2</td></tr>
<tr><td>22</td><td colspan="2">30.0</td><td colspan="2">33.6</td><td colspan="2">1.8</td><td colspan="2">30.6</td><td>0.95</td><td>0.85</td></tr>
<tr><td rowspan="6">每
组
强
度
值
(MPa)</td><td>32.5</td><td>33.6</td><td>37.2</td><td>34.2</td><td>31.5</td><td>30.6</td><td>36.2</td><td>33.5</td><td>33.7</td><td>32.5</td></tr>
<tr><td>32.8</td><td>34.2</td><td>32.3</td><td>33.8</td><td>35.6</td><td>34.5</td><td>31.2</td><td>32.3</td><td>34.2</td><td>34.2</td></tr>
<tr><td>35.1</td><td>32.5</td><td></td><td></td><td></td><td></td><td></td><td></td><td></td><td></td></tr>
<tr><td></td><td></td><td></td><td></td><td></td><td></td><td></td><td></td><td></td><td></td></tr>
<tr><td></td><td></td><td></td><td></td><td></td><td></td><td></td><td></td><td></td><td></td></tr>
<tr><td></td><td></td><td></td><td></td><td></td><td></td><td></td><td></td><td></td><td></td></tr>
<tr><td rowspan="3">评定
界限</td><td colspan="5">■统计方法</td><td colspan="5">□非统计方法</td></tr>
<tr><td colspan="2">$0.90f_{cu.k}$</td><td colspan="2">$m_{fcu}-\lambda_1\times S_{fcu}$</td><td>$\lambda_2\times f_{cu.k}$</td><td colspan="3">$1.15f_{cu.k}$</td><td colspan="2">$0.95f_{cu.k}$</td></tr>
<tr><td colspan="2">27.0</td><td colspan="2">31.89</td><td>25.5</td><td colspan="3">/</td><td colspan="2">/</td></tr>
<tr><td>判定式</td><td colspan="2">$m_{fcu}-{}_1\times S_{fcu}$
$\geqslant 0.90f_{cu.k}$</td><td colspan="3">$f_{cu,min}\geqslant\lambda_2\times f_{cu.k}$</td><td colspan="3">$m_{fcu}\geqslant 1.15f_{cu.k}$</td><td colspan="2">$f_{cu,min}\geqslant 0.95f_{cu.k}$</td></tr>
<tr><td>结果</td><td colspan="2">31.89≥27.0</td><td colspan="3">30.6≥25.5</td><td colspan="3">/</td><td colspan="2">/</td></tr>
<tr><td colspan="11">结论：试块强度符合《混凝土强度检验评定标准》GB/T 50107—2010 要求，合格。</td></tr>
<tr><td rowspan="3">签字栏</td><td colspan="3">批准</td><td colspan="4">审核</td><td colspan="3">统计</td></tr>
<tr><td colspan="3">×××</td><td colspan="4">×××</td><td colspan="3">×××</td></tr>
<tr><td colspan="3">报告日期</td><td colspan="7">××年×月×日</td></tr>
</table>

（7）结构实体混凝土强度验收记录（C6.2.34）

《混凝土结构工程施工质量验收规范》GB 50204—2015 规定：结构实体检验用同条件养护试件强度检验，同条件养护试件的留置方式和取样数量，应符合下列要求：

1）同条件养护试件所对应的结构构件或结构部位，应由监理（建设）、施工等各方共同选定；对混凝土结构工程中的各混凝土强度等级，均应留置同条件养护试件。

2）同一强度等级的同条件养护试件，其留置的数量应根据混凝土工程量和重要性确定，不宜少于10组，且不应少于3组。

3）同条件养护试件拆模后，应放置在靠近相应结构构件或结构部位的适当位置，并应采取相同的养护方法。

4）同条件养护试件应在达到等效养护龄期时进行强度试验。

等效养护龄期应根据同条件养护试件强度与在标准养护条件下28d龄期试件强度相等的原则确定。同条件自然养护试件的等效养护龄期及相应的试件强度代表值，宜根据当地的气温和养护条件，按下列规定确定：

等效养护龄期可取按日平均温度逐日累计达到600℃时所对应的龄期，0℃及以下的龄期不计入；等效养护龄期不应小于14d，也不宜大于60d。

同条件养护试件的强度代表值应根据强度试验结果按现行国家标准《混凝土强度检验评定标准》GB/T 50107—2010的规定确定后，乘折算系数取用；折算系数宜取为1.10，也可根据当地的试验统计结果作适当调整。

施工单位填写的结构实体混凝土强度验收记录应一式四份，建设单位、监理单位、施工单位、城建档案馆各保存一份。结构实体混凝土强度验收记录宜采用表5-72的格式。

结构实体混凝土强度验收记录（C6.2.34） **表5-72**

<table>
<tr><td rowspan="2">工程名称</td><td colspan="6" rowspan="2">××市×中学教学楼</td><td colspan="4">编号</td><td colspan="2">02-01-C6.2.34-×××</td></tr>
<tr><td colspan="4">结构类型</td><td colspan="2">框架结构</td></tr>
<tr><td>施工单位</td><td colspan="6">×××建筑安装有限公司</td><td colspan="4">验收日期</td><td colspan="2">××年×月×日</td></tr>
<tr><td>强度等级</td><td colspan="10">试件强度代表值（MPa）</td><td>强度评定结果</td><td>监理/建设单位验收结果</td></tr>
<tr><td rowspan="2">C30</td><td>40.5</td><td>38.3</td><td>39.7</td><td>41.1</td><td>42.6</td><td></td><td></td><td></td><td></td><td></td><td rowspan="2">合格</td><td rowspan="4">合格</td></tr>
<tr><td>44.5</td><td>42.1</td><td>43.7</td><td>43.7</td><td>46.7</td><td></td><td></td><td></td><td></td><td></td></tr>
<tr><td rowspan="2">C40</td><td>52.3</td><td>48.8</td><td>47.6</td><td>54</td><td>55.3</td><td>52.1</td><td>54.6</td><td>50</td><td>49.3</td><td>48.7</td><td rowspan="2">合格</td></tr>
<tr><td>57.5</td><td>53.7</td><td>52.4</td><td>59.4</td><td>60.8</td><td>58.1</td><td>60.1</td><td>55</td><td>54.2</td><td>53.6</td></tr>
<tr><td colspan="13">结论：混凝土强度评定合格，符合《混凝土结构工程施工质量验收规范》GB 50204—2015规定。</td></tr>
<tr><td rowspan="2">签字栏</td><td colspan="8">项目专业技术负责人</td><td colspan="4">专业监理工程师
或建设单位项目专业技术负责人</td></tr>
<tr><td colspan="8">×××</td><td colspan="4">×××</td></tr>
</table>

（8）结构实体钢筋保护层厚度验收记录（C6.2.35）

《混凝土结构工程施工质量验收规范》GB 50204—2015规定：钢筋保护层厚度检验的结构部位和构件数量，应符合下列要求：

1）钢筋保护层厚度检验的结构部位，应由监理（建设）、施工等各方根据结构构件的重要性共同选定。

2）对梁、板类构件，应各抽取构件数量的2%且不少于5个构件进行检验；当有悬挑构件时，抽取的构件中悬挑梁类、板类构件所占比例均不宜小于50%。

3）对选定的梁类构件，应对全部纵向受力钢筋的保护层厚度进行检验；对选定的板类构件，应抽取不少于6根纵向受力钢筋的保护层厚度进行检验。对每根钢筋，应在有代表性的部位测量一点。

4）钢筋保护层厚度的检验，可采用非破损或局部破损的方法，也可采用非破损方法并用局部破损方法进行校准。当采用非破损方法检验时，所使用的检测仪器应经过计量检验，检测操作应符合相应规程的规定。

5）对梁类、板类构件纵向受力钢筋的保护层厚度应分别进行验收。

《混凝土结构工程施工质量验收规范》GB 50204—2015 规定：结构实体钢筋保护层厚度验收合格应符合下列规定：

1）当全部钢筋保护层厚度检验的合格点率为 90%及以上时，钢筋保护层厚度的检验结果应判为合格。

2）当全部钢筋保护层厚度检验的合格率小于 90%但不小于 80%时，可再抽取相同数量的构件进行检验；当按两次抽样总数和计算的合格率为 90%及以上时，钢筋保护层厚度的检验结果仍应判为合格。

3）每次抽样检验结果中不合格点的最大偏差均不应大于（钢筋保护层厚度检验时，纵向受力钢筋保护层厚度的允许偏差，对梁类构件为+10mm，−7mm；对板类构件为+8mm，−5mm）允许偏差的 1.5 倍。

结构实体钢筋保护层厚度验收记录应符合现行国家标准《混凝土结构工程施工质量验收规范》GB 50204—2015 的有关规定。结构实体钢筋保护层厚度验收记录应一式四份，并应由建设单位、监理单位、施工单位、城建档案馆各保存一份。结构实体钢筋保护层厚度验收记录宜采用表 5-73 的格式。

结构实体钢筋保护层厚度验收记录（C6.2.35）　　　　**表 5-73**

<table>
<tr><td colspan="2" rowspan="2">工程名称</td><td colspan="7" rowspan="2">××市×中学教学楼</td><td>编号</td><td colspan="2">02-01-C6.2.35-×××</td></tr>
<tr><td>结构类型</td><td colspan="2">框架结构</td></tr>
<tr><td colspan="2">施工单位</td><td colspan="7">×××建筑安装有限公司</td><td>验收日期</td><td colspan="2">××年×月×日</td></tr>
<tr><td rowspan="2">构件类别</td><td rowspan="2">序号</td><td colspan="7">钢筋保护层厚度（mm）</td><td rowspan="2">合格率</td><td rowspan="2">评定结果</td><td rowspan="2">监理/建设单位验收结论</td></tr>
<tr><td>设计值</td><td colspan="6">实测值</td></tr>
<tr><td rowspan="3">梁</td><td>1</td><td>30</td><td>28</td><td>32</td><td>33</td><td>30</td><td>27</td><td>32</td><td rowspan="3">100%</td><td rowspan="3">>90%
合格</td><td rowspan="6">符合规定</td></tr>
<tr><td>2</td><td>30</td><td>31</td><td>32</td><td>30</td><td>29</td><td>26</td><td>28</td></tr>
<tr><td>3</td><td>30</td><td>30</td><td>28</td><td>29</td><td>32</td><td>31</td><td>27</td></tr>
<tr><td rowspan="3">板</td><td>1</td><td>15</td><td>17</td><td>16</td><td>18</td><td>19</td><td>16</td><td>14</td><td rowspan="3">100%</td><td rowspan="3">>90%
合格</td></tr>
<tr><td>2</td><td>15</td><td>15</td><td>14</td><td>16</td><td>14</td><td>15</td><td>19</td></tr>
<tr><td>3</td><td>15</td><td>16</td><td>14</td><td>17</td><td>15</td><td>18</td><td>14</td></tr>
<tr><td colspan="12">结论：经现场检查，符合设计要求及《混凝土结构工程施工质量验收规范》GB 50204—2015 规定，验收合格。</td></tr>
<tr><td colspan="2" rowspan="2">签字栏</td><td colspan="7">项目专业技术负责人</td><td colspan="3">专业监理工程师
或建设单位项目专业技术负责人</td></tr>
<tr><td colspan="7">×××</td><td colspan="3">×××</td></tr>
</table>

（9）灌（满）水试验记录（C6.3.1）

非承压管道系统和设备，包括敞开式水箱、卫生洁具、安装在室内的雨水管道等，在系统和设备安装完毕后，以及暗装、埋地、有绝热层的室内外排水管道进行隐蔽前，应进行灌水、满水试验，并做记录。

相关规定与要求：

1）敞口箱、罐安装前应做满水试验；密闭箱、罐应以工作压力的 1.5 倍做水压试验，但不得小于 0.4MPa。检验方法：满水试验满水后静置 24h 不渗不漏；水压试验在试验压力 10min 内无压降，不渗不漏。

2）隐蔽或埋地的排水管道在隐蔽前必须做灌水试验，其灌水高度应不低于底层卫生器具的上边缘或底层地面高度。检验方法：满水 15min 水面下降后，再灌满观察 5min，液面不降，管道及接口无渗漏为合格。

3）安装在室内的雨水管道安装后应做灌水试验，灌水高度必须到每根立管上部的雨水斗。检验方法：灌水试验持续 1h，不渗不漏。

4）室外排水管网安装管道埋设前必须做灌水试验和通水试验，排水应畅通，无堵塞，管接口无渗漏。检验方法：按排水检查井分段试验，试验水头应以试验段上游管顶加 1m，时间不少于 30min，逐段观察。

施工单位填写的灌（满）水试验记录应一式三份，并应由建设单位、监理单位、施工单位各保存一份。灌水、满水试验记录宜采用表 5-74 的格式。

灌（满）水试验记录（C6.3.1） **表 5-74**

<table>
<tr><td colspan="2" rowspan="2">工程名称</td><td colspan="2" rowspan="2">××市×中学教学楼</td><td>编号</td><td>05-02-C6.3.1-×××</td></tr>
<tr><td>试验日期</td><td>××年×月×日</td></tr>
<tr><td colspan="2">分项工程名称</td><td colspan="2">室内排水工程</td><td>材质、规格</td><td>UPVC 管材、管件
DN160、DN110、DN50</td></tr>
<tr><td colspan="6">试验标准及要求：
隐蔽或埋地的排水管道在隐蔽前必须做灌水试验，其灌水高度不应低于底层卫生器具的上边缘或底层地面高度，满水 15min 水面下降后，再灌满观察 5min，液面不降，管道及接口无渗漏为合格。</td></tr>
<tr><td colspan="2">试验部位</td><td>灌（满）水情况</td><td>灌（满）水持续时间（min）</td><td>液面检查情况</td><td>渗漏检查情况</td></tr>
<tr><td colspan="2">首层 WL 排水管</td><td>水面与地漏上口一直</td><td>满水 15min</td><td>无下降</td><td>不渗不漏</td></tr>
<tr><td colspan="2"></td><td></td><td></td><td></td><td></td></tr>
<tr><td colspan="6">试验结论：符合设计要求及《建筑给水排水及采暖工程施工质量验收规范》GB 50242—2002 规定，合格。</td></tr>
<tr><td rowspan="3">签字栏</td><td rowspan="2">施工单位</td><td rowspan="2">×××建筑安装有限公司</td><td>专业技术负责人</td><td>专业质检员</td><td>专业工长</td></tr>
<tr><td>×××</td><td>×××</td><td>×××</td></tr>
<tr><td>监理或建设单位</td><td colspan="2">×××</td><td>专业工程师</td><td>×××</td></tr>
</table>

（10）强度严密性试验记录（C6.3.2）

强度严密性试验记录应符合现行国家标准《建筑给水排水及采暖工程施工质量验收规范》GB 50242—2002、《通风与空调工程施工质量验收规范》GB 50243—2016 的有关规定。室内外输送各种介质的承压管道、承压设备在安装完毕后，进行隐蔽之前，应进行强度严密性试验。

相关规定与要求：

1）室内给水管道的水压试验必须符合设计要求。当设计未注明时，各种材质的给水管道系统试验压力均为工作压力的 1.5 倍，但不得小于 0.6MPa。检验方法：金属及复合管给水管道系统在试验压力下观测 10min，压力降不应大于 0.02MPa，然后降到工作压力进行检查，应不渗漏；塑料管给水系统应在试验压力下稳压 1h，压力降不得超过 0.05MPa，然后在工作压力的 1.15 倍状态下稳压 2h，压力降不得超过 0.03MPa，同时检查各连接处不得渗漏。

2）热水供应系统安装完毕，管道保温之前应进行水压试验。试验压力应符合设计要求。当设计未注明时，热水供应系统水压试验压力应为系统顶点的工作压力加0.1MPa，同时在系统顶点的试验压力不小于0.3MPa。检验方法：钢管或复合管道系统试验压力下10min内压力降不大于0.02MPa，然后降至工作压力检查，压力应不降，且不渗不漏；塑料管道系统在试验压力下稳压1h，压力降不得超过0.05MPa，然后在工作压力1.15倍状态下稳压2h，压力降不得超过0.03MPa，连接处不得渗漏。

3）热交换器应以工作压力的1.5倍做水压试验。蒸汽部分应不低于蒸汽供汽压力加0.3MPa；热水部分应不低于0.4MPa。检验方法：试验压力下10min内压力不降，不渗不漏。

4）低温热水地板辐射供暖系统安装，盘管隐蔽前必须进行水压试验，试验压力为工作压力的1.5倍，但不小于0.6MPa。检验方法，稳压1h内压力降不大于0.05MPa且不渗不漏。

5）供暖系统安装完毕，管道保温之前应进行水压试验，试验压力应符合设计要求。当设计未注明时，应符合下列规定：

① 蒸汽、热水供暖系统，应以系统顶点工作压力加0.1MPa做水压试验。同时在系统顶点的试验压力不小于0.3MPa。

② 高温热水供暖系统，试验压力应为系统顶点工作压力加0.4MPa。

③ 使用塑料管及复合管的热水供暖系统，应以系统顶点工作压力加0.2MPa做水压试验，同时在系统顶点的试验压力不小于0.4MPa。检验方法：使用钢管及复合管的供暖系统应在试验压力下10min内压力降不大于0.02MPa，降至工作压力后检查，不渗、不漏，使用塑料管的供暖系统应在试验压力下1h内压力降不大于0.05MPa，然后降压至工作压力的1.15倍，稳压2h，压力降不大于0.03MPa，同时各连接处不渗、不漏。

6）室外给水管网必须进行水压试验，试验压力为工作压力的1.5倍，但不得小于0.6MPa。检验方法：管材为钢管、铸铁管时，试验压力下10min内压力降不应大于0.05MPa，然后降至工作压力进行检查，压力应保持不变，不渗不漏；管材为塑料管时，试验压力下，稳压1h压力降不大于0.05MPa，然后降至工作压力进行检查，压力应保持不变，不渗不漏。

7）消防水泵接合器及室外消火栓安装系统必须进行水压试验，试验压力为工作压力的1.5倍，但不得小于0.6MPa。检验方法：试验压力下，10min内压力降不大于0.05MPa，然后降至工作压力进行检查，压力保持不变，不渗不漏。

8）锅炉的汽、水系统安装完毕后，必须进行水压试验。水压试验的压力应符合规范规定。检验方法：在试验压力下10min内压力降不超过0.02MPa；然后降至工作压力进行检查，压力不降，不渗、不漏；观察检查，不得有残余变形，受压元件金属壁和焊缝上不得有水珠和水雾。

9）锅炉分汽缸（分水器、集水器）安装前应进行水压试验，试验压力为工作压力的1.5倍，但不得小于0.6MPa。检验方法：试验压力下10min内无压降、无渗漏。

10）锅炉地下直埋油罐在埋地前应做气密性试验，试验压力降不应小于0.03MPa。检验方法：试验压力下观察30min、不渗、不漏，无压降。

11）连接锅炉及辅助设备的工艺管道安装完毕后，必须进行系统的水压试验，试验压力为系统中最大工作压力的1.5倍。检验方法：在试验压力10min内压力降不超过0.05MPa，然后降至工作压力进行检查，不渗不漏。

12）自动喷水火灾系统当系统设计工作压力等于或小于1.0MPa时，水压强度试验压力应为设计工作压力的1.5倍，并不应低于1.4MPa；当系统设计工作压力大于1.0MPa时，水压强度试验压力应为该工作压力加0.4MPa。水压强度试验的测试点应设在系统管网的最低点。对管网注水时，应将管网内的空气排净，并应缓慢升压，达到试验压力后，稳压30min，目测管网应无渗漏和无变形，且压力降不应大于0.05MPa。

13）自动喷水灭火系统水压严密度试验应在水压强度试验和管网冲洗合格后进行。试验压力应为设计工作压力，稳压24h，应无渗漏。

14）自动喷水灭火系统气压严密性试验的试验压力应为0.28MPa，且稳压24h，压力降不应大于0.01MPa。

注意事项：

单项试验和系统性试验，强度和严密度试验有不同要求，试验和验收时要特别留意；系统性试验、严密度试验的前提条件应充分满足，如自动喷水灭火系统水压严密度试验应在水压强度试验和管网冲洗合格后才能进行；而常见做法是先根据区段验收或隐检项目验收要求完成单项试验，系统形成后进行系统性试验，再根据系统特殊要求进行严密度试验。

施工单位填写的强度严密性试验记录应一式四份，并应由建设单位、监理单位、施工单位、城建档案馆各保存一份。强度严密性试验记录宜采用表5-75的格式。

强度严密性试验记录（C6.3.2） 表5-75

工程名称		××市×中学教学楼	编号	05-01-C6.3.2-×××	
			试验日期	××年×月×日	
分项工程名称		给水系统	试验部位	二层给水系统	
材质、规格		衬塑钢管 DN100、DN15	压力表编号	Y100PNO-1.0MPa	
试验要求： 本工程给水系统压力0.6MPa，试验压力为1.0MPa。在试验压力下观察10min，压力降不应大于0.02MPa，然后降至工作压力进行检查，不渗不漏为合格。					
试验记录	试验介质			水	
	试验压力表设置位置			地下一层给水泵房	
	强度试验	试验压力（MPa）		1.0	
		试验持续时间（min）		1.0	
		试验压力降（MPa）		0.01	
		渗漏情况		无渗漏	
	严密性试验	试验压力（MPa）		0.7	
		试验持续时间（min）		2h	
		试验压力降（MPa）		无压降	
		渗漏情况		无渗漏	
试验结论： 符合设计要求及《建筑给水排水及采暖工程施工质量验收规范》GB 50242—2002规定，合格。					
签字栏	施工单位	×××建筑安装有限公司	专业技术负责人	专业质检员	专业工长
			×××	×××	×××
	监理或建设单位	×××监理有限责任公司		专业工程师	×××

（11）通水试验记录（C6.3.3）

通水试验记录应符合现行国家标准《建筑给水排水及采暖工程施工质量验收规范》GB 50242—2002 的有关规定。室内外给水、中水及游泳池水系统、卫生洁具、地漏及地面清扫口及室内外排水系统在安装完毕后，应进行通水试验。

相关规定与要求：

1）给水系统交付使用前必须进行通水试验并做好记录。检验方法：观察和开启阀门、水嘴等放水。

2）卫生器具交工前应做满水和通水试验。检验方法：满水后各连接件不渗不漏；通水试验给、排水畅通。

3）注意事项：通水试验为系统试验，一般在系统完成后统一进行。

施工单位填写的通水试验记录应一式三份，并应由建设单位、监理单位、施工单位各保存一份。通水试验记录宜采用表 5-76 的格式。

通水试验记录（C6.3.3）　　**表 5-76**

<table>
<tr><td colspan="2" rowspan="2">工程名称</td><td colspan="2" rowspan="2">××市×中学教学楼</td><td>编号</td><td>02-01-C6.3.3-×××</td></tr>
<tr><td>试验日期</td><td>××年×月×日</td></tr>
<tr><td colspan="2">分项工程名称</td><td colspan="2">给水系统</td><td>试验部位</td><td>给水系统</td></tr>
<tr><td colspan="6">试验系统简述：
本工程为地下一层地上局部五层，均有外网供水，卫生器具有蹲便器、脸盆、小便池、拖布池、地漏等。</td></tr>
<tr><td colspan="6">试验要求：
给水系统交付使用前必须进行通水试验并做好记录，观察和开启阀门、水嘴等放水，各处给水畅通。</td></tr>
<tr><td colspan="6">试验记录：
将全系统的给水阀门全部开启，同时开放 1/3 配水点，供水压力流量正常。然后逐个检查各配水点，出水均畅通，接口无渗漏。</td></tr>
<tr><td colspan="6">试验结论：
符合设计要求及《建筑给水排水及采暖工程施工质量验收规范》GB 50242—2002 规定，合格。</td></tr>
<tr><td rowspan="3">签字栏</td><td rowspan="2">施工单位</td><td rowspan="2">×××建筑安装有限公司</td><td>专业技术负责人</td><td>专业质检员</td><td>专业工长</td></tr>
<tr><td></td><td></td><td></td></tr>
<tr><td>监理或建设单位</td><td colspan="2">×××监理有限责任公司</td><td>专业工程师</td><td></td></tr>
</table>

（12）冲（吹）洗试验记录（C6.3.4）

冲（吹）洗试验记录应符合现行国家标准《建筑给水排水及采暖工程施工质量验收规范》GB 50242—2002、《通风与空调工程施工质量验收规范》GB 50243—2016 的有关规定。室内外给水、中水及游泳池水系统、供暖、空调水、消火栓、自动喷水等系统管道，以及设计有要求的管道在使用前做冲洗试验及介质为气体的管道系统做吹洗试验时，应填写冲洗、吹洗试验记录。相关规定与要求如下：

1）生活给水系统管道在交付使用前必须冲洗和消毒，并经有关部门取样检验，符合国家《生活饮用水卫生标准》GB 5749—2022 方可使用。检验方法：检查有关部门提供的检测报告。

2）热水供应系统竣工后必须进行冲洗。检验方法：现场观察检查。

3）供暖系统试压合格后，应对系统进行冲洗并清扫过滤器及除污器。检验方法：现场观察，直至排出水不含泥砂、铁屑等杂质，且水色不浑浊为合格。

4）消防水泵接合器及室外消火栓安装系统消防管道在竣工前，必须对管道进行冲洗。

检验方法：观察冲洗出水的浊度。

5）供热管道试压合格后，应进行冲洗。检验方法：现场观察，以水色不浑浊为合格。

6）自动喷水灭火系统管网冲洗的水流流速、流量不应小于系统设计的水流流速、流量；管网冲洗宜分区、分段进行；水平管网冲洗时其排水管位置应低于配水支管。管网冲洗应连续进行，当出水口处水的颜色、透明度与入水口处水的颜色、透明度基本一致时为合格。

注意事项：吹（冲）洗（脱脂）试验为系统试验，一般在系统完成后统一进行。

施工单位填写的冲洗、吹洗试验记录应一式三份，并应由建设单位、监理单位、施工单位各保存一份。冲洗、吹洗试验记录宜采用表5-77的格式。

冲洗、吹洗试验记录（C6.3.4） 表5-77

<table>
<tr><td rowspan="2" colspan="2">工程名称</td><td rowspan="2">××市×中学教学楼</td><td>编号</td><td colspan="2">05-01-C6.3.4-×××</td></tr>
<tr><td>试验日期</td><td colspan="2">××年×月×日</td></tr>
<tr><td colspan="2">分项工程名称</td><td>室内给水系统</td><td>试验部位</td><td colspan="2">给水系统</td></tr>
<tr><td colspan="6">试验要求：给水系统交付使用前必须进行冲洗，单向冲洗，各配水点水色透明度与进水目测一致且无杂物时，停止冲洗。</td></tr>
<tr><td colspan="6">试验记录：从上午8时开始对全楼供水系统进行冲洗，单向冲洗，以距外供水阀的距离由近及远依次打开阀门水嘴冲洗，到上午11：30分，各配水点水色透明度与进水目测一致且无杂物时，停止冲洗。</td></tr>
<tr><td colspan="6">试验结论：符合设计要求及《建筑给水排水及采暖工程施工质量验收规范》GB 50242—2002规定，合格。</td></tr>
<tr><td rowspan="3">签字栏</td><td rowspan="2">施工单位</td><td rowspan="2">×××建筑安装有限公司</td><td>专业技术负责人</td><td>专业质检员</td><td>专业工长</td></tr>
<tr><td>×××</td><td>×××</td><td>×××</td></tr>
<tr><td>监理或建设单位</td><td colspan="2">×××监理有限责任公司</td><td>专业工程师</td><td>×××</td></tr>
</table>

其他常用试验记录填写要求，见表5-78。

其他常用试验记录填写要求 表5-78

通球试验记录（C6.3.5）	1. 记录形成：室内排水水平干管、主立管应按有关规定进行通球试验，并做记录。 2. 相关规定与要求：排水主立管及水平干管管道均应做通球试验，通球球径不小于排水管道管径的2/3，通球率必须达到100%。检验方法：通球检查。 3. 注意事项：通球试验为系统试验，一般在系统完成、通水试验合格后进行。通球试验用球宜为硬质空心塑料球，投入时做好标记，以便同排出的试验球核对。 4. 本表由施工单位填写一式三份，建设单位、监理单位、施工单位各保存一份
补偿器安装记录（C6.3.6）	1. 记录形成：各类补偿器安装时应按要求进行补偿器安装记录。 2. 相关规定与要求： （1）补偿器型式、规格、位置应符合设计要求，并按有关规定进行预拉伸。检验方法：对照设计图纸检查。 （2）补偿器的型号、安装位置及预拉伸和固定支架的构造及安装位置应符合设计要求。检验方法：对照图纸，现场观察，并查验预拉伸记录。 （3）室外供热管网安装补偿器的位置必须符合设计要求，并应按设计要求或产品说明书进行预拉伸。管道固定支架的位置和构造必须符合设计要求。检验方法：对照图纸，并查验预拉伸记录。 3. 注意事项： （1）补偿器预拉伸数值应根据设计给出的最大补偿量得出（一般为其数值的50%），要注意不同位置的补偿器由于管段长度、运行温度、安装温度不同而有所不同。 （2）根据试验的实际情况填写实测数据，要准确，内容齐全，不得漏项。 （3）工程采用施工总承包管理模式的，签字人员应为施工总承包单位的相关人员。 （4）热伸长可通过公式计算：$\Delta L=\alpha L\Delta t$ 式中 ΔL——为热伸长（m）； α——为管道线膨胀系数，碳素钢 $\alpha=12\times10^{-6}$m/℃； L——为管长（m）； Δt——为管道在运行时的温度与安装时的温度之差值（℃）。 4. 本表由施工单位填写一式两份，施工单位与监理单位各保存一份

续表

消火栓试射记录(C6.3.7)	1. 记录形成：室内消火栓系统在安装完成后，应按设计要求及规范规定进行消火栓试射试验，并做记录。 2. 相关规定与要求：室内消火栓系统安装完成后应取屋顶层（或水箱间内）试验消火栓和首层取两处消火栓做试射试验，达到设计要求为合格。检验方法：实地试射检查。 3. 注意事项： （1）试验前应对消火栓组件、栓口安装（含减压稳压装置）等进行系统检查。 （2）根据试验的实际情况填写实测数据（测试栓口动压、静压应填写实测数值，要符合消防检测要求，不能超压或压力不足），要准确，内容齐全，不得漏项。 （3）消火栓试射为系统试验，一般在系统完成、消防水泵试运行合格后进行。 4. 本表由施工单位填写一式三份，建设单位、施工单位、监理单位各保存一份
安全附件安装检查记录(C6.3.8)	1. 记录形成：锅炉的高、低水位报警器和超温、超压报警器及联锁保护装置必须按设计要求安装齐全，并进行启动、联动试验，并做记录。 2. 相关规定与要求：锅炉的高低水位报警器和超温、超压报警器及联锁保护装置必须按设计要求安装齐全和有效。检验方法：启动、联动试验并做好试验记录。 3. 注意事项：根据试验的实际情况填写实测数据，要准确，内容齐全，不得漏项。 4. 本表由施工单位填写一式两份，监理单位、施工单位各保存一份
锅炉烘炉试验记录(C6.3.9)	1. 记录形成：锅炉安装完成后，在试运行前，应进行烘炉试验，并做记录。 2. 相关规定与要求： （1）锅炉火焰烘炉应符合下列规定： ① 火焰应在炉膛中央燃烧，不应直接烧烤炉墙及炉拱。 ② 烘炉时间一般不少于4d，升温应缓慢，后期烟温不应高于160℃，且持续时间不应少于24h。 ③ 链条炉排在烘炉过程中应定期转动。 ④ 烘炉的中、后期应根据锅炉水水质情况排污。 检验方法：计时测温、操作观察检查。 （2）烘炉结束后应符合下列规定： ① 炉墙经烘烤后没有变形、裂纹及坍落现象。 ② 炉墙砌筑砂浆含水率达到7%以下。检验方法：测试及观察检查。 3. 注意事项：根据试验的实际情况填写实测数据，表格数字和曲线对照好，内容齐全，不得漏项。 4. 本表由施工单位填写一式两份，监理单位、施工单位各保存一份
锅炉煮炉试验记录(C6.3.10)	1. 记录形成：锅炉安装完成后，在试运行前，应进行煮炉试验，并做记录。 2. 相关规定与要求：煮炉时间一般应为2～3d，如蒸汽压力较低，可适当延长煮炉时间。非砌筑或浇筑保温材料保温的锅炉，安装后可直接进行煮炉。煮炉结束后，锅筒和集（水）箱内壁应无油垢，擦去附着物后金属表面应无锈斑。检验方法：打开锅筒和集（水）箱检查孔检查。 3. 本表由施工单位填写一式两份，施工单位、监理单位各保存一份
锅炉试运行记录(C6.3.11)	1. 记录形成：锅炉在烘炉、煮炉合格后，应进行48h的带负荷连续试运行，同时应进行安全阀的热状态定压检验和调整，并做记录。 2. 相关规定与要求：检验方法为检查烘炉、煮炉及试运行全过程。 3. 本表由施工单位填写一式三份，建设单位、施工单位、监理单位各保存一份
安全阀定压合格证书（C6.3.12）	1. 安全阀调试记录由试验单位提供。 2. 填表说明： （1）形成流程：锅炉安全阀在投入运行前应由有资质的试验单位按设计要求进行调试，并出具调试记录。表格由试验单位提供。 （2）相关规定与要求：锅炉和省煤器安全阀的定压和调整应符合规范的规定。锅炉上装有两个安全阀时，其中的一个按表中较高值定压，另一个按较低值定压。装有一个安全阀时，应按较低值定压。检验方法：检查定压合格证书。 （3）本表由施工单位填写一式三份，建设单位、施工单位、监理单位各保存一份
自动喷水灭火系统联动试验记录(C6.3.13)	本表由施工单位填写一式四份，建设单位、施工单位、监理单位、城建档案馆各保存一份

(13) 电气设备空载试运行记录(C6.4.3)

电气设备空载试运行记录应符合现行国家标准《建筑电气工程施工质量验收规范》GB 50303—2015的有关规定。建筑电气设备安装完毕后应进行耐压及调试试验,主要包括:低压电器动力设备和低压配电箱等。

施工单位填写的电气设备空载试运行记录应一式四份,并应由建设单位、监理单位、施工单位、城建档案馆各保存一份。电气设备空载试运行记录宜采用表5-79的格式。

电气设备空载试运行记录(C6.4.3)　　表5-79

工程名称		××市×中学教学楼			编号	07-04-C6.4.3-×××		
设备名称		YH系列高转差率三相异步电动机	设备型号	YH系列 H28020kW	设计编号		动力5号	
额定电流(A)		380	额定电压(V)	50	填写日期		××年×月×日	
试运时间		由×日10时00分开始至×日12时00分结束						
运行负荷记录	运行时间	运行电压(V)			运行电流(A)			温度(℃)
		L_1-N (L_1-L_2)	L_2-N (L_2-L_3)	L_3-N (L_3-L_1)	L_1:相	L_2:相	L_3 相	
	10:00	380	382	381	45	45	44	35
	11:00	379	381	382	45	46	47	36
	12:00	382	381	383	44	46	45	37
试运行情况记录: 经2h通电运行,电动机转向和机械转动无异常情况,检查机身和轴承的温升符合技术条件要求,配电线路和开关、仪表等运行正常,符合设计要求和《建筑电气工程施工质量验收规范》GB 50303—2015规定。								
签字栏	施工单位	×××建筑安装有限公司		专业技术负责人		专业质检员		专业工长
				×××		×××		×××
	监理或建设单位	×××监理有限责任公司				专业工程师		×××

(14) 大型照明灯具承载试验记录(C6.4.5)

大型照明灯具承载试验记录应符合现行国家标准《建筑电气工程施工质量验收规范》GB 50303—2015的有关规定。施工单位填写的大型照明灯具承载试验记录应一式三份,并应由建设单位、监理单位、施工单位各保存一份。大型照明灯具承载试验记录宜采用表5-80的格式。

大型照明灯具承载试验记录(C6.4.5)　　表5-80

工程名称	××市×中学教学楼		编号	07-05-C6.4.5-×××
楼层部位	一层大厅		试验日期	××年×月×日
灯具名称	安装部位	数量	灯具自重(kg)	试验载重(kg)
花灯	大厅	1	35	70
检查结论: 一层大厅使用灯具的规格、型号符合设计要求,预埋螺栓直径符合规范要求,经做承载试验,试验载重70kg,试验时间15min,预埋件牢固可靠,符合规范规定。				

签字栏	施工单位	×××建筑安装有限公司	专业技术负责人	专业质检员	专业工长
			×××	×××	×××
	监理或建设单位	×××监理有限责任公司		专业工程师	×××

（15）智能建筑工程子系统检测记录（C6.5.4）

智能建筑工程子系统检测记录应符合现行国家标准《智能建筑工程质量验收规范》GB 50339—2013 的有关规定。施工单位填写的智能建筑工程子系统检测记录应一式四份，并应由建设单位、监理单位、施工单位、城建档案馆各保存一份。智能建筑工程子系统检测记录宜采用表 5-81 的格式。

智能建筑工程子系统检测记录（C6.5.4）　　表 5-81

<table>
<tr><td>工程名称</td><td colspan="4">××市×中学教学楼</td><td colspan="2">编号</td><td colspan="2">08-11-C6.5.4-×××</td></tr>
<tr><td>子分部工程系统名称</td><td>安全防范系统</td><td>分项工程子系统名称</td><td>停车管理</td><td>序号</td><td>××</td><td>检查部位</td><td colspan="2">停车场</td></tr>
<tr><td colspan="2">施工总承包单位</td><td colspan="4">×××建筑安装有限公司</td><td>项目经理</td><td colspan="2">×××</td></tr>
<tr><td colspan="2">执行标准名称及编号</td><td colspan="7">××××-××××</td></tr>
<tr><td colspan="2">专业承包单位</td><td colspan="4">×××机电设备安装公司</td><td>项目经理</td><td colspan="2">×××</td></tr>
<tr><td rowspan="3">主控项目</td><td rowspan="2">系统检查内容</td><td colspan="2" rowspan="2">检查规范的规定</td><td colspan="2" rowspan="2">系统检查评定记录</td><td colspan="2">检测结果</td><td rowspan="2">备注</td></tr>
<tr><td>合格</td><td>不合格</td></tr>
<tr><td>车辆探测器的探测灵敏度抗干扰性能</td><td colspan="2">抽检 100%合格为系统合格</td><td colspan="2">07-05-C6-×××</td><td>合格</td><td></td><td></td></tr>
<tr><td>一般项目</td><td></td><td colspan="2"></td><td colspan="2"></td><td></td><td></td><td></td></tr>
<tr><td>强制性条文</td><td></td><td colspan="2"></td><td colspan="2"></td><td></td><td></td><td></td></tr>
<tr><td colspan="9">检测机构的检测结论：
符合设计要求和规范规定。

检测负责人：××年×月×日</td></tr>
<tr><td colspan="9">注：1. 在检测结果栏，左列打“√”视为合格，右列打“√”视为不合格。
2. 备注栏内填写检测时出现的问题。</td></tr>
</table>

（16）风管漏光检测记录（C6.6.1）

风管漏光检测记录应符合现行国家标准《通风与空调工程施工质量验收规范》GB 50243—2016 的有关规定。风管系统安装完毕后，应按系统类别进行严密性检验，漏风量应符合设计与规范的规定。施工单位填写的风管漏光检测记录应一式三份，并应由建设单位、监理单位、施工单位各保存一份。风管漏光检测记录宜采用表 5-82 的格式。

风管漏光检测记录（C6.6.1）　　表 5-82

<table>
<tr><td rowspan="2">工程名称</td><td rowspan="2">××市×中学教学楼</td><td>编号</td><td>06-01-C6.6.1-×××</td></tr>
<tr><td>试验日期</td><td>××年×月×日</td></tr>
<tr><td>系统名称</td><td>地下室送风系统</td><td>工作压力（Pa）</td><td>500</td></tr>
<tr><td>系统接缝总长（m）</td><td>60.15</td><td>每 10m 接缝为一检测段的分段数</td><td>6 段</td></tr>
<tr><td>检查光源</td><td colspan="3">150W 带保护罩低压照明</td></tr>
<tr><td>分段序号</td><td>实测漏光点数（个）</td><td>每 10m 接缝的允许漏光点数（个/10m）</td><td>结论</td></tr>
<tr><td>1</td><td>0</td><td>不大于 2</td><td>合格</td></tr>
<tr><td>2</td><td>1</td><td>不大于 2</td><td>合格</td></tr>
<tr><td>3</td><td>0</td><td>不大于 2</td><td>合格</td></tr>
</table>

续表

分段序号	实测漏光点数（个）	每10m接缝的允许漏光点数（个/10m）	结论
4	0	不大于2	合格
5	1	不大于2	合格
6	0	不大于2	合格
合计	总漏光点数（个）	每100m接缝的允许漏光点数（个/100m）	结论
	2	8	合格
检测结论： 经检验，符合设计要求及规范规定。			

签字栏	施工单位	×××建筑安装有限公司	专业技术负责人	专业质检员	专业工长
			×××	×××	×××
	监理或建设单位	×××监理有限责任公司		专业工程师	×××

（17）风管漏风检测记录（C6.6.2）

风管漏风检测记录应符合现行国家标准《通风与空调工程施工质量验收规范》GB 50243—2016的有关规定。施工单位填写的风管漏风检测记录应一式三份，并应由建设单位、监理单位、施工单位各保存一份。风管漏风检测记录宜采用表5-83的格式。

风管漏风检测记录（C6.6.2） **表5-83**

工程名称	××市×中学教学楼	编号	06-01-C6.6.2-×××
		试验日期	××年×月×日
系统名称	×-5新风系统	工作压力（Pa）	500
系统总面积（m^2）	232.9	试验压力（Pa）	800
试验总面积（m^2）	185.2	系统检测分段数	2段

检测区段图示：	分段实测数值			
	序号	分段表面积（m^2）	试验压力（Pa）	实际漏风量（m^3/h）
	1	98	800	2.4
	2	87.2	800	1.96

系统允许漏风量[$m^3/(m^2 \cdot h)$]	6.00	实测系统漏风量[$m^3/(m^2 \cdot h)$]	2.18（各段平均值）
检测结论： 各段用漏风检测仪所测漏风量低于规范规定，检测评定合格。			

签字栏	施工单位	×××建筑安装有限公司	专业技术负责人	专业质检员	专业工长
			×××	×××	×××
	监理或建设单位	×××监理有限责任公司		专业工程师	×××

7. 施工质量验收文件（C7）

（1）检验批质量验收记录（C7.1）

按照《建设工程监理规范》GB/T 50319—2013的有关规定，项目监理机构应对施工单位报验的检验批、分项工程和分部工程进行验收，对验收合格的予以签认；对验收不合格的应拒绝签认，同时应要求施工单位在指定的时间内整改并重新报验。根据《建筑工程施工质量验收统一标准》GB 50300—2013 要求，检验批质量验收合格应符合下列规定：主控项目的质量经抽样检验均应合格；一般项目的质量经抽样检验合格；具有完整的施工操作依据。工程完成，施工单位应填报______检验批质量验收记录，并由监理工程师组织项目专业质量检查员等进行验收并签认。施工单位填写的检验批质量验收记录应一式三份，并应由建设单位、监理单位、施工单位各保存一份。检验批质量验收记录宜采用表 5-84的格式。

土方开挖工程检验批质量验收记录（C7.1）　编号 01-06-C7.1-××　表 5-84

<table>
<tr><td>单位（子单位）工程名称</td><td>××市×中学教学楼</td><td>分部（子分部）工程名称</td><td>地基与基础（土方）</td><td>分项工程名称</td><td>土方开挖</td></tr>
<tr><td>施工单位</td><td>×××建筑安装有限公司</td><td>项目负责人</td><td>×××</td><td>检验批容量</td><td>940m^2</td></tr>
<tr><td>分包单位</td><td>/</td><td>分包单位项目负责人</td><td>/</td><td>检验批部位</td><td>①～⑪/Ⓐ～Ⓕ
土方开挖</td></tr>
<tr><td>施工依据</td><td colspan="2">建筑安装工程施工工艺规程
QB-××-××××</td><td>验收依据</td><td colspan="2">《建筑地基基础工程施工质量验收标准》GB 50202—2018</td></tr>
</table>

<table>
<tr><td colspan="3" rowspan="3">验收项目</td><td colspan="5">设计要求及规范规定</td><td rowspan="3">最小/实际抽样数量</td><td rowspan="3">检查记录</td><td rowspan="3">检查结果</td></tr>
<tr><td rowspan="2">柱基基坑基槽</td><td colspan="2">挖方场地平整</td><td rowspan="2">管沟</td><td rowspan="2">地（路）面基层</td></tr>
<tr><td>人工</td><td>机械</td></tr>
<tr><td rowspan="3">主控项目</td><td>1</td><td>标高（mm）</td><td>−50</td><td>±30</td><td>±50</td><td>−50</td><td>−50</td><td>10/10</td><td>抽查 10 处，合格 10 处</td><td>100%</td></tr>
<tr><td>2</td><td>长度、宽度（由设计中心线向两边量）（mm）</td><td>+200
−50</td><td>+300
−100</td><td>+500
−150</td><td>+100</td><td>—</td><td>10/10</td><td>抽查 10 处，合格 10 处</td><td>100%</td></tr>
<tr><td>3</td><td>边坡</td><td colspan="5">设计要求</td><td>10/10</td><td>抽查 10 处，合格 10 处</td><td>100%</td></tr>
<tr><td rowspan="2">一般项目</td><td>1</td><td>表面平整度（mm）</td><td>20</td><td>20</td><td>50</td><td>20</td><td>20</td><td>10/10</td><td>抽查 10 处，合格 9 处</td><td>90%</td></tr>
<tr><td>2</td><td>基底土性</td><td colspan="5">设计要求</td><td>10/10</td><td>抽查 10 处，合格 9 处</td><td>90%</td></tr>
<tr><td colspan="3">施工单位检查结果</td><td colspan="8">主控项目的质量经抽样检验均合格；一般项目的质量经抽样检验合格；施工操作依据、质量检查记录完整。
专业工长×××
项目专业质量检查员×××
××年×月×日</td></tr>
<tr><td colspan="3">监理单位验收结论</td><td colspan="8">合格。
专业监理工程师×××
××年×月×日</td></tr>
</table>

（2）分项工程质量验收记录（C7.2）

分项工程质量验收记录应符合现行国家标准《建筑工程施工质量验收统一标准》

GB 50300—2013 的有关规定。分项工程完成，施工单位自检合格后，应填报______分项工程质量验收记录，并由监理工程师组织项目专业技术负责人等进行验收并签认。填写要求：表中部“施工单位检查结果”栏由施工单位专业质量检查员填写，表下部“施工单位检查结果”由施工单位项目技术负责人填写。“监理单位验收记录”栏由专业监理工程师，经逐项抽查审查后填写。施工单位填写的分项工程质量验收记录应一式三份，并应由建设单位、监理单位、施工单位各保存一份。分项工程质量验收记录宜采用表 5-85 的格式（表格填写均应按规范术语填写）。

填充墙分项工程质量验收记录表（C7.2）　编号 02-02-C7.2-×××　表 5-85

单位（子单位）工程名称		××市×中学教学楼		分部（子分部）工程名称	主体结构（砌体结构）
分项工程数量		1		检验批数量	5
施工单位		×××建筑安装有限公司	项目负责人	×××	项目技术负责人	×××
分包单位		/	分包单位项目负责人	/	分包内容	/
序号	检验批名称	检验批容量	部位/区段	施工单位检查结果		监理单位验收结论
1	填充墙	$123m^3$	1 层/（填充墙）	合格		验收合格
2	填充墙	$123m^3$	2 层/（填充墙）	合格		验收合格
3	填充墙	$98m^3$	3 层/（填充墙）	合格		验收合格
4	填充墙	$98m^3$	4 层/（填充墙）	合格		验收合格
5	填充墙	$70m^3$	5 层/（填充墙）	合格		验收合格
6						
说明：						
施工单位检查结果	所含检验批的质量均验收合格；质量验收记录完整。 项目专业技术负责人××× ××年×月×日					
监理单位验收结论	合格。 专业监理工程师××× ××年×月×日					

（3）分部（子分部）工程质量验收记录（C7.3）

分部工程质量验收记录应符合现行国家标准《建筑工程施工质量验收统一标准》GB 50300—2013 的有关规定。分部工程完成，施工单位自检合格后，应填报______分部工程质量验收记录。分部工程应由总监理工程师组织施工单位项目负责人和项目技术质量负责人等进行验收。勘察、设计单位项目负责人和施工单位技术、质量部门负责人应参加地基与基础分部工程的验收。设计单位项目负责人和施工单位技术、质量部门负责人应参加主体结构、节能分部工程的验收。

施工单位填写的分部工程质量验收记录应一式四份，并应由建设单位、监理单位、施工单位、城建档案馆各保存一份。分部工程质量验收记录宜采用表 5-86 的格式。

主体结构分部工程质量验收记录（C7.3）编号 02-00-C7.3-0××　　表 5-86

<table>
<tr><td colspan="2">单位（子单位）
工程名称</td><td colspan="2">××市×中学教学楼</td><td>子分部工程数量</td><td>2</td><td>分项工程数量</td><td>8</td></tr>
<tr><td colspan="2">施工单位</td><td colspan="2">×××建筑安装有限公司</td><td>项目负责人</td><td>×××</td><td>技术（质量）
负责人</td><td>×××</td></tr>
<tr><td colspan="2">分包单位</td><td colspan="2">/</td><td>分包单位负责人</td><td>/</td><td>分包内容</td><td>/</td></tr>
<tr><td>序号</td><td>子分部
工程名称</td><td>分项
工程名称</td><td>检验批
数量</td><td colspan="2">施工单位检查结果</td><td colspan="2">监理单位验收意见</td></tr>
<tr><td>1</td><td>砌体结构</td><td>配筋砌体</td><td>10</td><td colspan="2">合格</td><td colspan="2">验收合格</td></tr>
<tr><td>2</td><td>砌体结构</td><td>填充墙砌体</td><td>7</td><td colspan="2">合格</td><td colspan="2">验收合格</td></tr>
<tr><td>3</td><td>砌体结构</td><td>混凝土空心砌块砌体</td><td>10</td><td colspan="2">合格</td><td colspan="2">验收合格</td></tr>
<tr><td>4</td><td>砌体结构</td><td>砖砌体</td><td>3</td><td colspan="2">合格</td><td colspan="2">验收合格</td></tr>
<tr><td>5</td><td>混凝土结构</td><td>模板</td><td>16</td><td colspan="2">合格</td><td colspan="2">验收合格</td></tr>
<tr><td>6</td><td>混凝土结构</td><td>钢筋</td><td>17</td><td colspan="2">合格</td><td colspan="2">验收合格</td></tr>
<tr><td>7</td><td>混凝土结构</td><td>混凝土</td><td>12</td><td colspan="2">合格</td><td colspan="2">验收合格</td></tr>
<tr><td>8</td><td>混凝土结构</td><td>现浇结构</td><td>16</td><td colspan="2">合格</td><td colspan="2">验收合格</td></tr>
<tr><td></td><td></td><td></td><td></td><td colspan="2"></td><td colspan="2"></td></tr>
<tr><td></td><td></td><td></td><td></td><td colspan="2"></td><td colspan="2"></td></tr>
<tr><td colspan="4">质量控制资料</td><td colspan="2">资料共××份，完整</td><td colspan="2">验收合格</td></tr>
<tr><td colspan="4">安全和功能检验结果</td><td colspan="2">检验和抽样检测结果共
××份，符合有关规定</td><td colspan="2">验收合格</td></tr>
<tr><td colspan="4">观感质量检验结果</td><td colspan="4">好</td></tr>
<tr><td>综合验收结论</td><td colspan="7">所含（子分部）分项的质量均验收合格；质量控制资料完整；安全功能检验和抽样检测结果符合有关规定；观感质量好。</td></tr>
<tr><td colspan="2">施工单位××建筑安装有限公司
项目负责人×××
××年×月×日</td><td colspan="2">勘察单位××勘察设计院
项目负责人×××
××年×月×日</td><td colspan="2">设计单位××勘察设计院
项目负责人×××
××年×月×日</td><td colspan="2">监理单位××建设记录公司
总监理工程师×××
××年×月×日</td></tr>
</table>

（4）建筑节能分部工程质量验收记录（C7.4）

建筑节能分部工程的质量验收应在检验批、分项工程全部验收合格的基础上，质量控制资料完整；进行建筑围护结构节能构造现场实体检验；严寒、寒冷和夏热冬冷地区外窗气密性现场检测；风管及系统严密性检验；现场组装的组合式空调机组的漏风量测试记录；设备单机试运转及调试记录；系统联合试运转及调试记录；确认建筑节能工程质量达到验收条件后方可进行。建筑节能分部工程质量验收合格应符合规定：分项工程全部合格；外墙节能构造现场实体检验结果符合设计要求；外墙气密性现场实体检测结果合格；

建筑设备工程系统节能性能检测结果合格。

建筑节能分部工程质量验收记录应符合现行国家标准《建筑节能工程施工质量验收标准》GB 50411—2019 的有关规定。施工单位填写的建筑节能分部工程质量验收记录应一式四份，并应由建设单位、监理单位、施工单位、城建档案馆各保存一份。建筑节能分部工程质量验收记录宜采用表 5-87 的格式。

建筑节能分部工程质量验收记录表（C7.4）编号 09-00-C7.4-0××　　表 5-87

<table>
<tr><td colspan="2">单位（子单位）工程名称</td><td colspan="2">××市×中学教学楼</td><td>子分部工程数量</td><td>4</td><td>分项工程数量</td><td>9</td></tr>
<tr><td colspan="2">施工单位</td><td colspan="2">×××建筑安装有限公司</td><td>项目负责人</td><td>×××</td><td>技术（质量）负责人</td><td>×××</td></tr>
<tr><td colspan="2">分包单位</td><td colspan="2">/</td><td>分包单位负责人</td><td>/</td><td>分包内容</td><td>/</td></tr>
<tr><td>序号</td><td>子分部工程名称</td><td>分项工程名称</td><td>检验批数量</td><td colspan="2">施工单位检查结果</td><td colspan="2">监理单位验收意见</td></tr>
<tr><td>1</td><td>围护结构节能工程</td><td>墙体节能工程</td><td>5</td><td colspan="2">合格</td><td colspan="2">验收合格</td></tr>
<tr><td>2</td><td>围护结构节能工程</td><td>幕墙节能工程</td><td>5</td><td colspan="2">合格</td><td colspan="2">验收合格</td></tr>
<tr><td>3</td><td>围护结构节能工程</td><td>门窗节能工程</td><td>5</td><td colspan="2">合格</td><td colspan="2">验收合格</td></tr>
<tr><td>4</td><td>围护结构节能工程</td><td>屋面节能工程</td><td>2</td><td colspan="2">合格</td><td colspan="2">验收合格</td></tr>
<tr><td>5</td><td>围护结构节能工程</td><td>地面节能工程</td><td>5</td><td colspan="2">合格</td><td colspan="2">验收合格</td></tr>
<tr><td>6</td><td>供暖空调节能工程</td><td>供暖节能工程</td><td>5</td><td colspan="2">合格</td><td colspan="2">验收合格</td></tr>
<tr><td>7</td><td>供暖空调节能工程</td><td>冷热源及管网节能工程</td><td>1</td><td colspan="2">合格</td><td colspan="2">验收合格</td></tr>
<tr><td>8</td><td>配电照明节能工程</td><td>配电与照明节能工程</td><td>5</td><td colspan="2">合格</td><td colspan="2">验收合格</td></tr>
<tr><td>9</td><td>监测控制节能工程</td><td>监测与控制节能工程</td><td>1</td><td colspan="2">合格</td><td colspan="2">验收合格</td></tr>
<tr><td colspan="4">质量控制资料</td><td colspan="2">资料共××份，完整有效</td><td colspan="2">验收合格</td></tr>
<tr><td colspan="4">安全和功能检验（检测）报告</td><td colspan="2">检验和抽样检测结果共××份，符合设计及规范要求</td><td colspan="2">验收合格</td></tr>
<tr><td colspan="4">观感质量验收</td><td colspan="4">好</td></tr>
<tr><td>综合验收结论</td><td colspan="7">所含（子分部）分项工程均合格；质量控制资料完整；外墙节能构造现场实体检验结果符合设计要求；外墙气密性现场实体检测结果合格；建筑设备工程系统节能性能检测结果合格；观感好</td></tr>
<tr><td colspan="3">施工单位××建筑安装有限公司
项目负责人×××
××年×月×日</td><td colspan="2">勘察单位××勘察设计院
项目负责人×××
××年×月×日</td><td colspan="2">设计单位××勘察设计院
项目负责人×××
××年×月×日</td><td>监理单位××建设监理公司
总监理工程师×××
××年×月×日</td></tr>
</table>

8. 施工验收文件（C8）

依据《建设工程文件归档规范》GB/T 50328—2014（2019 年版）的规定施工验收文件包括：单位（子单位）工程（竣工）预验收报验表、单位（子单位）工程质量（竣工）验收记录、单位（子单位）工程质量控制核查记录、单位（子单位）工程安全和功能检验资料核查及主要功能抽查记录、单位（子单位）工程观感质量检验记录、施工资料移交书及其他验收文件。

（1）单位工程竣工验收程序：

1）单位工程完工后，施工单位应组织有关人员自检。总监理工程师应组织各专业监理工程师对工程质量进行竣工预验收。存在施工质量问题时，应由施工单位整改。整改完毕后，由施工单位向建设单位提交单位工程质量（竣工）报告，申请单位工程竣工验收。

2）工程竣工预验收合格后，项目监理机构应编写工程质量评估报告，并应经总监理工程师和工程监理单位技术负责人审核签字后报建设单位。

3）建设单位收到单位工程竣工报告后，对符合单位工程竣工报告验收要求的工程，应由建设单位项目负责人组织监理、施工、设计、勘察等单位项目负责人进行单位工程验收。

4）建设单位应当在工程竣工验收 7 个工作日前将验收的时间、地点及验收组名单书面通知负责监督该工程的工程质量监督机构。

5）建设单位组织单位工程（质量）竣工验收：

① 建设、勘察、设计、施工、监理单位分别汇报工程合同履约情况和在工程建设各个环节执行法律、法规和工程建设强制性标准的情况；

② 审阅建设、勘察、设计、施工、监理单位的工程档案资料；

③ 实地查验工程质量；

④ 对工程勘察、设计、施工、设备安装质量和各管理环节等方面做出全面评价，形成经验收组人员签署的工程竣工验收意见。

参与工程竣工验收的建设、勘察、设计、施工、监理等各方不能形成一致意见时，应当协商提出解决的方法，待意见一致后，重新组织工程竣工验收。

工程竣工验收合格后，建设单位应当及时提出工程竣工验收报告。工程竣工验收报告主要包括工程概况，建设单位执行基本建设程序情况，对工程勘察、设计、施工、监理等方面的评价，工程竣工验收时间、程序、内容和组织形式，工程竣工验收意见等内容。

（2）单位（子单位）工程（竣工）预验收报验表（C8.1）

单位（子单位）工程（竣工）预验收报验表应符合现行国家标准《建设工程监理规范》GB/T 50319—2013 的有关规定。总监理工程师应组织专业监理工程师依据有关法律法规、工程建设强制性标准设计文件及施工合同，对承包单位报送的竣工资料进行审查，并对工程质量进行竣工预验收。存在问题的，应要求施工单位及时整改；合格的，总监理工程师签认单位工程竣工验收报审表。工程（竣工）预验收合格后，项目监理机构应编写工程质量评估报告，并应经总监理工程师和监理单位技术负责人审核签字后报建设单位。

施工单位填写的单位（子单位）工程（竣工）预验收报验表应一式三份，并应由建设单位、监理单位（可选择性归档）、施工单位、城建档案馆各保存一份。单位（子单位）工程竣工预验收报验表宜采用表5-88的格式。

单位（子单位）工程（竣工）预验收报验表（C8.1） **表5-88**

<table>
<tr><td>工程名称</td><td>××市×中学教学楼</td><td>编号</td><td>00-00-C8.1-×××</td></tr>
<tr><td colspan="4">致×××监理有限责任公司（监理单位）
我方已按合同要求完成了××市×中学教学楼工程，经自检合格，请予以检查和验收。

附件：
（略）

施工总承包单位（章）×××建筑安装有限公司
项目经理×××
××年×月×日</td></tr>
<tr><td colspan="4">审查意见：
经预验收，该工程。
1. 符合/不符合我国现行法律、法规规定。
2. 符合/不符合我国现行工程建设标准规定。
3. 符合/不符合设计文件要求。
4. 符合/不符合施工合同规定。
综上所述，该工程预验收合格/不合格，可以/不可以组织正式验收。

监理单位×××监理有限责任公司
总监理工程师×××
××年×月×日</td></tr>
</table>

（3）单位（子单位）工程质量（竣工）验收记录（C8.2）

单位工程质量（竣工）验收是建设工程投入使用前的最后一次验收，验收合格的条件包括五个方面：

1）构成单位工程的各个分部工程应验收合格。

2）有关的质量控制资料应完整。

3）涉及安全、节能、环境保护和主要使用功能的分部工程检验资料应复查合格。

4）对主要使用功能应进行抽查。抽查的项目是在检查资料文件的基础上由参加验收的各方人员商定，并用计量、计数的方法抽样检验。

5）观感质量应通过验收。

单位（子单位）工程质量（竣工）验收记录，应符合现行国家标准《建筑工程施工质量验收统一标准》GB 50300—2013的有关规定。施工单位填写的单位（子单位）工程质量（竣工）验收记录应一式四份，并应由建设单位、施工单位、监理单位（可选择性归档）、设计单位、城建档案馆各保存一份。单位（子单位）工程质量（竣工）验收记录宜采用表 5-89 的格式。

单位（子单位）工程质量（竣工）验收记录（C8.2）　　**表 5-89**

<table>
<tr><td colspan="2">工程名称</td><td colspan="2">××市×中学教学楼</td><td>结构类型</td><td>框架</td><td>层数/建筑面积</td><td>地下 1 层地上 5 层 6763.18m²</td></tr>
<tr><td colspan="2">施工单位</td><td colspan="2">×××建筑安装有限公司</td><td>技术负责人</td><td>×××</td><td>开工日期</td><td>××年×月×日</td></tr>
<tr><td colspan="2">项目负责人</td><td colspan="2">×××</td><td>项目技术负责人</td><td>×××</td><td>完工日期</td><td>××年×月×日</td></tr>
<tr><td>序号</td><td colspan="2">项目</td><td colspan="3">验收记录</td><td colspan="2">验收结论</td></tr>
<tr><td>1</td><td colspan="2">分部工程验收</td><td colspan="3">共 9 分部，经查符合设计及标准规定 9 分部</td><td colspan="2">均合格</td></tr>
<tr><td>2</td><td colspan="2">质量控制资料核查</td><td colspan="3">共 41 项，经核查符合规定 41 项</td><td colspan="2">完整</td></tr>
<tr><td>3</td><td colspan="2">安全和使用功能核查及抽查结果</td><td colspan="3">共核查 22 项，符合规定 22 项，共抽查 16 项，符合规定 16 项，经返工处理符合规定 0 项</td><td colspan="2">检验资料完整，抽查结果符合相关专业质量验收规范的规定</td></tr>
<tr><td>4</td><td colspan="2">观感质量验收</td><td colspan="3">共抽查 22 项，达到“好”和“一般”的 22 项，经返修处理符合要求 0 项</td><td colspan="2">好</td></tr>
<tr><td>5</td><td colspan="2">综合验收结论</td><td colspan="5">合格</td></tr>
<tr><td rowspan="2">参加验收单位</td><td>建设单位</td><td colspan="2">监理单位</td><td colspan="2">施工单位</td><td>设计单位</td><td>勘察单位</td></tr>
<tr><td>（公章）
项目负责人×××
××年×月×日</td><td colspan="2">（公章）
总监理工程师×××
××年×月×日</td><td colspan="2">（公章）
单位负责人×××
××年×月×日</td><td>（公章）
项目负责人×××
××年×月×日</td><td>（公章）
项目负责人×××
×年×月×日</td></tr>
</table>

（4）单位（子单位）工程质量控制资料核查记录（C8.3）

单位（子单位）工程质量控制资料核查是单位工程综合验收的一项重要内容，其目的是强调建筑结构及设备性能、使用功能方面主要技术性能的检验。其每一项资料包含的内容，是单位工程包含的有关分项工程中检验批主控项目、一般项目要求内容的汇总。对一个单位工程全面进行质量控制资料核查，可以防止局部错漏，加强工程质量控制。施工单位填写的单位（子单位）工程质量控制资料核查记录应一式三份，并应由建设单位、施工单位、城建档案馆各保存一份。单位（子单位）工程质量控制资料核查记录宜采用表5-90的格式。

单位（子单位）工程质量控制资料核查记录（C8.3） 表 5-90

工程名称		××市×中学教学楼	施工单位	××建筑安装有限公司			
序号	项目	资料名称	份数	施工单位		监理单位	
				核查意见	核查人	核查意见	核查人
1	建筑与结构	图纸会审记录，设计变更通知单，工程洽商记录	××	完整	××	完整有效	××
2		工程定位测量，放线记录	××	完整	××	完整有效	××
3		原材料出厂合格证书及进场检验、试验报告	××	完整	××	完整有效	××
4		施工试验报告及见证检测报告	××	完整	××	完整有效	××
5		隐蔽工程验收记录	××	完整	××	完整有效	××
6		施工记录	××	完整	××	完整有效	××
7		地基、基础、主体结构检验及抽样检测资料	××	符合相关专业验收规范的规定	××	完整有效	××
8		分项、分部工程质量验收记录	××	合格	××	完整有效	××
9		工程质量事故调查处理资料	××	完整	××	完整有效	××
10		新技术论证、备案及施工记录	××	完整	××	完整有效	××
1	给水排水与供暖	图纸会审记录，设计变更通知单，工程洽商记录	××	完整	××	完整有效	××
2		原材料出厂合格证书及进场检验、试验报告	××	完整	××	完整有效	××
3		管道、设备强度试验、严密性试验记录	××	完整	××	完整有效	××
4		隐蔽工程验收记录	××	完整	××	完整有效	××
5		系统清洗、灌水、通水、通球试验记录	××	完整	××	完整有效	××
6		施工记录	××	完整	××	完整有效	××
7		分项、分部工程质量验收记录	××	合格	××	完整有效	××
8		新技术论证、备案及施工记录	/		/		/
1	通风与空调	图纸会审记录，设计变更通知单，工程洽商记录	××	完整	××	完整有效	××
2		原材料出厂合格证书及进场检验、试验报告	××	完整	××	完整有效	××
3		制冷、空调、水管道强度试验、严密性试验记录	××	完整	××	完整有效	××
4		隐蔽工程验收记录	××	完整	××	完整有效	××
5		制冷设备运行调试记录	××	完整	××	完整有效	××
6		通风、空调系统调试记录	××	完整	××	完整有效	××
7		施工记录	××	完整	××	完整有效	××
8		分项、分部工程质量验收记录	××	合格	××	完整有效	××
9		新技术论证、备案及施工记录	/		/		/
1	建筑电气	图纸会审记录，设计变更通知单，工程洽商记录	××	完整	××	完整有效	××
2		原材料出厂合格证书及进场检验、试验报告	××	完整	××	完整有效	××
3		设备调试记录	××	完整	××	完整有效	××
4		接地、绝缘电阻测试记录	××	完整	××	完整有效	××
5		隐蔽工程验收记录	××	完整	××	完整有效	××
6		施工记录	××	完整	××	完整有效	××
7		分项、分部工程质量验收记录	××	合格	××	完整有效	××
8		新技术论证、备案及施工记录	/		/		/

续表

工程名称		××市×中学教学楼	施工单位	××建筑安装有限公司			
序号	项目	资料名称	份数	施工单位		监理单位	
				核查意见	核查人	核查意见	核查人
1	智能建筑	图纸会审记录，设计变更通知单，工程洽商记录	××	完整	××	完整有效	××
2		原材料出厂合格证书及进场检验、试验报告	××	完整	××	完整有效	××
3		隐蔽工程验收记录	××	完整	××	完整有效	××
4		施工记录	××	完整	××	完整有效	××
5		系统功能测定及设备调试记录	××	完整	××	完整有效	××
6		系统技术、操作和维护手册	××	完整	××	完整有效	××
7		系统管理、操作人员培训记录	××	完整	××	完整有效	××
8		系统检测报告	××	完整	××	完整有效	××
9		分项、分部工程质量验收记录	××	合格	××	完整有效	××
10		新技术论证、备案及施工记录	/		/		/
1	建筑节能	图纸会审记录，设计变更通知单，工程洽商记录	××		××	完整有效	××
2		原材料出厂合格证书及进场检验、试验报告	××	完整	××	完整有效	××
3		隐蔽工程验收记录	××	完整	××	完整有效	××
4		施工记录	××	完整	××	完整有效	××
5		外墙、外窗节能检验报告	××	完整	××	完整有效	××
6		设备系统节能检测报告	××	完整	××	完整有效	××
7		分项、分部工程质量验收记录	××	合格	××	完整有效	××
8		新技术论证、备案及施工记录	/		/		/
1	电梯	图纸会审记录，设计变更通知单，工程洽商记录	/				
2		设备出厂合格证书及开箱检验记录	/				
3		隐蔽工程验收记录	/				
4		施工记录	/				
5		接地、绝缘电阻测试记录	/				
6		负荷试验、安全装置检查记录	/				
7		分项、分部工程质量验收记录	/				
8		新技术论证、备案及施工记录	/				

结论：完整。

施工单位项目负责人×××
××年×月×日

总监理工程师×××
××年×月×日

（5）单位（子单位）工程安全和使用功能检验资料核查及主要功能抽查记录（C8.4）

为确保建筑工程投入使用时的安全及满足功能性要求，涉及安全和使用功能的分部工程应有检验资料，并进行强化验收，对主要功能项目进行抽查和记录。安全和使用功能的检测，如果条件具备，应在分部工程验收时进行。分部工程验收时凡已做过的安全和使用功能检测项目，单位工程竣工验收时不再重复试测，只核查检测报告是否符合有关规定。施工单位填写的单位工程安全和功能检验资料核查及主要功能抽查记录应一式三份，并应由建设单位、施工单位、城建档案馆各保存一份。单位工程安全和功能检验资料核查及主要功能抽查记录宜采用表5-91的格式。

单位工程安全和功能检验资料核查及主要功能抽查记录（C8.4）　　表5-91

工程名称		××市×中学教学楼	施工单位	×××建筑安装有限公司		
序号	项目	安全和使用功能检查项目	份数	核查意见	抽查结果	核查人（抽查）
1	建筑与结构	地基承载力检验报告	××	完整	合格	×××
2		桩基承载力检验报告	××	完整	合格	
3		混凝土强度试验报告	××	完整	合格	
4		砂浆强度试验报告	××	完整	合格	
5		主体结构尺寸、位置抽查记录	××	符合规定	合格	
6		建筑物垂直度、标高、全高测量记录	××	符合规定	合格	
7		屋面淋水或蓄水试验记录	××	符合规定	合格	
8		地下室渗漏水检测记录	××	符合规定	合格	
9		有防水要求的地面蓄水试验记录	××	符合规定	合格	
10		抽气（风）道检查记录	××	符合规定	合格	
11		外窗气密性、水密性、耐风压检测报告	××	完整	合格	
12		幕墙气密性、水密性、耐风压检测报告	××	完整	合格	
13		建筑物沉降观测测量记录	××	符合规定	合格	
14		节能、保温测试记录	××	符合规定	合格	
15		室内环境检测报告	××	完整	合格	
16		土壤氡气浓度监测报告	××	完整	合格	
1	给水排水与供暖	给水管道通水试验记录	××	符合规定	合格	×××
2		暖气管道、散热器压力试验记录	××	符合规定	合格	
3		卫生器具满水试验记录	××	符合规定	合格	
4		消防管道、燃气管道压力试验记录	××	符合规定	合格	
5		排水干管通球试验记录	××	符合规定	合格	
6		锅炉试运行、安全法及报警联动测试记录	××	符合规定	合格	
1	通风与空调	通风、空调系统试运行记录	××	符合规定	合格	×××
2		风量、温度测试记录	××	符合规定	合格	
3		空气能量回收装置测试记录	××	符合规定	合格	
4		洁净室洁净度测试记录	××	符合规定	合格	
5		制冷机组试运行调试记录	××	符合规定	合格	
1	建筑电气	建筑照明通电试运行记录	××	符合规定	合格	×××
2		灯具固定装置及悬吊装置的载荷强度试验记录	××	符合规定	合格	
3		绝缘电阻测试记录	××	符合规定	合格	
4		剩余电流动作保护器测试记录	××	符合规定	合格	
5		应急电源装置应急持续供电记录	××	符合规定	合格	
6		接地电阻测试记录	××	符合规定	合格	
7		接地故障回路阻抗测试记录	××	符合规定	合格	

续表

工程名称		××市×中学教学楼	施工单位	×××建筑安装有限公司			
序号	项目	安全和使用功能检查项目		份数	核查意见	抽查结果	核查人（抽查）
1	智能建筑	系统试运行记录		××	符合规定	合格	×××
2		系统电源及接地检测报告		××	完整	合格	
3		系统接地检测报告		××	完整	合格	
1	建筑节能	外墙节能构造检查记录或热工性能检验报告		××	完整	合格	×××
2		设备系统节能性能检查记录		××	符合规定	合格	
1	电梯	运行记录		/	/	/	
2		安全装置检测报告		/	/	/	

结论：
检验资料完整；抽查结果符合相关专业验收规范的规定。

施工单位项目负责人×××
××年×月×日

总监理工程师×××
××年×月×日

注：抽查项目由验收组协商确定。

(6) 单位（子单位）工程观感质量检查记录（C8.5）

根据《建筑工程施工质量验收统一标准》GB 50300—2013 的有关规定，以观察、触摸或简单量测的方式进行观感质量验收，并结合验收人的主观判断，检查结果综合给出“好”“一般”“差”的质量评价结果。对于“差”的检查点应进行返修处理。施工单位填写的单位（子单位）工程观感质量检查记录应一式三份，并应由建设单位、施工单位、城建档案馆各保存一份。单位（子单位）工程观感质量检查记录宜采用表 5-92 的格式。

单位（子单位）工程观感质量检查记录（C8.5）　表 5-92

工程名称		××市×中学教学楼	施工单位	×××建筑安装有限公司	
序号	项目		抽查质量状况		质量评价
1	建筑与结构	主体结构外观	共检查　点　好　点　一般　点　差　点		
2		室外墙面	共检查　点　好　点　一般　点　差　点		
3		变形缝、雨水管	共检查　点　好　点　一般　点　差　点		
4		屋面	共检查　点　好　点　一般　点　差　点		
5		室内墙面	共检查　点　好　点　一般　点　差　点		
6		室内顶棚	共检查　点　好　点　一般　点　差　点		
7		室内地面	共检查　点　好　点　一般　点　差　点		
8		楼梯、踏步、护栏	共检查　点　好　点　一般　点　差　点		
9		门窗	共检查　点　好　点　一般　点　差　点		
10		雨罩、台阶、坡道、散水	共检查　点　好　点　一般　点　差　点		
1	给水排水与供暖	管道接口、坡度、支架	共检查　点　好　点　一般　点　差　点		
2		卫生器具、支架、阀门	共检查　点　好　点　一般　点　差　点		
3		检查口、扫除口、地漏	共检查　点　好　点　一般　点　差　点		
4		散热器、支架	共检查　点　好　点　一般　点　差　点		

续表

工程名称		××市×中学教学楼	施工单位	×××建筑安装有限公司
序号	项目		抽查质量状况	质量评价
1	通风与空调	风管、支架	共检查　点　好　点　一般　点　差　点	
2		风口、风阀	共检查　点　好　点　一般　点　差　点	
3		风机、空调设备	共检查　点　好　点　一般　点　差　点	
4		管道、阀门、支架	共检查　点　好　点　一般　点　差　点	
5		水泵、冷却塔	共检查　点　好　点　一般　点　差　点	
6		绝热	共检查　点　好　点　一般　点　差　点	
1	建筑电气	配电箱、盘、板、接线盒	共检查　点　好　点　一般　点　差　点	
2		设备器具、开关、插座	共检查　点　好　点　一般　点　差　点	
3		防雷、接地、防火	共检查　点　好　点　一般　点　差　点	
1	智能建筑	机房设备安装及布局	共检查　点　好　点　一般　点　差　点	
2		现场设备安装	共检查　点　好　点　一般　点　差　点	
1	电梯	运行、平层、开关门	共检查　点　好　点　一般　点　差　点	
2		层门、信号系统	共检查　点　好　点　一般　点　差　点	
3		机房	共检查　点　好　点　一般　点　差　点	
观感质量综合评价			，　，　，	

结论：

施工总承包单位项目负责人×××
××年×月×日

总监理工程师×××
××年×月×日

单位工程观感质量检查记录中的质量评价结果填写“好”“一般”或“差”，可由各方协商确定，也可按以下原则确定：项目检查点中有一处或多于一处“差”可评价为“差”，有60%及以上的检查点“好”可评价为“好”，其余情况可评价为“一般”。

（7）房屋建筑工程质量保修书（E1.10示范文本）

依据《房屋建筑工程质量保修办法》（建设部令第80号）规定，房屋建筑工程质量保修，是指对房屋建筑工程竣工验收后在保修期限内出现的质量缺陷，予以修复。房屋建筑工程在保修范围和保修期限内出现质量缺陷，施工单位应当履行保修义务。施工单位填写的房屋建筑工程质量保修书应一式三份，并应由建设单位、施工单位、城建档案馆各保存一份。房屋建筑工程质量保修书可采用表5-93（示范文本）的格式。

（8）工程质量监督报告

质量监督站对工程竣工验收的组织形式、验收程序、执行标准等情况进行现场监督，竣工后提出工程质量监督报告，工程质量监督报告有下列内容：

1）建筑面积、开工时间、竣工验收时间、工程规划许可证号、施工许可证号、监督注册号、参建各单位负责人及监督部门、监督人员、监督时间。

房屋建筑工程质量保修书（E1.10） **表 5-93**

<table>
<tr><td>
房屋建筑工程质量保修书
发包人（全称）：××市×中学
承包人（全称）：×××建筑安装有限公司
发包人、承包人根据《中华人民共和国建筑法》《建设工程质量管理条例》和《房屋建筑工程质量保修办法》，经协商一致，对××市×中学教学楼（工程全称）签订工程质量保修书。
一、工程质量保修范围和内容
承包人在质量保修期内，按照有关法律、法规、规章的管理规定和双方约定，承担本工程质量保修责任。
质量保修范围包括地基基础工程、主体结构工程，屋面防水工程、有防水要求的卫生间、房间和外墙面的防渗漏，供热与供冷系统，电气管线、给水排水管道、设备安装和装修工程，以及双方约定的其他项目。具体保修的内容，双方约定如下：保修的内容为本合同第二条规定的内容。
二、质量保修期
双方根据《建设工程质量管理条例》及有关规定，约定本工程的质量保修期如下：
1. 地基基础工程和主体结构工程为设计文件规定的该工程合理使用年限。
2. 屋面防水工程、有防水要求的卫生间、房间和外墙面的防渗漏为 5 年。
3. 装修工程为 2 年。
4. 电气系统、给水排水管道、设备安装工程为 2 年。
5. 供热与供冷系统为 2 个供暖期、供冷期。
6. 住宅小区内的给水排水设施、道路等配套工程为 2 年。
7. 其他项目保修期限约定如下： 无 。
房屋建筑工程质量保修期自工程竣工验收合格之日起计算。
三、质量保修责任
1. 属于保修范围、内容的项目，承包人应当在接到保修通知之日起 7 天内派人保修。承包人不在约定期限内派人保修的，发包人可以委托他人修理。
2. 发生紧急抢修事故的，承包人在接到事故通知后，应当立即到达事故现场抢修。
3. 对于涉及结构安全的质量问题，应当按照《房屋建筑工程质量保修办法》的规定，立即向当地建设行政主管部门报告，采取安全防范措施；由原设计单位或者具有相应资质等级的设计单位提出保修方案，承包人实施保修。
4. 质量保修完成后，由发包人组织验收。
四、保修费用
保修费用由造成质量缺陷的责任方承担。
五、其他
双方约定的其他工程质量保修事项： / 。
本工程质量保修书，由施工合同发包人、承包人双方在竣工验收前共同签署，作为施工合同附件，其有效期限至保修期满。
发 包 人（公章）： 承 包 人（公章）：
法定代表人（签字）： 法定代表人（签字）：
年 月 日 年 月 日
</td></tr>
</table>

2）工程质量监督机构主要监督成果概述：描述监督方案的编制，各方行为检查、实物抽查、资料抽查、监督质量问题的整改情况。

3）监督部门评价

① 责任主体的质量行为及执行有关法律、法规的评价。

② 执行国家强制性标准评价：是否执行了强制性标准、执行标准是否准确。

③ 实物质量抽查时间、内容和结论。

④ 监督抽查的时间、内容和结论。

⑤ 安全和功能检测结论：描述安全和功能性检测是否符合国家相关的规范要求。

⑥ 资料抽查结论：包括设计变更手续是否符合要求；工程质量控制资料是否完整；工程所含分部工程有关安全和功能检测资料是否完整；工程主要功能项目的抽查结果是否符合相关专业质量验收规范的规定；质量事故处理资料是否完整。

⑦ 行为和实物质量问题处理过程描述：建设行政主管部门和工程质量监督机构所提出的行为和实物质量中存在的问题是否整改，是否符合要求。

⑧ 监督意见和结论：该工程竣工验收组织形式、程序是否合法。

（五）竣工图编制

竣工图是工程竣工档案的重要组成部分，是对完工工程的真实描述，也是工程竣工验收必备条件，是工程使用期间管理、维修、改建、扩建的依据。结合《建设项目档案管理规范》DA/T 28—2018，竣工图编制应符合下列规定。

1. 竣工图的编制要求

（1）工程竣工时应编制竣工图，竣工图的编制单位由建设单位在工程招标及与勘察、设计、施工、监理等单位签订协议、合同时确定。通常由施工单位负责编制。

（2）竣工图应完整、准确、规范、清晰、修改到位，真实反映项目竣工时的实际情况。

（3）应将设计变更、工程联系单、技术核定单、洽商单、材料变更、会议纪要、备忘录、施工及质检记录等涉及变更的全部文件汇总后经监理审核，作为竣工图编制的依据。

（4）竣工图应依据工程技术规范按单位工程、分部工程、专业编制，并配有竣工图编制说明和图纸目录。竣工图编制说明的内容应包括竣工图涉及的工程概况、编制单位、编制人员、编制时间、编制依据、编制方法、变更情况、竣工图张数和套数等。

（5）按照施工图施工没有变更的，由竣工图编制单位在施工图上逐张加盖并签署竣工图章。

（6）凡一般性图纸变更且能在原施工图上修改补充的，可直接在原图上修改，并加盖竣工图章。在修改处应注明修改依据文件的名称、编号和条款号，无法用图形、数据表达清楚的，应在图框内用文字说明。

（7）有下述情形之一时应重新绘制竣工图：

1）涉及结构形式、工艺、平面布置、项目等重大改变。

2）图面变更面积超过20%。

3）合同约定对所有变更均需重绘或变更面积超过合同约定比例。

重新绘制竣工图应按原图编号，图号末尾加注“竣”字，或在新图标题栏内注明“竣工阶段”。重新绘制竣工图图幅、比例、字号、字体应与原图一致。

（8）施工单位重新绘制的竣工图，标题栏应包含施工单位名称、图纸名称、编制人、审核人、图号、比例尺、编制日期等标识项，并逐张加盖监理单位相关责任人审核签字的竣工图审核章（图5-3）。

竣工图审核章		
监理单位	专业监理工程师	审核日期

图5-3　竣工图审核章样图

（9）行业规定设计单位编制或建设单位、施工单位委托设计单位编制竣工图，应在竣工图编制说明、图纸目录和竣工图上逐张加盖并签署竣工图审核章。

（10）同一建筑物、构筑物重复的标准图、通用图可不编入竣工图中，但应在图纸目录中列出图号，指明该图所在位置并在竣工图编制说明中注明；不同建筑物、构筑物应分别编制竣工图。

（11）建设单位应负责组织或委托有资质的单位编制项目总平面图和综合管线竣工图。

（12）用施工图编制竣工图的，应使用新图纸，不得使用复印的白图编制竣工图。

（13）竣工图章、竣工图审核章应使用红色印泥，盖在标题栏附近空白处。

（14）竣工图应按《技术制图 复制图的折叠方法》GB/T 10609.3—2009 的规定统一折叠。

2. 竣工图图纸折叠方法

（1）图纸折叠应符合下列规定：图纸折叠前应按图 5-4 所示的裁图线裁剪整齐，图纸幅面应符合表 5-94 的规定。

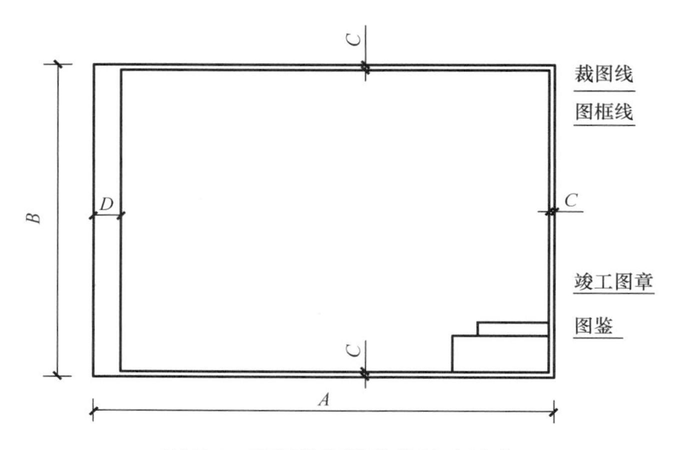

图 5-4　图框及图纸边线尺寸示意

图幅代号及图幅尺寸　　**表 5-94**

基本图幅代号	0 号	1 号	2 号	3 号	4 号
B(mm)×A(mm)	841×1189	594×841	420×594	297×420	297×210
C(mm)	10			5	
D(mm)	25				

（2）折叠时图面应折向内侧成手风琴风箱式。

（3）折叠后幅面尺寸应以 4 号图为标准。

（4）图签及竣工图章应露在外面。

（5）0～3 号图纸应在装订边 297mm 处折一三角或剪一缺口，并折进装订边。

（6）0～3 号图不同图签位的图纸，可分别按图 5-5～图 5-8 所示方法折叠。

（7）图纸折叠前，应准备好一块略小于 4 号图纸尺寸（一般为 292mm×205mm）的模板。折叠时，应先把图纸放在规定位置，然后按照折叠方法的编号顺序依次折叠。

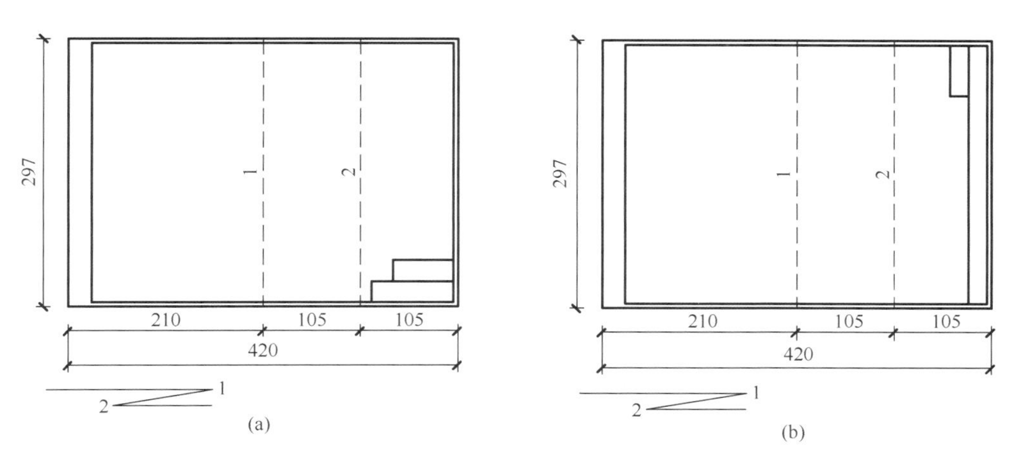

图 5-5　3 号图纸折叠示意

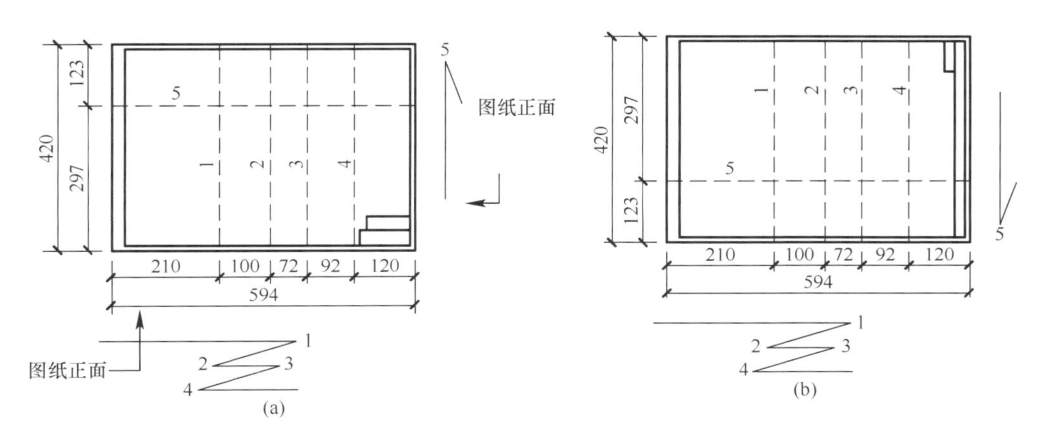

图 5-6　2 号图纸折叠示意

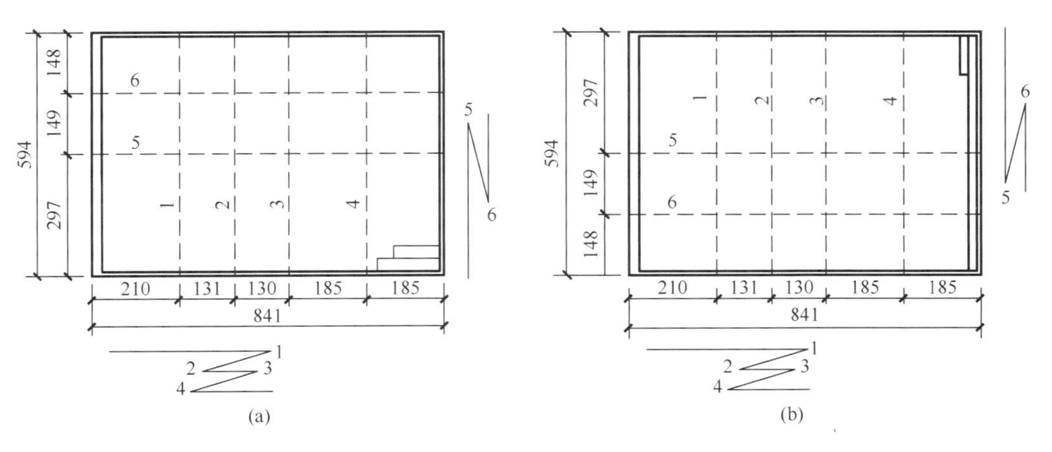

图 5-7　1 号图纸折叠示意

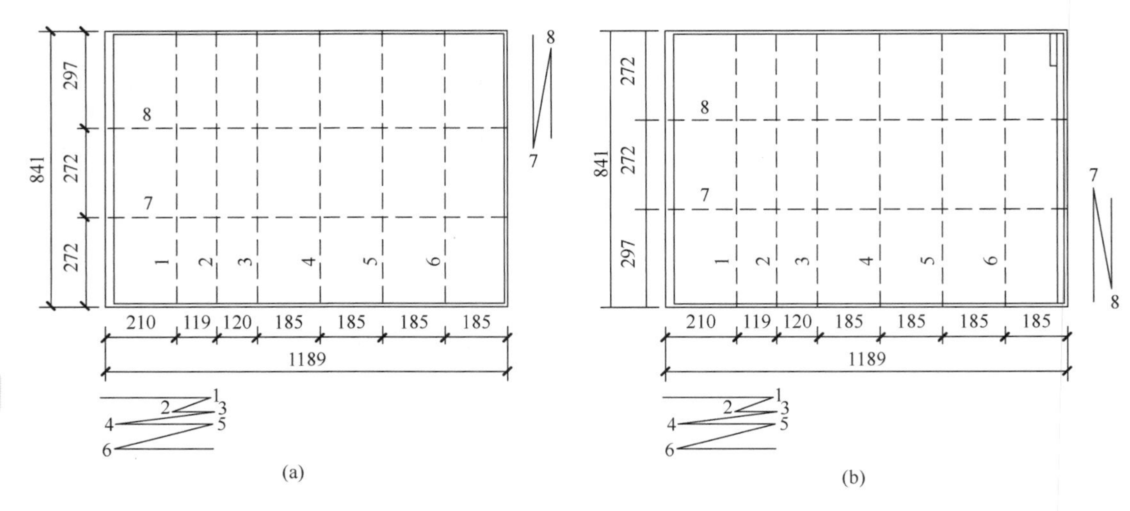

图 5-8　0 号图纸折叠示意

六、建筑业统计的基础知识

（一）建筑业统计基本知识

建筑业统计工作就是运用统计学原理，以文本表册、指标数据等形式揭示建筑业生产经营活动的有关情况及其发展规律的一项工作。以建筑业的生产经营活动为对象，通过从质和量的联系中对数量的观察、分析和研究，揭示建筑业的生产经营活动中诸多现象的发展过程、现状及其一般规律。

1. 建筑业统计工作的作用和基本内容

建筑业统计工作的作用是为国家建筑业的发展和决策积累数据，为建筑业科学管理提供依据，为建筑业的科学研究提供参考。同时，建筑业统计收集的反映建筑企业生产经营活动的资料也为企业领导进行决策和管理提供依据。

建筑业统计工作的基本内容包括统计调查、统计整理、统计分析和统计年报等。统计调查就是在确定建筑业统计任务和方案后，根据研究的目的收集各种建筑业统计资料；统计整理就是对调查取得的建筑业统计资料进行汇总、整理、分组、计算得出所需的建筑业统计指标；统计分析就是对经过整理的建筑业统计资料，结合实际情况，进行分析研究，发现问题，提出建议和意见；统计年报就是根据国家建筑业统计工作年报制度的规定，定期将建筑业工作基本情况的统计数据上报给有关部门的一项重要的建筑业统计工作制度。

2. 建筑业统计的对象、任务、调查单位及统计范围

（1）建筑业统计的对象是建筑业生产经营活动的数量表现。它通过搜集、整理和分析建筑业大量经济信息，全面地反映建筑业整个行业的生产经营活动的条件、过程及成果，建筑业企业从事的其他业务活动的状况和成果，以及整个企业的生产经营成果、人力、物力的投入和财务状况。建筑业整个行业的生产经营活动包括：

1）各种房屋、建筑物和构筑物的建造。

2）各线路、管道和机械设备的安装。

3）原有房屋、建筑物和构筑物的修理。

4）部分非标准设备的制造。

5）原有房屋、建筑物和构筑物的装饰装修等。

（2）建筑业统计的任务是结合采用多种统计调查方法，准确、及时、全面地搜集反映建筑生产经营活动的统计资料，科学地整理和分析这些资料，并提出切合实际的建议和有根据的预测，为各级政府和主管部门进行宏观决策和管理，编制和检查计划提供依据。同时，建筑业统计搜集整理的一整套反映建筑业企业生产经营全过程及产供销、人财物各方

面的资料，也能为企业领导进行微观决策和管理提供依据。

(3) 建筑业统计的调查单位是统计调查内容的承担者，也是构成调查总体的基本单位。建筑业统计的调查单位一种是独立核算的法人建筑业企业，另一种是附属于其他行业的企业、事业、行政单位的附营建筑施工单位，应由其主管企业、事业、行政单位负责组织填报附营建筑业统计报表。

(4) 建筑业统计的范围是根据调查的目的和任务，结合考虑需要而确定的统计调查所必须包括的单位。现行国家统计报表制度规定的建筑业的统计范围是全社会具有建筑业资质的所有独立核算建筑业企业（包括国有经济、城镇集体和私营经济、联营经济、股份制经济、外商和港澳台投产投资经济以及其他经济类型的独立核算的具有资质等级的法人建筑业企业）及所属产业活动单位。五年一次的全国经济普查规定，建筑业统计范围是所有资质建筑企业、资质外建筑企业和个体建筑户。

（二）施工现场统计工作内容

建筑施工企业施工现场统计工作的主要目的：一是为工程项目决策和检查执行情况提供依据；二是为编制工程施工计划和检查施工进度完成情况提供依据；三是为工程动态提供分析依据。统计工作的特点是通过搜集、汇总、计算统计数据来反映事物的面貌与发展规律。数量性是统计信息的基本特点，即通过数字揭示事物在特定时间、特定方面的数量特征，帮助我们对事物进行定量乃至定性分析，从而做出正确的决策。因此，统计是企业管理的一项基础工作，也是工程管理的重要手段，而统计基础工作的规范化管理是统计数据质量保证的基本要求。

1. 统计基础工作的规范化管理

统计工作包括原始记录登记、统计台账和统计报表工作。统计基础工作规范化管理的基本特点为原始记录、统计台账和报表的形成必须有严格的工作程序；企业内部业务部门的统计核算与综合统计机构必须有资料供应和反馈关系。

(1) 原始记录是基层单位利用一定的簿、册、表、单等形式对建筑业企业生产经营活动中的进程、收支、进出等情况所做的直接登记和最初记载，是指未经过加工整理的各种表格、卡片、账册单等第一手材料，其内容反映了施工管理经营和工程技术管理方面的实际情况，既是维护统计资料完整和安全的必要依据，也是统计调查以及整个项目管理的基础。因此填写时应按规定要求内容如实填写，数据真实可靠，各类人员签字齐全，使其具有可追溯性。

(2) 统计台账是基层单位根据经营管理和核算工作的需要，用一定的表现形式将原始记录资料按时间顺序进行登记，系统地积累资料，并定期进行总结的账册。其作用一是能使建筑业基层单位的统计资料系统化、条理化、档案化；二是能清楚地反映工程项目的施工进度，有利于领导研究施工趋势和规律，以便随时进行指挥调度；三是有利于检查建筑施工企业各类计划指标的完成情况。

(3) 统计报表是由基层企业通过表格的形式，按照统一规定的指标和内容、上报时间和程序，定期地向上级报告计划执行情况和重要经济活动情况特定的统计报告制度。

2. 建筑业统计报表制度

建筑业统计报表制度是各级政府为了解建筑业企业生产经营的基本情况，为制定政策和计划、进行经营管理与调控提供依据，依照《中华人民国共和国统计法》的规定：国家机关、企业事业单位和其他组织以及个体工商户和个人等统计调查对象，必须依照本法和国家有关规定，真实、准确、完整、及时地提供统计调查所需的资料，不得提供不真实或者不完整的统计资料，不得迟报、拒报统计资料。统计机构和统计人员对在统计工作中知悉的国家秘密、商业秘密和个人信息，应当予以保密。建筑业统计报表制度是《一套表统计调查制度》的组成部分。统计内容包括调查单位的基本情况、从业人员及工资总额、财务状况、生产经营状况、能源和水消费、固定资产投资、研发活动、信息化和电子商务交易情况等。

3. 施工现场统计报表制度的统计内容

建筑业统计报表制度的统计内容主要包括：建筑业企业基本情况，建筑业企业所属产业活动单位基本情况，建筑业企业生产情况，建筑业企业财务状况，建筑业企业房屋建筑完成情况、能源消费情况及劳务分包建筑业企业生产经营情况等指标。建筑业统计报表制度的表式按报告期分为年报和定期报表。

（1）基层年报表包括：

1）法人单位基本情况

2）产业活动单位基本情况

3）从业人员及工资总额

4）财务状况

5）建筑业企业生产经营情况

6）房屋竣工面积及价值

7）劳务分包建筑业企业生产经营情况

8）信息化情况

（2）基层定期报表（季报）包括：

1）法人单位基本情况（免报）

2）从业人员及工资总额

3）财务状况

4）建筑业企业生产经营情况

5）房屋竣工面积及价值

6）劳务分包建筑业企业生产经营情况

4. 报表制度的资料来源

建筑业企业生产情况表、财务状况表、房屋建筑完成情况表、从业人员及工资总额表、能源消费情况及劳务分包建筑业企业生产经营情况表的统计资料，取自具有建筑业资质等级的法人建筑业企业的基层资料。

5. 施工企业项目部统计工作

施工企业项目部统计工作按服务对象不同具体可分为上报公司、上报建设单位、上报监理单位和项目部内部管理使用的各类计划表、统计台账和统计报表。

(1) 上报公司各类计划报表

____月度建筑安装工程施工生产计划

____季度建筑安装工程施工生产计划

____年度建筑安装工程施工生产计划

(2) 上报公司各类统计台账

单位工程登记台账

单位工程预算收入台账

单位工程工程量登记台账

单位工程工期记录台账

单位工程各项费用登记台账

单位工程机械使用登记台账

(3) 上报公司各类统计报表

施工生产任务预计完成情况月报

房屋建筑工程产值形象部位完成情况月报

施工产值按结构类型分列季报

房屋建筑竣工工程工期情况季报

项目分管内完成实际工程量季报

单位工程施工完成情况季报

项目施工情况文字分析

项目人工费价格明细表

项目采购材料费价格明细表

项目机械费价格明细表

(4) 上报甲方各类计划报表

____月度在施工程进度计划

____季度在施工程进度计划

____年度施工生产进度计划

(5) 上报甲方各类统计报表

____月工程完成情况统计表

____年度资金使用计划

____月度资金使用计划

____月形象进度核验表

____月工程施工产值确认单

____月度工程在施部位情况汇报

(6) 上报监理及甲方各类统计报表

____月工程款支付申请表

____月工、料、机动态表
____月工程进度款报审表
施工进度计划报审表
工程开工报审表
本月实际完成情况与进度计划比较表
安全防护、文明施工措施费用支付申请表
____月形象进度核查表

(7) 项目部内部管理统计表
单位工程回款情况及项目部资金使用情况
单位工程甲方、监理审核工程款回收情况
单位工程截止____月土建报量情况
单位工程截止____月安装报量情况
单位工程截止____月分包单位报量情况

(8) 回访维修统计报表
单位工程维修记录
顾客档案（接收单位）
顾客满意住房评价调查表
顾客投诉台账
单位工程回访记录
单位工程维修通知书
项目部回访维修（月、季）年报
年度回访维修计划

七、资料安全管理的有关规定

《建设项目档案管理规范》DA/T 28—2018 明确规定，建设项目各参建单位应配备满足工作需要、符合安全保管要求的设施设备，采取措施确保项目文件的安全。资料安全管理是指施工文件档案资料形成单位、保存单位对施工文件档案资料载体和信息内容采取有效保护措施，避免受到自然灾害或人为侵害，并使其处于安全状态的管理工作。其内容包括：资料的安全管理责任、资料载体安全管理、资料信息安全管理。

资料安全管理工作遵循严格管理、预防为主、防治结合、确保安全的原则。

（一）资料安全管理职责

切实加强对资料管理部门安全管理工作的领导，明确分管领导，制定资料安全责任制，将资料安全工作列入本单位的议事日程和工作计划，及时研究和解决存在的问题，确保资料安全管理工作责任的落实。

（1）资料管理部门应履行资料安全管理工作的职责。

1）各级资料管理部门负责单位工程资料安全的综合管理工作。

2）上级资料管理部门负责指导下级资料管理部门的档案安全管理工作。

3）各级资料管理部门对同级各单位资料安全管理工作负有指导、监督、检查的职责。

4）上级机关对下级机关、单位的资料安全管理工作负有指导、监督、检查的职责。

（2）各单位应加强工程资料安全宣传教育，要采用多种形式开展教育活动，增强全员资料安全意识，并使资料安全教育经常化、制度化。

（3）建立健全工程资料安全管理制度，每年计划预算中应确保合理的经费投入，保证资料安全管理工作的需要，做到每年有计划、有检查、有总结。

（4）各资料管理部门应根据本单位实际情况制定周密细致、便于操作、切实有效的突发性灾害、事故应急处置预案（包括：应对火警、防台防汛、地震、信息管理系统受侵害、意外事故等），不断完善应急措施，随时应对可能出现的各种突发性事件，确保资料实体和资料信息的安全。

（5）工程资料管理人员应熟知资料安全保护知识，定期进行资料安全检查，做好检查记录，发现问题或安全隐患应及时向分管领导汇报，并采取相应的处理措施。

（6）各级资料管理部门应定期在所辖行政区域开展全面、细致的资料安全检查，对检查情况和发现的问题要进行认真分析，并采取切实有效的措施，督促有关单位限时整改。

（7）发生资料安全事故的单位应及时向主管领导和上级机关报告，同时组织在第一时间进行抢救恢复，严禁瞒报、迟报。

（二）资料载体安全管理

施工文件档案资料载体的物质性，决定了施工文件档案资料存在的有限性。施工文件档案资料外部的生存环境如温度、湿度、气候、空气质量和档案资料内部本身制作、书写材料的优劣等，对档案资料的寿命都将产生直接的影响。施工文档资料载体的安全取决于载体的保存环境管理和载体本身的质量管理，重点是资料、档案室（库）的管理。

资料档案室（库）的建设与管理直接影响到档案文件生存环境的质量要求，资料档案室（库）建设必须坚固适用，首先应考虑选择建在地势较高、排水顺畅的地方，并具有防盗、防火、防震、防高温、防潮、防霉、防尘、防紫外线照射、防有害气体、防有害生物等“十防”设施，通常还应满足如下要求：

（1）资料室（库）房面积应符合收集和保管文件资料的需要。

（2）资料室（库）门窗应具有防火性能，良好的密闭性，要采取相应的防光设施，具有良好的防光能力。

（3）资料室（库）内应配备火灾自动报警系统和适合资料室使用的灭火设备。消防器材应定期检查，及时更换过期的消防器材。库区内消防通道畅通，应急照明完好、疏散标志清晰。库房内不得堆放与文件资料无关的物品，严禁将易燃、易爆及其他物品与档案一同存放。

（4）资料室（库）区内应安装安全防护监控系统或防盗报警装置，库房门窗应有防盗设施。资料室（库）区内通道与阅览室须配备视频监控录像设备。监控录像应至少保留3个月。

（5）资料室（库）区内应配置有效的温湿度调节设备与检测系统。温度应控制在13～24℃（±2～3℃），相对湿度应控制在35%～60%（±5%）。存放特殊载体的文件资料库房应配备空气净化装置或空气过滤设施。

（6）资料室（库）应配有防虫、霉、鼠等有害生物的药品，有效控制面积应达到100%。建立定期虫霉检查制度，适时更换过期防治药品，及时发现和杜绝档案霉变或虫蛀现象的产生和蔓延。

（7）资料室（库）应采取防光措施，减少光辐射的强度和辐照时间，照明应选择无紫外线光源，如乳白色防爆灯罩的白炽灯。档案库房照度宜为30～50lx，阅览室宜为75～100lx。使用荧光灯或其他含紫外线光源灯时，要采取相应过滤措施。

（8）资料室（库）应配备一定数量的档案柜、档案架、底图柜、防磁柜、包装材料以及装订材料。

（9）资料室（库）应建立特藏室或专柜，对馆藏重要、珍贵文件资料采取特殊的安全防护措施，确保重要、珍贵文件资料的绝对安全。

其他，尚应符合《城建档案业务管理规范》CJJ/T 158—2011的相关规定。

（三）资料信息安全管理

施工单位文档资料管理部门为保证资料的信息安全，应建立健全文档资料的收文与登记、分类存放、发文与登记、借阅与更改等相关管理制度和措施。

1. 施工文档资料的收文与登记

文件档案收集管理单位应将收集的施工文档资料按类别在收文登记表上进行登记。登记时应记录施工文档资料名称、摘要信息、提供单位（部门）、编号以及收文日期、必要时应注明接收文件的具体时间，最后有负责收文人员签字。若施工文档资料在有追溯性要求的情况下，应注意核查所填部分内容是否可追溯。如水泥进场提供的质量证明文件中应注明该批水泥所使用的具体部位，提供的若是复印件应标明原件保存处。如不同时期、不同内容的文件资料之间存在相互对照和追溯关系时，在分期分类存放的情况下，应在文件和记录上注明相关文档资料编号和存放处。如监理工程师通知单和监理工程师通知回复单；工程暂停令与工程复工报审表等类似文件。

文件档案收文时应检查各项内容填写规范性和记录真实性，签字人员应为符合相关规定的责任人员。文档资料以及相关存储介质质量应符合要求，所有文档资料必须使用符合归档文件质量要求的书写材料和打印设备要求。图片和声像文件资料应注明拍摄日期及所反映工程建设部位等摘要信息。

收文登记后应将施工文档资料移交相应的人员进行处理，如分类分级存放；新收集文档资料必须经消毒、除尘后方能入库，并对消毒杀虫情况进行登记；重要的文件内容应在工程日记中记录或专栏予以公示。

2. 施工文档资料的分级、分类存放

施工文档资料在完成收文登记后，应依照相关的分级分类方法进行存放。这样既可满足项目实施过程中文件的查阅和求证的需要，又可方便项目竣工后施工文档资料的归档移交。目前，施工文档资料的分类方法可依照《建设工程文件归档规范》GB/T 50328—2014（2019年版）的要求实施分类。既建设工程文件分为工程准备阶段文件、监理文件、施工文件、竣工图、工程竣工验收文件五大类，并分别用A类、B类、C类、D类、E类命名；在每一大类中，又依据资料的属性和特点，将其划分为若干小类。在每一小类中，再细分为若干种文件、资料或表格。

工程准备阶段文件包括立项文件，建设用地、拆迁文件，勘察、设计文件，招标投标文件，开工审批文件，工程造价文件，工程建设基本信息。

监理文件包括监理管理文件，进度控制文件，质量控制文件，造价控制文件，工期管理文件，监理验收文件。

施工文件包括施工管理文件，施工技术文件，进度造价文件，施工物资出场质量证明及进场检测文件，施工记录文件，施工试验记录及检测文件，施工质量验收文件，施工验收文件。

竣工图包括建筑、结构、钢结构、幕墙、室内装饰、建筑给水排水及供暖、建筑电

气、智能建筑、通风与空调、室外工程等竣工图，规划红线内的室外给水、排水、供热、供电、照明管线等竣工图，规划红线内的道路园林绿化喷灌设施等竣工图。

工程竣工验收文件包括竣工验收与备案文件，竣工决算文件，工程声像资料，其他工程文件。

施工文档资料保存单位应具备存放工程文件资料的专用柜和用于分类归档存放的专用卷盒（夹），并可采用计算机对工程文件资料进行辅助管理。资料员应根据项目规模的大小规划资料柜和资料卷盒（夹）内容多少对工程文件资料进行适当存放。当文件内容较少时，可合并存放在一个卷盒（夹）内，当文件内容较多时可单独存放在一个文件卷盒（夹）内。若一个文件盒（夹）不够存放时，可在文件盒（夹）内附录说明文件编号的存放地点，然后将有关文件保存在指定位置。如资料缺项时，类号、分类号不变，资料可空缺。

施工文档资料应保持清晰，不得随意涂改记录，保存过程中应保持记录介质的清洁和不破损。资料员应注意建立适宜的施工文档资料的存放地点，防止文档资料受潮霉变或虫害侵蚀。对老化、破损、褪色、霉变等受损资料载体，必须采取抢救措施，按资料保护技术要求进行修复或复制。

不同载体材质的文档资料应分类存放、规范保存。对特殊载体文件的存放，按其特性和要求，使用规范、合理的装具加以保管和保存。

存储涉密文档资料信息的载体，应按所存储信息的最高密级标明密级，并按相应密级文件的管理要求进行分类保存管理。

3. 施工文档资料的发放与登记管理

施工文档资料管理单位应按施工文档资料分类和编号要求发文，并在发文登记簿上登记。登记内容包括：施工文档资料的分类编码、文件名称、摘要信息、接受文件单位（部门）、名称、发文日期（强调实效性的文件应注明发文的具体时间）。收件人收到文件后应签名。

发文应留有底稿，并附一份文件传阅纸，根据文件签发人指示确定文件责任人和相关传阅人。文件传阅过程中，每位传阅人阅后应签名并注明日起。发文的传阅期限不应超过其处理期限。重要的发文内容应在工程日记中予以记录。

4. 施工文档资料借阅、更改

施工文档资料原则上不得外借，如政府部门、相关单位需求，应经单位（部门）负责人同意，并办理借阅手续。单位内部工作人员在项目实施过程中需要借阅施工文档资料时，应填写文件借阅单，并明确归还时间。办理有关借阅手续后，应在文件夹内附目录上做特殊标记，避免其他人员查阅该文件时，因找不到文件引起混乱。

施工文档资料的更改应由原指定部门相应责任人执行，涉及审批程序的，由原审批责任人执行。若指定其他责任人进行更改和审批时，新责任人必须获得所依据的背景资料。施工文档资料更改后，资料员填写文件档案更改通知单，并负责发放新版本文件。发放过程中必须保证项目参建单位所有相关部门都得到相应文件的有效版本。

5. 施工文档管理检查

施工文档资料管理检查的内容通常包括数量的检查、损坏情况的检查和归库的检查。

施工文档数量的检查是指核对现有的施工文档的数量与登记的数量是否相符，如有差错应及时清查，找出施工文档的去向和来源，及时归还或追还。

施工文档损坏情况检查是指查找有无虫蛀、鼠咬、霉变、磨损、脆化、字迹褪色等遭到毁损的情况，如有应及时处理，并进行记录。

施工文档归库检查是指对借阅归还的工程资料进行例行检查，在借出的档案归还时，资料员需调出该工程资料移出的等级，对照登记进行核对，如发现问题做好记录，并及时处理。

施工文档管理检查分为定期与不定期两种方式。定期检查是周期性检查，检查周期视具体情况确定，可按年、季度进行。不定期检查即临时检查，可以是全面检查，也可以是针对部分工程文档资料进行检查。并应对检查情况进行记录，内容包括检查时间、检查项目、检查对象、检查人、检查情况、检查结论、备注等，由检查人填写。

（四）施工文档资料的保密制度

施工文档资料的保管应执行国家有关的保密制度，对涉密工程文档资料做好保密工作。在实施管理过程中应进行下列工作。

(1) 认真执行国家有关档案工作的保密制度，制定各级单位文件资料信息安全管理制度，确保存储资料信息的安全。

(2) 做好文档资料的鉴定工作，科学、准确的区分、判定资料开放与控制使用范围。对涉密资料的密级变更和解密，已解密的和未定密级的但仍需控制使用的文件资料，必须按照国家有关保密的法律法规和有关规定办理。

(3) 企业各级资料管理部门对所保存的涉密资料和控制使用，在管理和利用时应当依照国家有关法规并根据实际工作需要，制定审批手续并严格执行，不得擅自开放或扩大利用范围。因利用工作需要汇编资料文件时，凡涉及秘密文件，应当经原制发机关、单位批准，未经批准不得汇编入册。

(4) 应加强对计算机及其他信息设备的使用管理，凡涉及保密资料的电子设备、通信和办公自动化系统均应符合保密要求。涉密计算机信息系统必须与互联网实行物理隔离，严禁用处理国家秘密信息的计算机上互联网。与互联网相连的计算机或其他电子信息设备不得存储、处理和传递涉密档案信息。

(5) 各级各类文件资料管理机构面向社会开放的资料信息网站，应按规定报相关公安部门备案，并在接受安全评估合格后，方可接入互联网。应遵守国家关于计算机信息系统、信息网络的安全保密管理规定，建立资料信息、数据上网审批制度，加强上网资料信息管理。

(6) 各级各类资料管理部门的档案信息管理系统应安全可靠。

1) 应建立操作权限管理制度，明确权限和操作范围。

2) 要建立操作人员密码管理制度，定期修改管理密码。

3) 要建立计算机病毒防治制度，定期进行病毒检查。

4) 要建立重要数据库和系统主要设备的火灾备份措施，确保档案信息接收、存储及利用的安全。

(7) 计算机信息系统打印输出的涉密资料信息，应当按相应密级的文件进行管理。计算机信息系统存储、处理、传递、输出的涉密档案信息要有相应的密级标识，密级标识不能与正文分离。

（8）用介质交换资料信息或数据必须进行病毒预检，防止病毒破坏系统和数据。存储过涉密档案信息的载体的维修，应保证所存储涉密档案信息不被泄漏。

（9）到期存档资料经鉴定后，销毁资料载体应确保资料信息无法还原。

1）销毁纸介质资料载体，应当采用焚毁、化浆、碎纸等方法处理。

2）销毁磁介质、光盘等资料载体，应当采用物理或化学的方法彻底销毁。

3）禁止将资料载体作为废品出售。

（五）施工文档资料安全管理的措施

安全保管施工文档资料包括严格遵守国家和地方的有关法律、法规和规定，建立完善的资料管理制度和安全责任制度，坚持全过程安全管理，采取必要的安全保密措施，包括资料的分级、分类管理方式，确保施工资料安全、合理、有效使用。

（1）保密原则

严格按照《中华人民共和国保守国家秘密法实施条例》执行，以确保安全防范工程中涉及用户单位机密以及公司自身工程技术机密的不对外泄漏。机密的保管实行点对点管理办法，落实到人头，做到有法可依，违法必究，责任落实到位。

（2）组织机构建立

为保证保密工作的顺利开展，公司任命负责人并牵头成立保密工作组，组员由档案管理专职人员、技术负责人、项目管理人员和公司经理组成，并为档案管理配备专用的档案室，针对每个工程由项目负责人兼任保密责任人。

（3）保密内容

工程技术实现原理、软硬件使用密码、工程施工线路及设备布局图，工程进度及扩展方式，通信及交换协议，工程实施细节合同等。

（4）保密实施细则

1）在工程合同签订前的技术方案由技术起草者负责保管，对其他部门及外单位人员不得透露任何技术内容及细节。

2）在使用单位的需求情况下，由项目负责人落实并保证不得向外界透露，并以书面形式传递给档案管理人员和技术负责人。

3）档案管理人员对以上信息以书面、电子等方式存档，公司员工在借阅时必须经领导同意且确定借阅时间后方可借阅。

4）档案管理人员不得将机密文件带回家中或带上出入公共场所，相关人员不准随意谈论，泄露机密事项、不准私人打印、复印、抄录文件内容，不得将朋友、他人带入档案室，不得外传、外借相关资料。

5）打印过的废纸和校对底稿应及时清理、销毁。

6）合同签订后的相关文档资料立即存档，并建立保密所必备的借阅制度。

7）出现泄密事件后，应立即上报公司负责人，做到机密不得扩散，同时认真追查相关人员的责任。

下篇　专业技能

依据《建筑与市政工程施工现场专业人员职业标准》JGJ/T 250—2011 的规定：资料员应参与资料计划管理编制；具备资料收集整理、资料使用保管、资料归档移交和资料信息系统管理等主要任务的专业技能。

八、编制施工资料管理计划

施工资料管理计划是指导施工单位施工文档资料收集、分类、组卷、移交和归档等资料管理工作的基础文件。施工资料管理计划作为从施工准备到施工验收全过程的施工文件档案管理目标的控制依据。施工文件档案资料管理计划由施工单位签订施工合同之后，开工前，由项目经理组织项目技术负责人、资料员等相关人员参与共同编制完成。

（一）资料管理计划的特点

施工资料管理是建设工程项目管理任务之一，工程项目施工前应做好资料管理工作规划，详细编制工作计划。施工资料管理规划的主要作用是建立组织和方法体系，体现组织工具（组织结构、项目结构、任务与职能分工、工作流程）和管理方法（过程控制、动态控制）的指导性与前瞻性。编制施工资料管理计划的作用是明确要完成的在建项目资料管理过程中的主要工作和任务清单及时间节点。在施工资料管理过程中的工作和任务清单中要清楚地描述出：项目各个实施阶段的任务划分；每个阶段的工作重点和任务的内容；完成本阶段工作和任务的资源需求，时间期限、阶段工作和任务的成果形式。施工资料管理计划应具有预见性、针对性、可行性和约束性的特点。

（1）预见性：施工资料管理计划是在资料管理活动之前对活动的任务、目标、方法、措施所作出的预见性确认。是以相关的规定为指导，以在建项目实际条件为基础，以相关的技术文件为依据，对即将实施开展的资料管理任务的发展趋势作出科学预测。

（2）针对性：施工资料管理计划既是根据确定的工作任务而定，又是针对本单位的主客观条件和相应能力而定。

（3）可行性：可行性是和预见性、针对性紧密联系在一起的，预见准确、针对性强的计划，在现实中才真正可行。

（4）约束性：计划一经通过、批准或认定，在其所指向的范围内就具有了约束作用，在这一范围内任务执行者都必须按计划的内容开展工作和活动。

（二）施工资料管理计划的编制

施工资料管理计划的编制是按照《建设工程文件归档规范》GB/T 50328—2014

(2019 年版)、《建筑工程施工质量验收统一标准》GB 50300—2013、《建筑工程资料管理规程》JGJ/T 185—2009 和建筑工程施工质量专业验收规范等指导性文件，并按照建筑工程项目的施工组织设计、质量验收计划、工程合同及相关文件，同类项目的相关资料等实施性文件进行编制。编制施工资料管理计划的主要任务是依据建筑工程文件归档范围、类型和具体的施工过程，确定资料何时、向何单位（或责任人）收集符合要求文件档案资料。

施工资料管理计划的编制内容包括建立施工资料管理计划的项目结构（按照分部工程为立卷单位、资料责任属性为类别，每个类别中肯定发生或可能发生文件的项目为子目录，每项发生的种类数为分目录，每种发生的次数为细目录），依据项目结构的施工过程和资料形成的工作流程确定资料名称、资料来源，拟定资料形成时间，确定资料的形成单位或责任人、复核资料传递途径和反馈的范围等。

1. 施工资料管理计划的项目结构

施工资料管理计划的项目结构应符合施工文档文件立卷的原则。《建设工程文件归档规范》GB/T 50328—2014（2019 年版）明确规定施工文件应按单位工程、分部（分项）工程进行立卷，分部、分项工程按照资料的类型（C1～C8 类）立卷；专业承分包施工的分部、(子分部) 工程应分别单独立卷；室外工程应按室外建筑环境和室外安装工程单独立卷；当施工文件中部分内容不能按一个单位工程分类立卷时，可按建设工程立卷。施工文档资料管理计划分部、分项划分依据《建筑工程施工质量验收统一标准》GB 50300—2013 划分原则进行划分。工程文件的具体归档范围应符合《建设工程文件归档规范》GB/T 50328—2014（2019 年版）附录 A 和附录 B 的要求，见表 3-1。

《建设工程文件归档规范》GB/T 50328—2014（2019 年版）规定的归档文件资料的范围和类型对施工资料计划的编制具有指导性和通用性，与具体的工程项目内容实际产生的文件资料是有差异的。实际中，施工文档资料主要来源于施工过程。特别是施工技术文件、施工物资出厂质量证明及进场检测文件、施工记录文件、施工试验记录及检测文件、施工质量验收文件等都是在施工过程中产生的。所以，资料计划的编制必须明确施工资料产生的背景和来源（施工过程和形成单位）。目前，建设工程项目都是依据施工组织设计组织项目施工，依据建筑工程施工质量验收规范进行工程质量验收。施工组织设计是针对施工过程确定的施工方案和时间安排，施工质量验收规范是针对施工过程的实体质量验收和资料检查，两个文件均与施工过程有关。所以，对照施工组织设计的施工过程和建筑工程施工质量验收的范围和单位、分部、分项验收的要求，结合归档规范确定的范围和资料类型，即可合理取舍与实际工程项目相关的各个分部工程施工管理、施工技术、进度造价、施工物资出厂质量证明及进场检测、施工记录、施工试验记录、施工质量验收、施工验收等八类施工资料的名录。如此，在开工前可编制形成由八类工程资料名录、资料来源、完成或提交时间、责任人或部门、审核、审批、签字等相关内容构成的资料管理计划。

2. 资料分类编码系统

资料分类编码系统应符合《建设工程文件归档规范》GB/T 50328—2014（2019 年

版）明确规定的资料分类要求，其编码系统应符合《建筑工程资料管理规程》JGJ/T 185—2009 的编号规定编制。

3. 资料传递途径和反馈的范围

根据资料传递的途径、反馈的范围和涉及的相关人员建立施工文件档案资料的工作职责和管理体系。资料管理计划既可以追溯施工文件档案资料的形成单位、传递途径、保存的范围和涉及的相关责任人。又可依据填写、编制、审核、审批、签字等资料的形成管理过程，对资料的形成质量进行监督和控制。同时，对收集、分类整理、组卷、移交、归档等资料的收集归档管理及保管使用工作进行有效控制。

4. 施工资料管理计划的编制过程

施工资料管理计划的编制过程具体应包括：建立资料形成管理的流程；分析项目的施工过程，确定施工资料收集的范围；依据资料的来源、内容、时间和资料管理计划编制的项目结构，列出以分部工程为单位的施工资料管理计划；汇总各分部工程施工资料管理计划，形成单位工程施工资料管理计划；确定岗位人员职责和工作程序进行资料技术交底。

（1）建立资料形成管理的流程

1）施工单位技术、管理、进度、造价及相关报审文件资料形成管理流程

施工单位技术、管理、进度、造价及相关报审资料形成管理流程如图 8-1 所示。

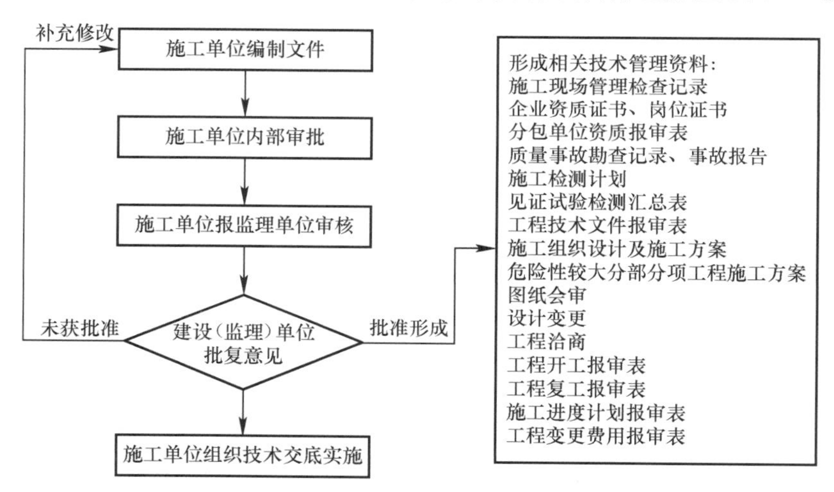

图 8-1 施工单位技术、管理、进度、造价及相关报审资料形成管理流程

另外，施工档案文件资料报验、报审有时限性要求的，相关单位已在合同中约定报验、报审资料的报审时间及审批时间，并约定应承担的责任；当无约定时，施工文件资料的报审、审批不得影响正常施工。

2）施工物资资料形成管理流程

施工物资资料形成管理流程如图 8-2 所示。

3）施工记录、施工试验及检测报告、施工质量验收记录资料管理流程

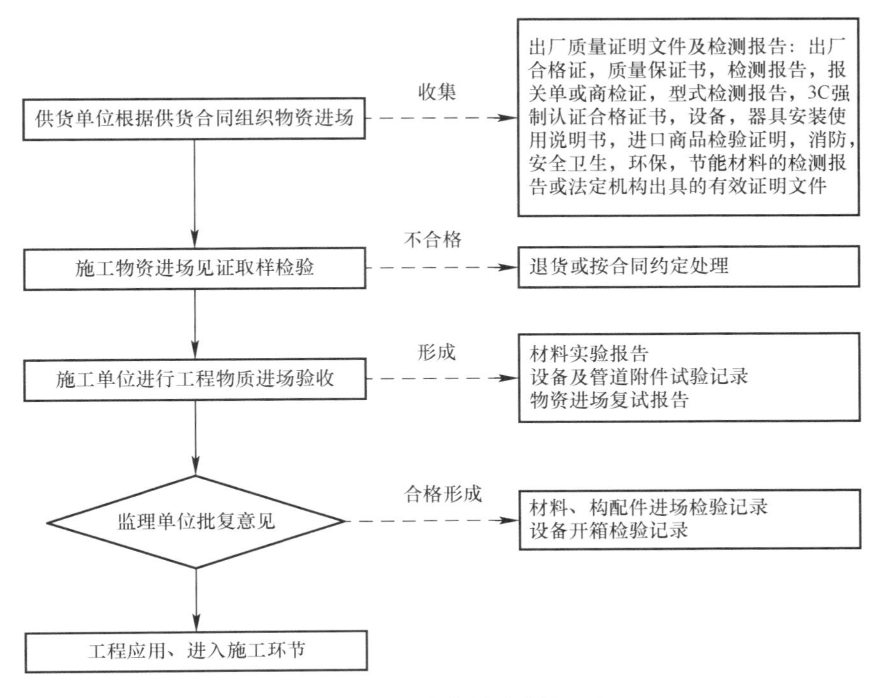

图 8-2　施工物资资料形成管理流程

施工记录、施工试验及检测报告、施工质量验收记录资料管理流程如图 8-3 所示。

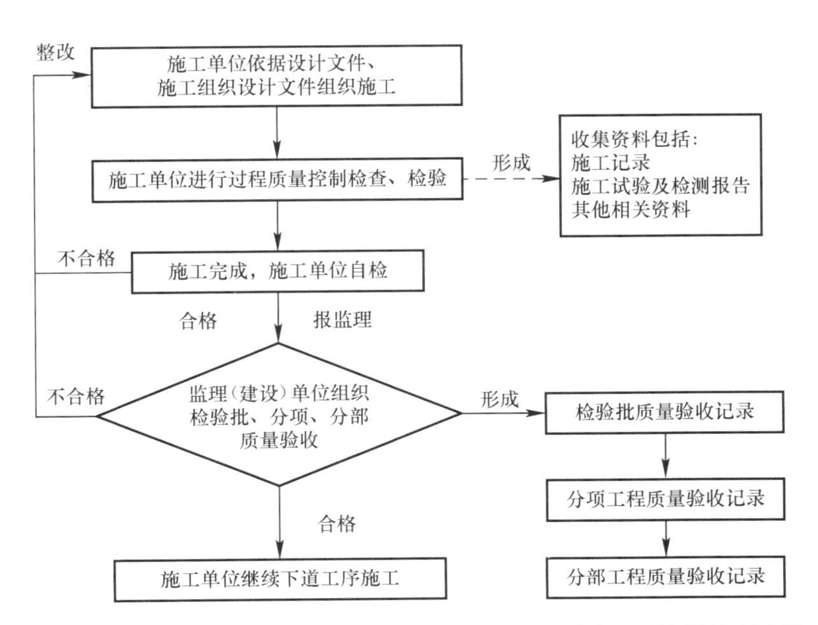

图 8-3　施工记录、施工试验及检测报告、施工质量验收记录资料管理流程

4）分部工程质量验收程序及资料管理流程

分部工程质量验收程序及资料管理流程如图 8-4 所示。

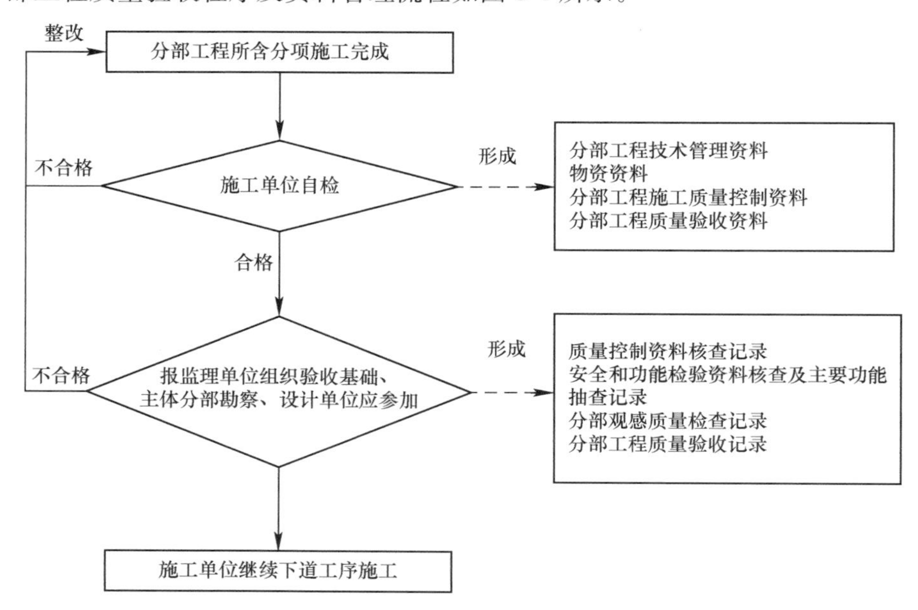

图 8-4　分部工程质量验收程序及资料管理流程

5）单位工程竣工验收程序及资料管理流程

单位工程竣工验收程序及资料管理流程如图 8-5 所示。

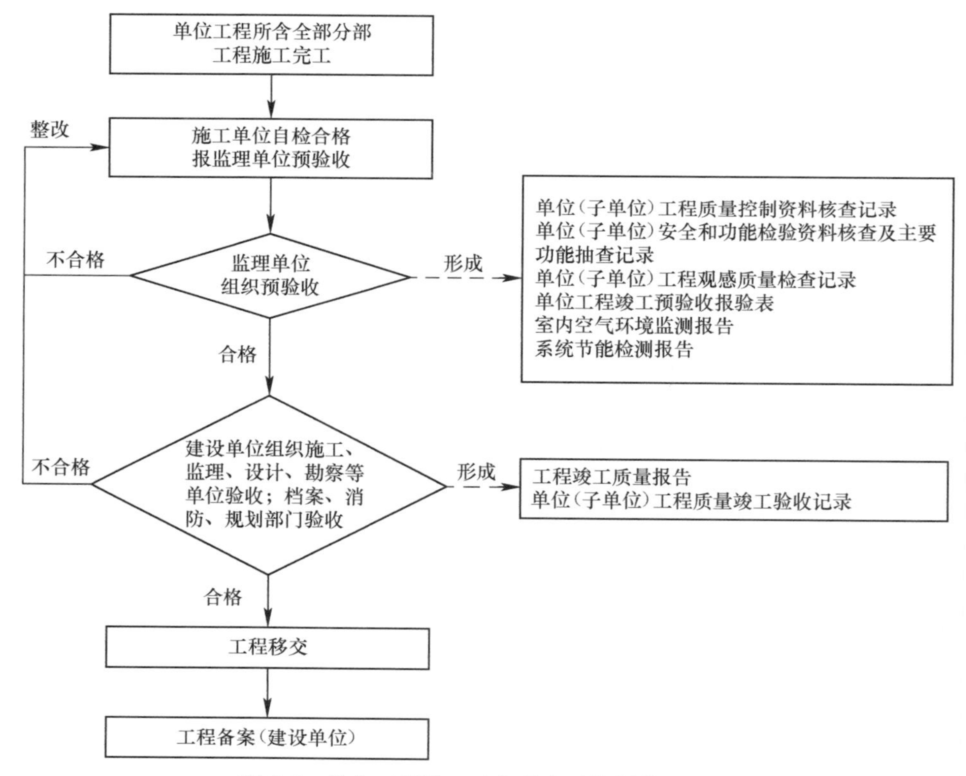

图 8-5　单位工程竣工验收程序及资料管理流程

（2）分析项目施工过程、确定资料收集范围

编制施工资料管理计划是依据《建设工程文件归档规范》GB/T 50328—2014（2019年版）、《建筑工程施工质量验收统一标准》GB 50300—2013、《建筑工程资料管理规程》JGJ/T 185—2009等基础文件，结合设计文件和施工组织设计文件，以分部工程为基本组卷单位，详细分析项目的施工过程和工艺流程，可列出分部、分项、检验批划分表。同时依据《建设工程文件归档规范》GB/T 50328—2014（2019年版）规定的资料范围和内容，结合分析的施工过程，确定资料收集的类型和名称。例如，某工程地基与基础分部、分项、检验批划分表如表8-1所示。

某工程地基与基础分部、分项、检验批划分表　　表8-1

分部工程	子分部工程	分项工程名称		检验批	检验批数量
01地基与基础	01地基	土和灰土挤密桩复合地基		土和灰土挤密桩（CFG桩）复合地基检验批质量验收记录	1
	02钢筋混凝土扩展基础	模板		基础模板安装、拆除检验批质量验收记录（防水板、独立基础、墙下条基）	2
		钢筋		钢筋原材（防水板、独立基础、地梁）	按批次
				钢筋加工（防水板、独立基础、地梁）按楼层	1
				钢筋连接、安装（防水板、独立基础、地梁）按楼层	1
		混凝土		混凝土原材	按批次
				防水板C30 P6、独立基础C30 P6、墙下条基C30 P6、混凝土原材及配合比设计检验批质量验收记录（配合比设计按强度等级和耐久性及工作性能划分）	1
				垫层；防水层保护层混凝土；独立基础、防水板、施工检验批质量验收记录	2
		现浇结构（可不列）		现浇结构外观质量检验批质量验收记录（基础）	2
				现浇结构尺寸偏差检验批质量验收记录（基础）	2
	03基坑支护	锚杆		锚喷支护检验批质量验收记录（分两层支护）	2
	04地下水控制	降水与排水		降水与排水检验批质量验收记录	1
		回灌		回灌检验批质量验收记录	1
	05土方	土方开挖		土方开挖检验批质量验收记录（分两层开挖）	2
		土方回填		室内回填检验批质量验收记录（分两层）	2
				室外回填检验批质量验收记录（按规范分层）	15
		场地平整		施工前期场地平整、施工后期场地平整检验批质量验收记录	2
	06边坡	边坡开挖		边坡开挖质量检验批质量验收记录	1
		挡土墙		砖砌体（防水保护层）质量检验批质量验收记录	1
	07地下防水	主体结构防水	防水混凝土	防水混凝土工程检验批质量验收记录（防水底板，地下室挡土墙）	2
			卷材防水层	卷材防水层检验批质量验收记录（垫层上水平防水、地下室挡土墙立面防水）	2
		细部构造防水	变形缝	变形缝检验批质量验收记录	1
			施工缝	施工缝检验批质量验收记录	1
			穿墙管	穿墙管检验批质量验收记录	1
			坑、池	坑、池检验批质量验收记录	1

（3）按规定的资料收集范围和名称、施工过程、资料来源、时间和资料管理计划编制的项目结构要求，编制资料计划，汇总资料目录。编制资料计划主要过程如下：

1）在各分部工程的施工过程确定后，既可参照《建筑工程施工资料计划、交底编制导则》设置的项目结构，以分部工程为单位，对照肯定发生的资料类别和可能发生的资料类别，依次填写每项资料的类别、名称、分目、细目、资料来源、填写或编制、形成和提交时间、审核、审批、签字等内容。

2）每个分部按照《建筑工程施工资料计划、交底编制导则》的项目结构分类组合，形成新的有类别、名称、分目和细目的汇总表及计划表。

3）在表中还可以明确文件档案资料的来源单位、保存追溯单位、形成和提交时间、填写编制单位、审核、审批、签字等责任人，便于资料的形成、交底和收集管理。

4）施工资料收集整理完成的时间应与分部分项施工完成的时间基本同步，因此，施工资料管理计划应以分部工程为基本单位，按时间和质量要求完成资料收集、分类、整理、组卷，形成归档文件。

施工资料管理计划文件见表 8-2（节选）。将施工资料移交归档时，按照工程文件立卷的要求，参照文件计划的内容和顺序进行排列、编目、装订；排列所有案卷，形成案卷目录，见表 8-3（节选示意）。

施工资料管理计划文件　　表 8-2

<table>
<tr><th rowspan="2">工程资料类别</th><th rowspan="2">工程资料名称</th><th rowspan="2">资料分目录</th><th rowspan="2">细目</th><th colspan="5">保存单位</th><th rowspan="2">工程资料单位来源</th><th rowspan="2">填写或编制</th><th rowspan="2">审核审批签字</th></tr>
<tr><th>建设单位</th><th>设计单位</th><th>施工单位</th><th>监理单位</th><th>城建档案馆</th></tr>
<tr><td rowspan="17">施工管理文件C1</td><td>工程概况表</td><td></td><td></td><td>▲</td><td></td><td>▲</td><td>▲</td><td>△</td><td>施工单位</td><td>项目负责人</td><td>项目经理</td></tr>
<tr><td>施工现场质量管理检查记录</td><td></td><td></td><td></td><td></td><td>△</td><td>△</td><td></td><td>施工单位</td><td>项目负责人</td><td>总监</td></tr>
<tr><td>企业资质证书及相关专业人员岗位证书</td><td></td><td></td><td>△</td><td></td><td>△</td><td>△</td><td>△</td><td>施工单位</td><td>项目负责人</td><td>专业监理/总监</td></tr>
<tr><td>分包单位资质报审表</td><td>按分包单位列分目录</td><td></td><td>▲</td><td></td><td>▲</td><td>▲</td><td></td><td>施工单位</td><td>项目经理</td><td>专业监理/总监</td></tr>
<tr><td>建设工程质量事故勘查记录</td><td>按事故发生次数列分目录</td><td></td><td>▲</td><td></td><td>▲</td><td>▲</td><td>▲</td><td>调查单位</td><td>调查人</td><td>被调查人</td></tr>
<tr><td>建设工程质量事故报告书</td><td>按事故发生次数列分目录</td><td></td><td>▲</td><td></td><td>▲</td><td>▲</td><td>▲</td><td>调查单位</td><td>报告人</td><td>调查负责人</td></tr>
<tr><td rowspan="11">施工检测计划</td><td>HPB300 钢筋原材送检</td><td>××批次</td><td rowspan="11">△</td><td rowspan="11"></td><td rowspan="11">△</td><td rowspan="11">△</td><td rowspan="11"></td><td rowspan="11">施工单位</td><td rowspan="11">项目负责人</td><td rowspan="11">专业监理</td></tr>
<tr><td>HRB400 钢筋原材送检</td><td>××批次</td></tr>
<tr><td>42.5 级普通 42.5 级硅酸盐水泥送检</td><td>××批次</td></tr>
<tr><td>矿渣 32.5 级水泥送检</td><td>××批次</td></tr>
<tr><td>砂送检</td><td>××批次</td></tr>
<tr><td>石子送检</td><td>××批次</td></tr>
<tr><td>C30 混凝土试块送检</td><td>××批次</td></tr>
<tr><td>C40 混凝土试块送检</td><td>××批次</td></tr>
<tr><td>C30 混凝土配合比送检</td><td>××批次</td></tr>
<tr><td>…</td><td></td></tr>
</table>

续表

工程资料类别	工程资料名称	资料分目录	细目	保存单位					工程资料单位来源	填写或编制	审核审批签字
				建设单位	设计单位	施工单位	监理单位	城建档案馆			
施工管理文件C1	见证试验检测汇总表	钢筋原材		▲		▲	▲	▲	施工单位	试验员	制表人/技术负责人
		水泥									
		砂									
		…									
	施工日志	按专业归类				▲			施工单位	记录人	专业工长项目负责人

地基基础分部工程资料收集总目录　　表 8-3

地基基础分部工程资料总目录					
工程名称					
工程资料类别	工程资料名称	编制单位	编制日期	页次	备注
施工管理文件C1	工程概况表（表C1.1）	施工单位	××年××月××日		
	施工现场质量管理检查记录（表C1.2）	施工单位	××年××月××日		
	企业资质证书及相关专业人员岗位证书	施工单位	××年××月××日		
	分包单位资质报审表（表C1.4）	施工单位	××年××月××日		有分目录
	建设工程质量事故调查、勘查记录（表C1.5）	调查单位	××年××月××日		有分目录
	建设工程质量事故报告书（C1.6）	调查单位	××年××月××日		有分目录
	施工检测计划	施工单位	××年××月××日		有分目录
	见证记录	监理单位	××年××月××日		有分目录
	见证试验检测汇总表（表C1.8）	施工单位	××年××月××日		有分目录

5. 岗位人员职责和工作程序

根据《建筑与市政工程施工现场专业人员职业标准》JGJ/T 250—2011的规定，资料管理过程中依据资料传递途径、反馈的范围和涉及的相关人员应建立工作职责和管理程序。

（1）资料员的工作职责

1）参与制定施工资料管理计划，建立施工资料管理规章制度。

2）建立完整的资料控制管理台账，进行施工资料交底。

3）负责施工资料的及时收集、审查、整理。

4）负责施工资料的来往传递、追溯及借阅管理，负责提供管理数据、信息资料。

5）负责工程完工后资料的立卷、归档、验收、移交、封存和安全保密工作。

6）参与建立施工资料管理系统，负责管理系统的运用、服务和管理。

（2）资料管理工作控制程序（PDCA）

提出资料管理计划（P即计划、台账、交底）→资料管理实施（D即收集、审查、整理）→检查（C即检索、处理、存储、传递、追溯、应用）→处理（A即立卷、验收、移交、备案和归档）。

（3）施工单位相关人员职责

项目经理主要职责为主持编制项目管理实施规划，归集工程资料，准备结算资料，参与工程竣工验收。

项目技术负责人负责组织对施工组织设计和施工技术措施的编制。指导、检查各项施工资料的正确填写和收集管理。

根据《建筑与市政工程施工现场专业人员职业标准》JGJ/T 250—2011，其他相关人员的职责为：

1）施工员负责编写施工日志、施工记录等相关施工资料。

2）质量员负责质量检查记录、编制质量资料。

3）安全员负责安全生产的记录、安全资料的编制。

4）材料员负责材料、设备资料的编制。负责汇总、整理移交设备资料。

5）标准员负责工程建设标准实施的信息管理。

6）机械员负责编制施工机械设备安全、技术管理资料。

7）劳务员负责编织劳务队伍和劳务人员管理资料。

6. 岗位人员工作要求

（1）工程项目图纸档案的收集、管理

1）工程项目的所有图纸的接收、清点、登记、发放、归档、管理工作，在收到工程图纸并进行登记以后，按规定向有关单位和人员签发，由收件方签字确认。负责收存全部工程项目图纸，且每一项目应收存不少于两套正式图纸，其中至少一套图纸有设计单位图纸专用章。竣工图采用散装方式折叠，按资料目录的顺序，对建筑平面图、立面图、剖面图、建筑详图、结构施工图、设备施工图等建筑工程图纸进行分类管理。

2）收集整理施工过程中的工程资料并归档。负责对每日收到的管理文件、技术文件进行分类、登录、归档；负责项目文件资料的登记、受控、分办、催办、签收、用印、传递、立卷、归档和销毁等工作；负责做好各类资料积累、整理、处理、保管和归档立卷等工作，注意保密的原则。来往文件资料收发应及时登记台账，视文件资料的内容和性质准确及时递交项目经理批阅，并及时送有关部门办理。确保设计变更、洽商的完整性，要求各方严格执行接收手续，所接收到的设计变更、洽商，须经各方签字确认，并加盖公章。设计变更（包括图纸会审纪要）原件存档。所收存的技术资料须为原件，无法取得原件的，应有详细的文字说明和经手人签名详细背书，并加盖公章。做好信息收集、汇编工作，确保管理目标的全面实现。

（2）参加分部分项工程的验收工作

1）负责备案资料的填写、会签、整理、报送、归档：负责工程备案管理，实现对竣工验收相关指标（包括质量资料审查记录、单位工程综合验收记录）做备案处理。对桩基工程、基础工程、主体工程、结构工程备案资料核查。严格遵守资料整编要求，符合分类方案、编码规则，资料份数应满足资料存档的需要。

2）监督检查施工单位施工资料的编制、管理，做到完整、及时，与工程进度同步：对施工单位形成的管理资料、技术资料、物资资料及验收资料，按施工顺序进行全程督查，保证施工资料的真实性、完整性、有效性。

3）按时向公司档案室移交：在工程竣工后，负责将文件资料、工程资料立卷移交公司。文件材料移交与归档时，应有“归档文件材料交接表”，交接双方必须根据移交目录清点核对，履行签字手续。移交目录一式两份，双方各持一份。

4）指导工程技术人员对施工技术资料（包括设备进场开箱资料）的保管；指导工程技术人员对工作活动中形成的，经过办理完毕的，具有保存价值的文件材料进行鉴定验收；对已竣工验收的工程项目的工程资料分级保管交资料室。

（3）负责计划、统计的管理工作

1）参与资料管理计划的编制工作，依据资料管理计划按分部工程的资料分类要求完成资料的交底和收集整理工作。

2）负责对施工部位、产值完成情况的汇总、申报，按月编制施工统计报表：在平时统计资料基础上，编制整个项目当月进度统计报表和其他信息统计资料。编报的统计报表要按现场实际完成情况严格审查核对，不得多报、早报、重报、漏报。

3）负责与项目有关的各类合同的档案管理：负责对签订完成的合同进行收编归档，并开列编制目录。做好借阅登记，不得擅自抽取、复制、涂改，不得遗失，不得在案卷上随意划线、抽拆。

4）负责向销售策划提供工程主要形象进度信息：向各专业工程师了解工程进度、随时关注工程进展情况，为销售策划提供确实、可靠的工程信息。

（4）负责工程项目的内业管理工作

1）协助项目经理做好对外协调、接待工作：协助项目经理对内协调公司、部门间，对外协调施工单位间的工作。做好与有关部门及外来人员的联络接待工作，树立企业形象。

2）负责工程项目的内业管理工作：汇总各种内业资料，及时准确统计，登记台账，报表按要求上报。通过实时跟踪、反馈监督、信息查询、经验积累等多种方式，保证汇总的内业资料反映施工过程中的各种状态和责任，能够真实地再现施工时的情况，从而找到施工过程中的问题所在。对产生的资料进行及时的收集和整理，确保工程项目的顺利进行。有效地利用内业资料记录、参考、积累，为企业发挥它们的潜在作用。

3）负责工程项目的后勤保障工作：负责做好文件收发、归档工作。负责部门成员考勤管理和日常行政管理等经费报销工作。负责对竣工工程档案整理、归档、保管、便于有关部门查阅调用。负责公司文字及有关表格等打印。保管工程印章，对工程盖章登记，并留存备案。

7. 施工资料管理计划、交底编制导则

《建筑工程施工资料计划、交底编制导则》是依据《建设工程文件归档规范》GB/T 50328—2014（2019年版）的分类标准设计成一个资料计划、交底编制模版，依据这个编制模版即可以分部工程为基本组卷单位，每个分部工程按照四级目录分级设置，分别为总目录（实际发生的工程资料类别数C1～C8类）、子目录（C1～C8各类有多少项）、分目录（每项有多少种）；细目录（每种有多少批次）；编制资料计划、交底文件时本着“确实发生的项目详细列，可能发生的事项简约列；不发生的事项就不列”的基本原则。建筑工程施工资料计划、交底编制时还需标注出资料来源、填表人、审核、审批人形成一个完整的资料管理计划系统。《建筑工程施工资料计划、交底编制导则》见表8-4。

建筑工程施工资料计划、交底编制导则 **表 8-4**

资料类别	工程资料名称（子目录）	资料分目录	细目录	工程资料填写单位	完成或提交时间	责任人或部门	审核、审批、签字
施工文件C类							
C1	施工管理文件						
1	工程概况表			施工单位	与施工组织设计编制同步完成	项目技术部	项目经理
2	施工现场质量管理检查记录			施工单位	进场后、开工前填写	项目经理部	工程参与方项目负责人/总监
3	企业资质证书及相关专业人员岗位证书			施工单位	进场后、开工前提交核验	项目经理部	专业监理/总监
4	分包单位资质报审表	按分包单位列分目录		施工单位	分包工程开工前	项目经理部	项目经理/专业监理/总监
5	建设工程质量事故勘查记录	按事故发生事项列分目录		调查单位	事故发生后48h内提交	项目质量管理部门	项目经理或项目主要负责人/调查负责人
6	建设工程质量事故报告书	按事故发生事项列分目录		调查单位	事故发生后48h内提交	项目质量管理部门	项目经理、调查负责人
7	施工检测计划	按检测项目列分目录	按检测项目的批次列细目录	施工单位	分部、分项工程开工前提交	项目技术部	专业监理
8	见证试验检测汇总表	按检测项目列分目录	按检测项目的批次列细目录	施工单位	随工程进度按周或月提交	施工单位/监理单位	取样人和见证人
9	施工日志	按专业归类（不单列分目录和细目录）		施工单位	从工程开工起至工程竣工逐日记载	工程部	专业工长、施工员

续表

资料类别	工程资料名称（子目录）	资料分目录	细目录	工程资料填写单位	完成或提交时间	责任人或部门	审核、审批、签字
C2	施工技术文件						
1	工程技术文件报审表	施工组织设计文件报审表	按首次和修改次列细目录	施工单位	工程项目开工前	项目总工 项目技术部	项目总工、技术部/专业监理、总监
		施工方案文件报审表	按专业列细目录		工程项目开工前		
		重点部位、关键工序施工工艺文件报审表	按部位、工序列细目录		工程项目开工前		
		专项技术方案文件报审表	按专业列细目录		工程项目开工前		
2	施工组织设计及施工方案	施工组织设计文件	按首次和修改次列细目录	施工单位	单位或分项工程开工10d前完成	项目总工 项目技术部	单位总工或项目技术负责人、专业监理/总监
		专项施工方案文件	按专业列细目录				
3	危险性较大分部分项工程施工方案专家论证表	基坑支护、降水工程施工方案专家论证表		施工单位	单位或分项工程开工前完成	项目总工 项目技术部	单位总工、项目技术负责人/组长、专家
		土方开挖工程施工方案专家论证表					
		模板工程及支撑体系施工方案专家论证表					
		起重吊装及安装拆卸工程施工方案专家论证表					
		脚手架工程施工方案专家论证表					
		拆除爆破工程施工方案专家论证表					

续表

资料类别	工程资料名称（子目录）	资料分目录	细目录	工程资料填写单位	完成或提交时间	责任人或部门	审核、审批、签字
3	危险性较大分部分项工程施工方案专家论证表	幕墙安装工程施工方案专家论证表		施工单位	单位或分项工程开工前完成	项目总工 项目技术部	单位总工、项目技术负责人/组长、专家
		钢结构、网架、索膜结构安装工程施工方案专家论证表					
		人工挖扩孔桩工程施工方案专家论证表					
		地下暗挖、顶管及水下作业工程施工方案专家论证表					
		预应力工程施工方案专家论证表					
		其他“四新”及尚无技术标准工程施工方案专家论证表					
4	技术交底记录	按专业工程设分目录	按分项设细目录	施工单位	单位或分项工程开工2d前完成	项目总工 项目技术部	工长，技术、分包等相关责任人
5	图纸会审记录	按专业归类（不单列分目录和细目录）		施工单位	图纸会审后7d内整理完成并提交	项目总工 项目技术部	各方技术、专业负责人
6	设计变更通知单	按专业列分目录	按事项列细目录	设计单位	与设计或建设方协商确定	项目总工 项目技术部	各方技术、专业人员
7	工程洽商记录（技术核定单）	按专业列分目录	按事项列细目录	提出单位	洽商提出后7d内完成	项目总工 项目技术部	各方技术、专业人员

续表

资料类别	工程资料名称（子目录）	资料分目录	细目录	工程资料填写单位	完成或提交时间	责任人或部门	审核、审批、签字
C3	进度造价文件						
1	工程开工报审表	按次数列分目录		施工单位	满足开工条件正式开工前	施工单位	施工项目经理/总监/建设单位代表
2	工程复工报审表	按工程暂停令设分目录		施工单位	施工单位自检符合复工条件	施工单位	施工项目经理/总监/建设单位代表
3	施工进度计划报审表	总进度计划报审表		施工单位	完成施工年、季、月进度计划	施工单位	施工项目经理/总监/建设单位代表
		施工阶段性进度计划报审表					
4	施工进度计划	总进度计划		施工单位	完成施工年、季、月进度计划	施工单位	施工项目经理/总监/建设单位代表
		施工阶段性进度计划					
5	人、机、料动态表	按月列分目录		施工单位	每月 25 日前提交	施工单位	项目经理
6	工程延期申请表	按延期事项设分目录		施工单位	符合工程延期要求	施工单位	施工项目经理/总监/建设单位代表
7	工程款支付申请表	按合同约定设分目录		施工单位	合同约定日期或工程完成并验收合格	施工单位	施工项目经理/总监/建设单位代表
8	工程变更费用报审表	按事项设分目录		施工单位	工程变更完成并经项目监理部验收合格	施工单位	施工项目经理/总监/建设单位代表
9	费用索赔申请表	按事项设分目录		施工单位	索赔事件发生后 28d 内提交	施工单位	施工项目经理/总监/建设单位代表
C4	施工物资出厂质量证明及进场检测文件						
C4.1	出厂质量证明文件及检测报告						
1	砂、石、砖、水泥、钢筋、隔热保温、防腐材料、轻集料出厂质量证明文件	按砂材料品种设分目录	按砂材料进场批次设细目录	供货单位	随物资进场提交	供应单位提供，项目物资部收集	供应单位技术负责人
		按石材料品种设分目录	按石材料进场批次设细目录				

续表

资料类别	工程资料名称（子目录）	资料分目录	细目录	工程资料填写单位	完成或提交时间	责任人或部门	审核、审批、签字
1	砂、石、砖、水泥、钢筋、隔热保温、防腐材料、轻集料出厂质量证明文件	按砖材料品种设分目录	按砖材料进场批次设细目录	供货单位	随物资进场提交	供应单位提供，项目物资部收集	供应单位技术负责人
		按水泥材料品种设分目录	按水泥材料进场批次设细目录				
		按钢筋材料品种设分目录	按钢筋材料进场批次设细目录	供货单位	随物资进场提交	供应单位提供，项目物资部收集	供应单位技术负责人
		按隔热保温材料品种设分目录	按隔热保温材料进场批次设细目录				
		按防腐材料品种设分目录	按防腐材料进场批次设细目录				
		按轻集料材料品种设分目录	按轻集料材料进场批次设细目录	供货单位	随物资进场提交	供应单位提供，项目物资部收集	供应单位技术负责人
2	其他物资出厂合格证、质量保证书、检测报告和报关单或商检证等	按半成品钢筋类别设分目录	按各类物资进场批次设细目录	供货单位	随物资进场提交	供应单位提供，项目物资部收集	供应单位技术负责人
		按预制混凝土构件类别设分目录					
		按钢构件类别设分目录					
		按木结构材料类别设分目录					
		按外加剂类别设分目录					
		按防水材料类别设分目录					
		按门窗材料类别设分目录					

续表

资料类别	工程资料名称（子目录）	资料分目录	细目录	工程资料填写单位	完成或提交时间	责任人或部门	审核、审批、签字
2	其他物资出厂合格证、质量保证书、检测报告和报关单或商检证等	按板材材料类别设分目录	按各类物资进场批次设细目录	供货单位	随物资进场提交	供应单位提供，项目物资部收集	供应单位技术负责人
		按吊顶材料类别设分目录					
		按饰面板材材料类别设分目录					
		按饰面石材材料类别设分目录					
		按饰面墙地砖材料类别设分目录					
		按涂料材料类别设分目录					
		按玻璃材料类别设分目录					
		按粘结材料类别设分目录					
		按焊接材料类别设分目录					
		按幕墙材料类别设分目录					
		按保温隔热材料类别设分目录					
		按吸声隔声材料类别设分目录					
		按防火材料类别设分目录					
		按设备材料类别设分目录					

续表

资料类别	工程资料名称（子目录）	资料分目录	细目录	工程资料填写单位	完成或提交时间	责任人或部门	审核、审批、签字
3	材料、设备的相关检验报告、型式检测报告、3C强制认证合格证书或3C标志	按材料、设备类别相关检验报告设分目录	按各类材料、设备进场批次设细目录	供货单位	随物资进场提交	供应单位提供，项目物资部收集	供应单位技术负责人
		按材料、设备类别型式检测报告设分目录					
		按材料、设备类别3C强制认证合格证书或3C标志设分目录					
4	主要设备、器具的安装使用说明书	按设备、器具类别设分目录	按类别进场批次设细目录	供货单位	随物资进场提交	供应单位提供，项目物资部收集	供应单位技术负责人
5	进口的主要材料设备的商检证明文件	按进口材料类别设分目录	按类别进场批次设细目录	供货单位	随物资进场提交	供应单位提供，项目物资部收集	供应单位技术负责人
6	涉及消防、安全、卫生、环保、节能的材料、设备的检测报告或法定机构出具的有效证明文件	按消防材料、设备类别设分目录	按类别进场批次设细目录	供货单位	随物资进场提交	供应单位提供，项目物资部收集	供应单位技术负责人
		按安全材料、设备类别设分目录	按类别进场批次设细目录		随物资进场提交		
		按卫生材料、设备类别设分目录	按类别进场批次设细目录		随物资进场提交		
		按环保材料、设备类别设分目录	按类别进场批次设细目录		随物资进场提交		
		按节能材料、设备类别设分目录	按类别进场批次设细目录		随物资进场提交		
C4.2	进场检验通用表格						
1	材料、构配件进场检验记录	按材料、构配件类别设分目录	按类别进场批次设细目录	施工单位	进场验收通过后1d内提交	项目物资部、机电部	材料员/专业质检员/监理工程师

续表

资料类别	工程资料名称（子目录）	资料分目录	细目录	工程资料填写单位	完成或提交时间	责任人或部门	审核、审批、签字
2	设备开箱检验记录	按设备类别设分目录	按类别进场批次设细目录	施工单位	进场验收通过后1d内提交	项目物资部、机电部	材料员/专业质检员/监理工程师
3	设备及管道附件试验记录	按设备及管道附件类别设分目录	按类别进场批次设细目录	施工单位	进场验收通过后1d内提交		
C4.3	进场复试报告						
1	钢材试验报告	按钢材品种设分目录	按进场批次设细目录	检测单位	正式使用前提交，复验时间3d左右	试验单位提供，项目试验员收集	试验单位试验人员、审核人、负责人签认
2	水泥试验报告	按水泥品种、强度等级设分目录	按进场批次设细目录	检测单位	正式使用前提交，快测4d；常规28d	试验单位提供，项目试验员收集	试验单位试验人员、审核人、负责人签认
3	砂试验报告	按砂品种设分目录	按进场批次设细目录	检测单位	正式使用前提交，复试时间3d左右	试验单位提供，项目试验员收集	试验单位试验人员、审核人、负责人签认
4	碎（卵）石试验报告	按碎（卵）石品种设分目录	按进场批次设细目录	检测单位	正式使用前提交，复试时间3d左右	试验单位提供，项目试验员收集	
5	外加剂试验报告	按外加剂品种设分目录	按进场批次设细目录	检测单位	正式使用前提交，复试时间3～28d	试验单位提供，项目试验员收集	试验单位试验人员、审核人、负责人签认
6	防水涂料试验报告	按防水涂料品种设分目录	按进场批次设细目录	检测单位	正式使用前提交，复试时间7d左右	试验单位提供，项目试验员收集	试验单位试验人员、审核人、负责人签认
7	防水卷材试验报告	按防水卷材品种设分目录	按进场批次设细目录	检测单位	正式使用前提交，复试时间7d左右	试验单位提供，项目试验员收集	
8	砖（砌块）试验报告	按预应力筋品种设分目录	按进场批次设细目录	检测单位	正式使用前提交，复试时间7d左右	试验单位提供，项目试验员收集	试验单位试验人员、审核人、负责人签认
9	预应力筋复试报告	按预应力筋品种设分目录	按进场批次设细目录	检测单位	正式使用前提交，复试时间1～3d	试验单位提供，项目试验员收集	试验单位试验人员、审核人、负责人签认

续表

资料类别	工程资料名称（子目录）	资料分目录	细目录	工程资料填写单位	完成或提交时间	责任人或部门	审核、审批、签字
10	预应力锚具、夹具和连接器复试报告	按预应力锚具、夹具和连接器品种设分目录	按进场的批次设细目录	检测单位	正式使用前提交，复试时间1～3d	试验单位提供，项目试验员收集	试验单位试验人员、审核人、负责人签认
11	装饰装修用门窗复试报告	按门窗品种类别规格设分目录	按进场的批次设细目录	检测单位	正式使用前提交	试验单位提供，项目试验员收集	试验单位试验人员、审核人、负责人签认
12	装饰装修用人造木板复试报告	按人造木板品种类别设分目录	按进场的批次设细目录	检测单位	正式使用前提交	试验单位提供，项目试验员收集	试验单位试验人员、审核人、负责人签认
13	装饰装修用花岗石复试报告	按花岗石品种类别设分目录	按进场的批次设细目录	检测单位	正式使用前提交	试验单位提供，项目试验员收集	试验单位试验人员、审核人、负责人签认
14	装饰装修用安全玻璃复试报告	按安全玻璃品种类别设分目录	按进场的批次设细目录	检测单位	正式使用前提交	试验单位提供，项目试验员收集	试验单位试验人员、审核人、负责人签认
15	装饰装修用外墙面砖复试报告	按外墙面砖品种类别设分目录	按进场的批次设细目录	检测单位	正式使用前提交，复试时间28d左右	试验单位提供，项目试验员收集	试验单位试验人员、审核人、负责人签认
16	钢结构用钢材复试报告	按钢结构用钢材炉罐品种类别设分目录	按进场的批次设细目录	检测单位	正式使用前提交，复试时间3d左右	试验单位提供，项目试验员收集	试验单位试验人员、审核人、负责人签认
17	钢结构用防火涂料复试报告	按防火涂料品种类别设分目录	按进场的批次设细目录	检测单位	正式使用前提交	试验单位提供，项目试验员收集	试验单位试验人员、审核人、负责人签认
18	钢结构用焊接材料复试报告	按焊接材料品种类别设分目录	按进场的批次设细目录	检测单位	正式使用前提交，复试时间3d左右	试验单位提供，项目试验员收集	试验单位试验人员、审核人、负责人签认
19	钢结构用高强度大六角头螺栓连接副复试报告	按高强度大六角头螺栓连接副品种类别设分目录	按进场的批次设细目录	检测单位	正式使用前提交，复试时间3d左右	试验单位提供，项目试验员收集	试验单位试验人员、审核人、负责人签认
20	钢结构用扭剪型高强螺栓连接副复试报告	按扭剪型高强螺栓连接副品种类别设分目录	按进场的批次设细目录	检测单位	正式使用前提交，复试时间3d左右	试验单位提供，项目试验员收集	试验单位试验人员、审核人、负责人签认

续表

资料类别	工程资料名称（子目录）	资料分目录	细目录	工程资料填写单位	完成或提交时间	责任人或部门	审核、审批、签字
21	幕墙用铝塑板、石材、玻璃、结构胶复试报告	按铝塑板品种类别设分目录	按进场的批次设细目录	检测单位	正式使用前提交	试验单位提供，项目试验员收集	试验单位试验人员、审核人、负责人签认
		按石材品种类别设分目录					
		按玻璃品种类别设分目录					
		按结构胶品种类别设分目录					
22	散热器、供暖系统保温材料、通风与空调工程绝热材料、风机盘管机组、低压配电系统电缆的见证取样复试报告	按散热器品种类别设分目录	按进场的批次设细目录	检测单位	随物资进场提交	试验单位提供，项目试验员收集	试验单位试验人员、审核人、负责人签认
		按供暖系统保温材料品种类别设分目录	按进场的批次设细目录				
		按绝热材料品种类别设分目录	按进场的批次设细目录				
		按风机盘管机组品种类别设分目录	按进场的批次设细目录				
		按低压配电系统电缆品种类别设分目录	按进场的批次设细目录				
23	节能工程材料复试报告	按节能工程材料品种类别设分目录	按进场的批次设细目录	检测单位	随物资进场提交	试验单位提供，项目试验员收集	试验单位试验人员、审核人、负责人签认
24	其他物资进场复试报告						
C5	施工记录文件						
1	隐蔽工程验收记录	按隐蔽工程分项列分目录	按隐蔽工程检验批次设细目录	施工单位	检查合格1d内、检验批验收前	项目工程部、质量部	质量员、专业工长/监理工程师

续表

资料类别	工程资料名称（子目录）	资料分目录	细目录	工程资料填写单位	完成或提交时间	责任人或部门	审核、审批、签字
2	施工检查记录	按施工检查分项列分目录	按项目检查批次设细目录	施工单位	检查合格后1d内、检验批验收前	项目工程部、质量部	专业技术负责人/专业工长
3	交接检查记录	按交接分部分项列分目录	按交接的工序设细目录	施工单位	交接检查合格后1d内提交	移交单位	接收单位/见证单位
4	工程定位测量记录	按部位列分目录		施工单位	定位测量完成后2d内提交	项目测量员或委托测量单位	技术、质量、测量相关人员/专业工程师
5	基槽验线记录	按部位列分目录		施工单位	验线完成后2d内提交	项目测量员	技术、质量、测量相关人员/专业工程师
6	楼层平面放线记录	按楼层、部位列分目录		施工单位	楼层抄测完成后1d内提交	项目测量员	
7	楼层标高抄测记录	按楼层、部位列分目录		施工单位	每次测量结束后1d内提交	项目测量员	技术、质量、测量相关人员/专业工程师
8	建筑物垂直度、标高观测记录	按楼层、部位列分目录		施工单位	每次测量结束后7d内提交	项目测量员	
9	沉降观测记录	按规定或约定列分目录		建设单位委托测量单位提供	每次沉降观测结束后7d内提交	建设单位委托的观测单位提供	沉降观测单位相关责任人签认
10	基坑支护水平位移监测记录	按规定或约定列分目录		施工单位	支护工程验收前10d提交	施测人	测量单位负责人/施工技术负责人/监理工程师
11	桩基、支护测量放线记录	按部位列分目录		施工单位	桩基、测量放线完成后2d内提交	施测人	施工技术负责人/监理工程师
12	地基验槽记录	按部位列分目录		施工单位	地基验槽通过后提交	项目部	施工、设计、勘察、监理、建设单位项目负责人、总监

续表

资料类别	工程资料名称（子目录）	资料分目录	细目录	工程资料填写单位	完成或提交时间	责任人或部门	审核、审批、签字
13	地基钎探记录	按部位列分目录		施工单位 勘察单位	地基验槽前3d提交	项目部	专业工长/技术负责人 勘察单位项目负责人
14	混凝土浇灌申请书	按浇筑部位、批次设分目录	按强度等级设细目录	施工单位	每批次混凝土浇筑前提交	项目部	工长、专业技术负责人
15	预拌混凝土运输单	按浇筑部位、批次设分目录	按强度等级设细目录	供应单位	随混凝土运输车提交	供应单位提供	供应单位/现场工长
16	混凝土开盘鉴定	按混凝土强度等级列分目录		施工单位	每次鉴定通过的当日完成，混凝土原材料及配合比设计检验批验收前1d提交	混凝土试配单位负责人	施工技术负责人/监理工程师
17	混凝土拆模申请单	按楼层、部位设分目录	按检验批设细目录	施工单位	每次拆模前完成，模板拆除检验批验收前提交	专业工长	专业工长/质量员/技术负责人
18	混凝土预拌测温记录	按楼层、部位设分目录	按检验批设细目录	施工单位	冬季施工期间按周或月提交	记录人	
19	混凝土养护测温记录	按楼层、部位设分目录	按检验批设细目录	施工单位	冬季施工期间按周或月提交	测温员	
20	大体积混凝土养护测温记录	按楼层、部位设分目录	按检验批设细目录	施工单位	按周或月提交	测温员	
21	大型构件吊装记录	按楼层、部位设分目录	按检验批设细目录	施工单位	吊装期间及时完成或按周或月提交	专业质量员	
22	焊接材料烘焙记录	按楼层、部位设分目录	按检验批设细目录	施工单位	焊接使用前完成	专业质量员	
23	地下工程防水效果检查记录	按楼层、部位设分目录	按检验批设细目录	施工单位	检查通过当日内完成，地下防水工程验收前提交	专业工长/专业技术负责人/专业质检员	专业工程师

续表

资料类别	工程资料名称（子目录）	资料分目录	细目录	工程资料填写单位	完成或提交时间	责任人或部门	审核、审批、签字
24	防水工程试水检查记录	按楼层、部位设分目录	按检验批设细目录	施工单位	检查通过当日内完成，防水层检验批验收前1d提交	专业工长/专业技术负责人/专业质检员	专业工程师
25	通风（烟）道、垃圾道检查记录	按类设分目录		施工单位	检查通过当日内完成	专业质量员	专业工长/技术负责人
26	预应力筋张拉记录	按楼层、部位设分目录	按检验批设细目录	施工单位	张拉结束后的2d内完成，预应力张拉检验批验收前1d提交	工程部	专业工长、质量员
27	有粘结预应力结构灌浆记录	按楼层、部位设分目录	按检验批设细目录	施工单位	灌浆结束后2d内完成，预应力灌浆检验批验收前1d提交		
28	钢结构施工记录	按楼层、部位设分目录	按检验批设细目录	施工单位	钢结构安装检验批验收前1d提交		
29	网架（索膜）施工记录	按楼层、部位设分目录	按检验批设细目录	施工单位	网架索膜安装检验批验收前1d提交		
30	木结构施工记录	按楼层、部位设分目录	按检验批设细目录	施工单位	木结构安装检验批验收前1d提交		
31	幕墙注胶检查记录	按楼层、部位设分目录	按检验批设细目录	施工单位	幕墙注胶安装检验批验收前1d提交		
32	自动扶梯、自动人行道的相邻区域检查记录	按部设分目录	按检验批设细目录	施工单位	安装检验批验收前1d提交	专业分包公司	专业技术负责人/专业监理工程师
33	电梯电气装置安装检查记录	按部设分目录	按检验批设细目录	施工单位	安装检验批验收前1d提交		
34	自动扶梯、自动人行道电气装置检查记录	按楼层、部位设分目录	按检验批设细目录	施工单位	安装检验批验收前1d提交		

续表

资料类别	工程资料名称（子目录）	资料分目录	细目录	工程资料填写单位	完成或提交时间	责任人或部门	审核、审批、签字
35	自动扶梯、自动人行道整机安装质量检查记录	按楼层、部位设分目录	按检验批设细目录	施工单位	安装检验批验收前1d提交		
36	其他施工纪录						
C6	施工试验记录及检测文件						
C6.1	通用表格						
1	设备单机试运转记录	按设备厂家类别规格设分目录	按一台（组）设备设细目录	施工单位	在系统管道和设备安装完毕后进行，合格后1d内完成	项目机电部	专业工长/专业质检员/机电部经理
2	系统试运转调试记录	按系统类别层级设分目录	按批次设细目录	施工单位	在系统管道和设备安装完毕后进行，合格后1d内完成	项目机电部	专业工长/专业质检员/机电部经理
3	接地电阻测试记录	按接地类别（中性点、重复、防雷）设分目录	按批次设细目录	施工单位	接地装置完成后进行，若未达到设计要求，增设人工接地体增设后再次测试	专业质量员/专业测试人	专业工长/专业质检员/机电部经理
4	绝缘电阻测试记录	按子分部分项设分目录	按检验批设细目录	施工单位	配管及管内穿线分项质量验收前和单位工程竣工验收前完成	项目机电部	专业工长/专业质检员/机电部经理
C6.2	建筑与结构工程						
1	锚杆试验报告	按部位列分目录	按检验批设细目录	检（试）验单位	工程验收前10d提交	有资质检测单位提供，专业分包单位负责收集汇总	专业检测员/专业检测单位
2	地基承载力检验报告	按部位列分目录	按检验批设细目录	检（试）验单位	工程验收前10d提交		
3	桩基检测报告	按部位列分目录	按检验批设细目录	检（试）验单位	工程验收前10d提交		

续表

资料类别	工程资料名称（子目录）	资料分目录	细目录	工程资料填写单位	完成或提交时间	责任人或部门	审核、审批、签字
4	土工击实试验报告	按检验批分目录		检(试)验单位	回填施工前完成击石试验 3～7d	有资质试验单位提供试验员收集	专业试验员/专业试验单位
5	回填土试验报告(应附图)	按部位列分目录	按检验批设细目录	检(试)验单位	随回填施工进度完成干密度试验 3d 左右	有资质试验单位提供试验员收集	专业试验员/专业试验单位
6	钢筋机械连接试验报告	按楼层、部位设分目录	按检验批设细目录	检(试)验单位	钢筋隐蔽验收前完成力学试验 1～3d	有资质试验单位提供试验员收集	专业试验员/专业试验单位
7	钢筋焊接连接试验报告	按楼层、部位设分目录	按检验批设细目录	检(试)验单位	正式焊接施工前完成第一次焊接工程检验批验收前提交	有资质试验单位提供试验员收集	专业试验员/专业试验单位
8	砂浆配合比申请单、通知单	按砂浆强度设分目录		施工单位	砂浆砌筑开始前提交	有资质试验单位提供试验员收集	专业试验员/专业试验单位
9	砂浆抗压强度试验报告	按砂浆强度设分目录	按批次设细目录	检(试)验单位	标养 30d 内提交；同条件养护视龄期而定	有资质试验单位提供试验员收集	专业试验员/专业试验单位
10	砌筑砂浆试块强度统计、评定记录	按砂浆强度设分目录		施工单位	同一验收批强度报告齐全后评定，分项质量验收前 1d 提交	现场试验员统计	质量员/项目技术负责人
11	混凝土配合比申请单、通知单	按混凝土强度设分目录		施工单位	混凝土浇筑前开始提交	有资质试验单位提供试验员收集	专业试验员/专业试验单位
12	混凝土抗压强度试验报告	按混凝土强度设分目录	按批次设细目录	检测单位	标养 30d 内提交；同条件养护视龄期而定	有资质试验单位提供试验员收集	专业试验员/专业试验单位
13	混凝土试块强度统计、评定记录	按混凝土强度设分目录		施工单位	同一验收批强度报告齐全后评定，分项质量验收前 1d 提交	现场试验员统计	质量员/项目技术负责人

续表

资料类别	工程资料名称（子目录）	资料分目录	细目录	工程资料填写单位	完成或提交时间	责任人或部门	审核、审批、签字
14	混凝土抗渗试验报告	按混凝土抗渗等级、混凝土强度设分目录	按批次设细目录	检测单位	混凝土分项工程质量验收前提交抗渗试验 30～90d	有资质试验单位提供试验员收集	专业试验员/专业试验单位
15	砂、石、水泥放射性指标报告	按材料类别设分目录	按批次设细目录	施工单位 检测单位	使用前完成并提交	有资质试验单位提供试验员收集	专业试验员/专业试验单位
16	混凝土碱总量计算书	按强度等级设分目录		施工单位	配合比基本相同混凝土第一次使用时提供	有资质试验单位提供试验员收集	专业试验员/专业试验单位
17	外墙饰面砖样板粘结强度试验报告	按品种规格列分目录	按批次设细目录	检测单位	饰面砖粘贴检验批验收前 1d 提交；粘贴强度试验 28d 左右	有资质试验单位提供试验员收集	专业试验员/专业试验单位
18	后置埋件抗拔试验报告	按部位列分目录	按检验批列细目录	检测单位	饰面板粘贴检验批验收前 1d 提交	有资质试验单位提供试验员收集	专业试验员/专业试验单位
19	超声波探伤报告、探伤记录	按部位列分目录	按检验批列细目录	检测单位	焊接完成后 24h 后进行，钢结构子分部工程验收前提交	有资质试验单位提供试验员收集	专业试验员/专业试验单位
20	钢构件射线探伤报告	按部位列分目录	按检验批列细目录	检测单位	焊接完成后 24h 后进行，钢结构子分部工程验收前提交	有资质试验单位提供试验员收集	专业试验员/专业试验单位
21	磁粉探伤报告	按部位列分目录	按检验批列细目录	检测单位	焊接完成后 24h 后进行，钢结构子分部工程验收前提交	有资质试验单位提供试验员收集	专业试验员/专业试验单位
22	高强度螺栓抗滑移系数检测报告	按部位列分目录	按检验批列细目录	检测单位	高强螺栓正式使用前完成，连接检验批验收前 1d 提交	有资质试验单位提供试验员收集	专业试验员/专业试验单位

续表

资料类别	工程资料名称（子目录）	资料分目录	细目录	工程资料填写单位	完成或提交时间	责任人或部门	审核、审批、签字
23	钢结构焊接工艺评定	按部位列分目录	按检验批列细目录	检测单位	正式焊接施工前完成，第一次钢结构焊接工程检验批验收前提交	有资质试验单位提供试验员收集	专业试验员/专业试验单位
24	网架节点承载力试验报告	按部位列分目录	按检验批列细目录	检测单位	正式施工前按设计制定规格完成	有资质试验单位提供试验员收集	专业试验员/专业试验单位
25	钢结构防腐、防火涂料厚度检测报告	按部位列分目录	按检验批列细目录	检测单位	钢结构防腐、防火涂装检验批验收前提交	有资质试验单位提供试验员收集	专业试验员/专业试验单位
26	木结构胶缝试验报告	按部位列分目录	按检验批列细目录	检测单位	正式施工前完成，检验批验收前提交	有资质试验单位提供试验员收集	专业试验员/专业试验单位
27	木结构构件力学性能试验报	按部位列分目录	按检验批列细目录	检测单位	正式施工前按设计规定完成	有资质试验单位提供试验员收集	专业试验员/专业试验单位
28	木结构防护剂试验报告	按部位列分目录	按检验批列细目录	检测单位	木结构防护剂检验批验收前提交	有资质试验单位提供试验员收集	专业试验员/专业试验单位
29	幕墙双组分硅酮结构密封胶；混匀性及拉断试验报告	按部位列分目录	按检验批列细目录	检测单位	正式施工前完成，检验批验收前提交	有资质试验单位提供试验员收集	专业试验员/专业试验单位
30	幕墙的抗风压性能、空气渗透性能、雨水渗透性能及平面内变形性能检测报告	按部位列分目录	按品种规格类别检验批列细目录	检测单位	正式施工前完成，检验批验收前提交	有资质试验单位提供试验员收集	专业试验员/专业试验单位
31	外门窗的抗风压性能、空气渗透性能和雨水渗透性能检测报告	按部位列分目录	按品种规格检验批列细目录	检测单位	正式施工前完成，检验批验收前提交	有资质试验单位提供试验员收集	专业试验员/专业试验单位
32	墙体节能工程保温板材与基层粘结强度现场拉拔试验	按部位列分目录	按品种规格检验批列细目录	检测单位	正式施工前完成，检验批验收前提交	有资质试验单位提供试验员收集	专业试验员/专业试验单位

续表

资料类别	工程资料名称（子目录）	资料分目录	细目录	工程资料填写单位	完成或提交时间	责任人或部门	审核、审批、签字
33	外墙保温浆料同条件养护试件试验报告	按部位列分目录	按检验批列细目录	检测单位	正式施工前完成，检验批验收前提交	有资质试验单位提供试验员收集	专业试验员/专业试验单位
34	结构实体混凝土强度检验记录	按强度等级列分目录		施工单位	地基、主体分部工程验收前提交	项目质量部	专业试验员/专业试验单位
35	结构实体钢筋保护层厚度检验记录	按部位、构件类型列分目录	按检验批列细目录	施工单位	地基、结构子分部工程验收前提交	项目质量部	专业试验员/专业试验单位
36	围护结构现场实体检验	按部位列分目录	按检验批列细目录	检测单位	围护结构现场实体检验前提交	项目质量部	专业试验员/专业试验单位
37	室内环境检测报告	按部位列分目录	按检验批列细目录	检测单位	工程完成后7d，单位工程竣工验收前提交	委托有资质检测单位	建设单位提供
38	节能性能检测报告	按节能部位列分目录	按检验批列细目录	检测单位			
39	其他建筑与结构施工试验记录与检测文件						
C6.3	给水排水及供暖工程						
1	灌（满）水试验记录	按非承压系统工程设分目录	按系统列细目录	施工单位	在系统管道和设备安装完毕后进行，合格后1d内完成，并要在暗装、埋地、有绝热层的室内外排水管道进行隐蔽验收前完成	机电部经理、质检员、专业工长	专业工长/专业技术负责人/专业监理工程师
2	强度严密性试验记录录	按承压系统工程设分目录	按系统列细目录	施工单位	承压管道、设备安装完毕后进行，隐蔽之前完成	机电部经理、质检员、专业工长	专业工长/专业技术负责人/专业监理工程师
3	通水试验记录	按系统工程设分目录	按分项（区、段）列细目录	施工单位	在各系统管道、卫生洁具、地漏及地面清扫口的分系统(区、段)施工完成后进行，隐蔽前完成	机电部经理、质检员、专业工长	专业工长/专业技术负责人/专业监理工程师

续表

资料类别	工程资料名称（子目录）	资料分目录	细目录	工程资料填写单位	完成或提交时间	责任人或部门	审核、审批、签字
4	冲（吹）洗试验记录	按系统分项工程设分目录	按分项（区、段）列细目录	施工单位	各系统管道在分系统（区、段）施工完成后进行试验，在隐蔽之前完成	机电部经理、质检员、专业工长	专业工长/专业技术负责人/专业监理工程师
5	通球试验记录	按系统工程设分目录	按分项列细目录	施工单位	排水水平干管、主立管施工完成后进行，隐蔽起完成	机电部经理、质检员、专业工长	专业工长/专业技术负责人/专业监理工程师
6	补偿器安装记录	按系统工程设分目录	按分项列细目录	施工单位	在补偿器安装完成后进行		
7	消火栓试射记录	按系统工程设分目录	按分项列细目录	施工单位	在消火栓系统安装完成后进行		
8	安全附件安装检查记录	按热源及辅助设备列分目录	按检验批列细目录	施工单位	各安全附件安装齐全，并进行启动、联动试验后进行	机电部经理、质检员、专业工长	专业工长/专业技术负责人/专业监理工程师
9	锅炉烘炉试验记录	按热源及辅助设备列分目录	按检验批列细目录	施工单位	锅炉安装完成后进行，要在试运行前完成	机电部经理、质检员、专业工长	专业工长/专业技术负责人/专业监理工程师
10	锅炉煮炉试验记录	按热源及辅助设备列分目录	按检验批列细目录	施工单位			
11	锅炉试运行记录	按热源及辅助设备列分目录	按检验批列细目录	施工单位	在锅炉烘炉、煮炉合格后进行	机电部经理、质检员、专业工长	专业工长/专业技术负责人/专业监理工程师
12	安全阀定压合格证书	按热源及辅助设备列分目录	按检验批列细目录	检测单位	在锅炉安全阀投入运行前进行	实验单位	试验单位提供，专业分包单位及项目机电部收集
13	自动喷水灭火系统联动试验记录	按给水系统列分目录	按检验批列细目录	施工单位	自动喷水灭火系统完成后进行，要在试运行前完成	实验单位	建设、监理、施工单位项目负责人

续表

资料类别	工程资料名称（子目录）	资料分目录	细目录	工程资料填写单位	完成或提交时间	责任人或部门	审核、审批、签字
14	其他给水排水及供暖施工试验记录与检测文件	按子分部分项列分目录	按检验批列细目录	施工单位		专业技术负责人	建设、监理、施工单位项目负责人
C6.4	建筑电气工程						
1	电气接地装置平面示意图表	按接地类别（中性点、重复、防雷）设分目录	按图次设细目录	施工单位	接地装置安装完成后，测试接地装置前完成	项目机电部	专业工长/专业技术负责人/专业质检员
2	电气器具通电安全检查记录	按子分部各系统设分目录	按批次列细目录	施工单位	电气器具安装完成后	项目机电部	
3	电气设备空载试运行记录	按子分部设备类型设分目录	按批次列细目录	施工单位	电气器具安装完成后	专业分包及项目机电部	
4	建筑物照明通电试运行记录	按室外电气、电气照明子分部列分目录	按每 2h 列细目录	施工单位	单位工程竣工验收前	项目机电部	专业工长/专业技术负责人/专业质检员
5	大型照明灯具承载试验记录	按电气照明子分部列分目录	按批次列细目录	施工单位	在灯具安装前完成		
6	漏电开关模拟试验记录	按室外电气、变配电室、电气动力、电气照明备用和不间断电源子分部列分目录	按分项检验批列细目录	施工单位	漏电开关安装完毕，分项工程质量验收前完成	项目机电部	专业工长/专业技术负责人/专业质检员
7	大容量电气线路结点测温记录	按子分部列分目录	按分项批次列细目录	施工单位	分项工程安装完毕分项质量验收前或单位工程质量竣工验收前完成	项目机电部	专业工长/专业技术负责人/专业质检员
8	低压配电电源质量测试记录	按电源电压列分目录	按批次列细目录	施工单位			
9	建筑物照明系统照度测试记录	按电气照明子分部列分目录	按批次列细目录	施工单位			

续表

资料类别	工程资料名称（子目录）	资料分目录	细目录	工程资料填写单位	完成或提交时间	责任人或部门	审核、审批、签字
10	其他建筑电气施工试验记录与检测文件	按子分部各系统设分目录	按批次列细目录				
C6.5	智能建筑工程						
1	综合布线测试记录	按系统设分目录	按批次列细目录	施工单位		专业质量员	专业工长/专业技术负责人/专业部门经理
2	光纤损耗测试记录	按系统设分目录	按用途批次列细目录	施工单位			
3	视频系统末端测试记录	按系统设分目录	按用途批次列细目录	施工单位			
4	子系统检测记录	按子系统工程设分目录	按用途批次列细目录	施工单位			检测负责人
5	系统试运行记录	按系统工程设分目录	按用途批次列细目录	施工单位			专业工长/专业技术负责人/专业部门经理
6	其他智能建筑施工试验记录与检测文件	按系统设分目录	按用途批次列细目录				
C6.6	通风与空调工程						
1	风管漏光检测记录	按系统设分目录	按用途批次列细目录	施工单位	风管系统安装完成后、隐蔽之前完成	项目机电部	专业工长/专业技术负责人/专业部门经理
2	风管漏风检测记录	按系统设分目录	按用途批次列细目录	施工单位	风管系统安装完成后、隐蔽之前完成		
3	现场组装除尘器、空调机漏风检测记录	按系统设分目录	按用途批次列细目录	施工单位	设备安装完成后		
4	各房间室内风量测量记录	按系统设分目录	按用途批次列细目录	施工单位	在无生产负荷联合试运转时进行		
5	管网风量平衡记录	按系统设分目录	按用途批次列细目录	施工单位	在无生产负荷联合试运转时进行		

续表

资料类别	工程资料名称（子目录）	资料分目录	细目录	工程资料填写单位	完成或提交时间	责任人或部门	审核、审批、签字
6	空调系统试运转调试记录	按系统设分目录	按用途批次列细目录	施工单位	在无生产负荷联合试运转机调试时进行		
7	空调水系统试运转调试记录	按系统设分目录	按用途批次列细目录	施工单位	在无生产负荷联合试运转机调试时进行		
8	制冷系统气密性试验记录	按系统设分目录	按用途批次列细目录	施工单位	在系统安装完成后进行		
9	净化空调系统检测记录	按系统设分目录	按用途批次列细目录	施工单位	在无生产负荷联合试运转时进行		
10	防排烟系统联合试运行记录	按系统设分目录	按用途批次列细目录	施工单位	在联合试运行和调试时进行		
11	其他通风空调施工试验记录与检测文件	按系统设分目录	按用途批次列细目录				
C6.7	电梯工程						
1	轿厢平层准确度测量记录	按部设分目录	按批次列细目录	施工单位	在电梯具备运行条件后进行	电梯安装单位	专业工长/专业技术负责人/专业部门经理
2	电梯层门安全装置检测记录	按部设分目录	按批次列细目录	施工单位	电梯层门安装完成后进行	电梯安装单位	专业工长/专业技术负责人/专业部门经理
3	电梯电气安全装置检测记录	按部设分目录	按批次列细目录	施工单位	电梯安装完毕，在电梯调试后进行	电梯安装单位	专业工长/专业技术负责人/专业部门经理
4	电梯整机功能检测记录	按部设分目录	按批次列细目录	施工单位	电梯调试结束后，在交付使用前进行	电梯安装单位	专业工长/专业技术负责人/专业部门经理
5	电梯主要功能检测记录	按部设分目录	按批次列细目录	施工单位	电梯调试结束后，在交付使用前进行	电梯安装单位	专业工长/专业技术负责人/专业部门经理

续表

资料类别	工程资料名称（子目录）	资料分目录	细目录	工程资料填写单位	完成或提交时间	责任人或部门	审核、审批、签字
6	电梯负荷运行试验记录	按部设分目录	按批次列细目录	施工单位	电梯调试完成后	电梯安装单位	专业工长/专业技术负责人/专业部门经理
7	电梯负荷运行试验曲线图表	按部设分目录	按批次列细目录	施工单位	电梯调试完成后	电梯安装单位	审核人、绘制人
8	电梯噪声测试记录	按部设分目录	按批次列细目录	施工单位	电梯具备运行条件后	电梯安装单位	审核人、安装工长
9	自动扶梯、自动人行道安全装置检测记录	按部设分目录	按批次列细目录	施工单位	自动扶梯、自动人行道安装完毕后进行	自动扶梯、自动人行道安装单位	专业工长/专业质检员/专业技术负责人
10	自动扶梯、自动人行道整机性能、运行试验记录	按部设分目录	按批次列细目录	施工单位	自动扶梯、自动人行道调试结束后，在交付使用前进行	自动扶梯、自动人行道安装单位	专业工长/专业质检员/专业技术负责人
11	其他电梯施工试验记录与检测文件	按部设分目录	按批次列细目录				
C7	施工质量验收文件						
1	检验批质量验收记录	按分项工程设分目录	按检验批列细目录	施工单位	随施工同步完成按周、月提交	项目质量部	专业质量员/专业工长/专业监理工程师
2	分项工程质量验收记录	按子分部工程设分目录	按分项设细目录	施工单位	分项工程验收前3d提交（混凝土除外）	项目质量部	项目技术负责人/专业监理工程师
3	分部（子分部）工程质量验收记录			施工单位	分部工程验收前3d提交（混凝土除外）	项目质量部	施工项目经理、设计勘察项目负责人/总监
4	建筑节能分部工程质量验收记录			施工单位	分部工程验收前3d提交	项目质量部	施工项目经理、设计勘察项目负责人/总监

续表

资料类别	工程资料名称（子目录）	资料分目录	细目录	工程资料填写单位	完成或提交时间	责任人或部门	审核、审批、签字
5	自动喷水系统验收缺陷项目划分记录	按室内给水系统列分目录		施工单位	自动喷水系统验收缺陷项目验收前提交	项目质量部	施工项目负责人/建设单位项目负责人、专业监理工程师
6	程控电话交换系统分项工程质量验收记录	按分项工程设分目录		施工单位	分项工程验收前3d提交	项目质量部	专业技术负责人/专业监理工程师
7	会议电视系统分项工程质量验收记录	按分项工程设分目录		施工单位	分项工程验收前3d提交	项目质量部	
8	卫星数字电视系统分项工程质量验收记录	按分项工程设分目录		施工单位	分项工程验收前3d提交	项目质量部	
9	有线电视系统分项工程质量验收记录	按分项工程设分目录		施工单位	分项工程验收前3d提交	项目质量部	专业技术负责人/专业监理工程师
10	公共广播与紧急广播系统分项工程质量验收记录	按分项工程设分目录		施工单位	分项工程验收前3d提交	项目质量部	
11	计算机网络系统分项工程质量验收记录	按分项工程设分目录		施工单位	分项工程验收前3d提交	项目质量部	
12	应用软件系统分项工程质量验收记录	按分项工程设分目录		施工单位	分项工程验收前3d提交	项目质量部	
13	网络安全系统分项工程质量验收记录	按分项工程设分目录		施工单位	分项工程验收前3d提交	项目质量部	
14	空调与通风系统分项工程质量验收记录	按分项工程设分目录		施工单位	分项工程验收前3d提交	项目质量部	
15	变配电系统分项工程质量验收记录	按分项工程设分目录		施工单位	分项工程验收前3d提交	项目质量部	

续表

资料类别	工程资料名称（子目录）	资料分目录	细目录	工程资料填写单位	完成或提交时间	责任人或部门	审核、审批、签字
16	公共照明系统分项工程质量验收记录	按分项工程设分目录		施工单位	分项工程验收前3d提交	项目质量部	
17	给水排水系统分项工程质量验收记录	按分项工程设分目录		施工单位	分项工程验收前3d提交	项目质量部	专业技术负责人/专业监理工程师
18	热源和热交换系统分项工程质量验收记录	按分项工程设分目录		施工单位	分项工程验收前3d提交	项目质量部	
19	冷冻和冷却水系统分项工程质量验收记录	按分项工程设分目录		施工单位	分项工程验收前3d提交	项目质量部	
20	电梯和自动扶梯系统分项工程质量验收记录	按分项工程设分目录		施工单位	分项工程验收前3d提交	项目质量部	
21	数据通信接口分项工程质量验收记录	按分项工程设分目录		施工单位	分项工程验收前3d提交	项目质量部	
22	中央管理工作站及操作分站分项工程质量验收记录	按分项工程设分目录		施工单位	分项工程验收前3d提交	项目质量部	专业技术负责人/专业监理工程师
23	系统实时性、可维护性、可靠性分项工程质量验收记录	按分项工程设分目录		施工单位	分项工程验收前3d提交	项目质量部	
24	现场设备安装及检测分项工程质量验收记录	按分项工程设分目录		施工单位	分项工程验收前3d提交	项目质量部	
25	火灾自动报警及消防联动系统分项工程质量验收记录	按分项工程设分目录		施工单位	分项工程验收前3d提交	项目质量部	

续表

资料类别	工程资料名称（子目录）	资料分目录	细目录	工程资料填写单位	完成或提交时间	责任人或部门	审核、审批、签字
26	综合防范功能分项工程质量验收记录	按分项工程设分目录		施工单位	分项工程验收前3d提交	项目质量部	
27	视频安防监控系统分项工程质量验收记录	按分项工程设分目录		施工单位	分项工程验收前3d提交	项目质量部	专业技术负责人/专业监理工程师
28	入侵报警系统分项工程质量验收记录	按分项工程设分目录		施工单位	分项工程验收前3d提交	项目质量部	专业技术负责人/专业监理工程师
29	出人口控制（门禁）系统分项工程质量验收记录	按分项工程设分目录		施工单位	分项工程验收前3d提交	专业质量员	
30	巡更管理系统分项工程质量验收记录	按分项工程设分目录		施工单位	分项工程验收前3d提交	专业质量员	
31	停车场（库）管理系统分项工程质量验收记录	按分项工程设分目录		施工单位	分项工程验收前3d提交	专业质量员	
32	安全防范综合管理系统分项工程质量验收记录	按分项工程设分目录		施工单位	分项工程验收前3d提交	专业质量员	专业技术负责人/专业监理工程师
33	综合布线系统安装分项工程质量验收记录	按分项工程设分目录		施工单位	分项工程验收前3d提交	专业质量员	
34	综合布线系统性能检测分项工程质量验收记录	按分项工程设分目录		施工单位	分项工程验收前3d提交	专业质量员	
35	系统集成网络连接分项工程质量验收记录	按分项工程设分目录		施工单位	分项工程验收前3d提交	专业质量员	
36	系统数据集成分项工程质量验收记录	按分项工程设分目录		施工单位	分项工程验收前3d提交	专业质量员	
37	系统集成整体协调分项工程质量验收记录	按分项工程设分目录		施工单位	分项工程验收前3d提交	专业质量员	

续表

资料类别	工程资料名称（子目录）	资料分目录	细目录	工程资料填写单位	完成或提交时间	责任人或部门	审核、审批、签字
38	系统集成综合管理及冗余功能分项工程质量验收记录	按分项工程设分目录		施工单位	分项工程验收前3d提交	专业质量员	
39	系统集成可维护性和安全性分项工程质量验收记录	按分项工程设分目录		施工单位	分项工程验收前3d提交	专业质量员	
40	电源系统分项工程质量验收记录						
41	其他工程质量验收文件						
C8	施工验收文件						
1	单位（子单位）工程竣工预验收报验表			施工单位	施工企业内部竣工预验收完成后，组织单位竣工验收前完成	质量部、技术部	项目经理/总监
2	单位（子单位）工程质量竣工验收记录			施工单位	业主组织单位竣工验收前完成	项目技术负责人/项目经理/施工单位技术负责人	建设单位（项目）负责人、总监、施工单位负责人、设计单位(项目)负责人签字并盖公章
3	单位（子单位）工程质量控制资料核查记录	按分部工程设分目录		施工单位	施工企业内部竣工预验收前完成	各专业技术负责人	项目经理/总监
4	单位（子单位）工程安全和功能检验资料核查及主要功能抽查记录	按分部工程设分目录		施工单位	施工企业内部竣工预验收前完成	各专业技术负责人	项目经理/总监
5	单位（子单位）工程观感质量检查记录	按分部工程设分目录		施工单位	工程档案与验收前完成	各专业技术负责人	项目经理/总监
6	施工资料移交书			施工单位	按照合同或协议约定的时间移交给建设单位	移交单位技术负责人	移交单位技术负责人/接收单位技术负责人
7	其他施工验收文件						

注：按资料类别、子目录、分目录、细目录分层标注，空项则为没有分目或细目。

九、建立施工资料收集台账

为加强工程文件收发管理，理顺传递关系，并按工程进度做好工程文件的提供利用，工程资料应建立施工资料台账和施工资料接收、发放登记制度。

（一）建立施工资料台账的收集登记制度

1. 施工资料台账的建立

建立完整的施工资料台账既是加强工程资料管理的需要，也是提高企业内部管理水平的需要。各级资料管理人员做好文件的台账管理工作是各自的义务和岗位职责。

施工资料台账的建立首先要求台账的管理系统要做到项目详细、条理清晰并由相关的数据库支持。其次建立施工资料台账应按照先后顺序分类，对同一类型的资料应按照时间先后顺序进行排序。

施工资料台账编制的内容应包括序号、资料题名、编制单位、编制日期、页数和备注。资料台账是工程建设管理的内容应与工程建设同步。施工单位及项目部应配置适当的房间、器具（文件夹、文件盒、文件柜、文件筐）等存放文件资料，并加强管理和增强防范意识，做好防火、防盗、防虫、防光、防尘等工作。

2. 工程文件接收登记制度

为加强对施工资料的管理应建立工程资料的收文登记制度，其目的是规范资料管理流程，提高工作效率，避免文件资料的丢失和损坏。施工资料的收文登记管理常由施工单位技术负责部门负责，具体实施由资料员实施。工程资料收文登记可参照下列规定执行。

1）各单位提供给工程部的工程文件（工程技术文件、图纸资料）由档案资料室统一接收登记；上级党政主管机关所发的行政及党务方面的文件由办公室统一接收登记。

2）工程部其他部门或个人从外单位带回或通过其他途径收到的工程文件，一律交档案资料室，由指定人员登记。

3）设备文件由物资采购组会同有关部门对设备开箱验收，并及时将设备资料立卷归档；设备文件资料由档案资料室统一归口发放给有关单位。

4）档案资料室对接收的工程文件资料，必须进行数量和外观质量检查，发现问题应及时通知寄发单位补发。

5）档案资料室对接收的工程文件应及时建立工程文件接收总登记账和分类账（簿式台账和电子台账），并能利用计算机进行各类工程文件的查询检索。

6）登记完毕的工程文件，应及时予以处理，在保证归档份数后，应按工程部负责人审定的工程文件分发表及时分发给有关单位和部门。

7）对接收的密级文件资料，要严格按保密规定妥善收存，并认真执行密级文件资料的借阅规定。

8）资料收文后应根据资料的载体不同分类妥善存放。

9）档案资料室仅对归档的工程文件资料实施整编作业，并建立档案登录总登记账和分类登记账；对分发各部门的工程文件资料不进行整编作业。

（二）工程文件资料发放登记制度

工程文件资料发放登记制度可按下列规定执行：

（1）分发外单位和部门的工程文件资料由档案资料室统一归口办理。

（2）呈送上级单位的工程文件由工程部领导确定发放单位和数量。

（3）档案资料室按工程部领导审定的施工图分发表、设备资料分发表分发工程文件资料（当工程施工图、设备资料份数有限时），档案资料室仅提供施工单位一套或两套文件，不足部分施工单位可委托档案资料室向设计院提出增加施工图供应数量；设备资料文件不足部分，由施工单位自行联系复制，复制的设备资料应加盖“复制件”印章。

（4）分发的图纸资料应建立资料分发台账，资料分发台账应留存备查。

（5）为避免工程文件资料分发过程中可能出现的错发现象，图纸、资料领取单位应指定领取人名单，并书面通知档案资料室；档案资料室按指定名单发放工程文件资料。

十、施 工 资 料 交 底

施工资料交底是指在施工前，资料员对参与项目管理的有关人员进行有关资料管理内容的交底，通常交底包括交底的对象和交底的内容。

（一）施工资料交底对象

1. 施工资料交底的内部对象

施工资料内部交底对象包括：项目经理、项目技术负责人、施工员、质量员、安全员、材料员、机械员、劳务员、标准员及预算员等相关人员。交底是指在某一项工作开始前，由主管负责人向参与人员进行技术性交代，其目的是使参与人员对所要进行的工作技术上的特点、技术质量要求、工作方法与措施等方面有一个详细了解，以便有效地组织实施，避免技术质量等事故的发生。各项技术交底记录也是工程技术档案资料中不可缺少的部分。一般技术交底常包括设计交底和施工交底。设计交底是指在建设单位主持下，由设计单位向各施工单位进行的设计图纸交底，交底的内容主要包括：建筑物的主要功能和特点、设计意图与要求等。施工技术交底应由施工单位组织，在管理单位专业工程师的指导下，重点介绍施工中经常遇到的问题、预防措施、解决方案。施工技术交底的内容包括施工范围、工程量、工作量、施工进度、操作工艺和保证质量安全的措施、技术检验和检查验收要求等。一般都由项目技术负责人组织技术交底，施工员及各分包的技术人员与设计方、建设单位代表相互答疑交底；涉及合同与重大变化导致的巨大经济洽商，对分包方的重要管理如因为质量安全问题出现的重新返工等与重大经济相关交底应有项目经理组织交底。安全管理方案及涉及安全的重大危险源及项目技术变化等，由项目经理负责组织编制，而安全技术措施是由项目技术负责人负责交底。

2. 施工资料交底的近外层对象

施工资料交底的近外层对象包括：质量监督站、安全监督站、建设单位、监理单位、设计单位、勘察单位、试验检测单位及材料、设备、构配件供货单位等有关单位。施工资料形成来源广泛，设计的人员也众多，如工程设计变更是对施工图纸的补充和修改，不论是何种原因都要有设计单位签发工程设计变更通知单，有设计专业负责人、监理及建设单位和施工单位相关负责人签认；工程物资进场后，应由建设、监理单位会同施工单位对进场物资进行检查验收，形成"工程物资进场检验记录"；分部工程验收由总监理工程师组织施工单位项目负责人和项目技术负责人进行验收；勘察、设计单位项目负责人和施工单位技术、质量部门负责人应参加地基与基础分部工程验收，设计单位项目负责人和施工单位技术、质量部门负责人应参加主体结构、节能分部工程验收，并形成"分部工程质量验收记录"；建设单位收到施工单位的工程竣工报告后，应由建设单位项目负责人组织监理、施工、设计、勘察等单位项目负责人进行单位工程验收，形成“单位工程质量验收记录”等。

（二）施工资料交底要求

《建设工程文件归档规范》GB/T 50328—2014（2019年版）明确规定工程文件的形成和积累应纳入工程建设管理的各个环节和有关人员的职责范围。特别是针对工程资料的来源、编制、审核及审批等形成要求以及资料的收集整理、分类立卷、移交归档等活动都应确定具体的职责范围，见例表10-1。《建筑工程施工资料计划、交底编制导则》针对资料交底的具体职责做了规定，即施工资料交底人可依据导则向资料的收集人明确何时向何单位、何人收集何种资料。

建筑工程施工资料职责分工表　　表10-1

资料名称	填写或编制	审核	审批	汇总、整理、移交	交验日期
施工组织设计	项目负责人	施工单位总工	总监理工程师		年　月
施工现场质量检查记录	项目负责人	施工单位总工	总监理工程师		年　月
检验批质量验收记录	专业质量员	项目专业技术负责人	专业监理工程师		年　月
分项工程质量验收记录	项目专业技术负责人	项目技术负责人	监理工程师		年　月
（子分部）工程质量验收记录	项目技术负责人	项目经理	总监理工程师		年　月
分部工程质量验收记录	项目技术负责人	项目经理	建设、监理、施工、设计（项目）负责人		年　月
施工记录	施工员			施工员	年　月
施工检测计划	质检员			质检员	年　月
……	……	……	……		年　月

（1）项目经理：主持编制项目管理规划，参与工程验收，准备结算资料和分析总结，参与工程竣工验收，接受审计。

（2）项目技术负责人：负责组织对施工组织设计和施工技术措施的编制和贯彻执行。指导、检查各项施工资料的正确填写和收集整理。

（3）项目专业资料员：参与制定资料管理计划、施工资料管理制度，负责建立施工资料台账，进行施工资料交底；负责施工资料收集、审查及整理；负责施工资料的往来传递、追溯及借阅管理；负责提供管理数据、信息资料；负责施工资料的立卷、归档、封存、安全保密工作；负责施工资料的验收与移交；负责施工资料管理系统的运行、服务和管理。

（4）专业施工员：负责编写施工日志、施工记录、汇总移交施工资料。

（5）项目专业质量员：负责质量检查记录、编制质量资料、汇总移交质量资料；负责施工过程中质量控制的验证和确认，针对工序施工中的各个环节质量进行检查验证，对出现的问题及时纠正，必要时可责令停工。负责对施工用水泥、钢筋和混凝土试件进行质量跟踪并填写相关记录、编制工程质量验评范围划分表（报监理审批），制定过程检验试验计划（技术负责人审核，主任工程师审批）。工序作业完成后，施工员组织工序验收，质量员验证确认、检查、监督按验收规范、施工图纸及验收试验计划做好施工试验的检验，负责试验报告单的验证确认。

（6）现场安全员：负责安全生产记录、安全资料编制、汇总移交安全资料。

（7）现场材料员：建立和保存合格供方的质量记录（包括合格供方企业名录及其档案、评定记录等）负责工程材料管理和收集、整理，工程结束时移交工地资料员（办理移交手续）。

（8）标准员：负责工程建设标准实施的信息管理。

（9）劳务员：负责编制劳务队伍和劳务人员管理资料，负责汇总、整理、移交劳务管理职责。

（10）机械员：负责编制机械设备安全、技术管理资料，负责汇总、整理、移交机械设备管理资料。

（三）施工资料形成要求

（1）施工归档文件的形成应严格按照《建设工程文件归档规范》GB/T 50328—2014（2019年版）的编制、审核、审批规定执行。

（2）施工中编制形成的施工文件有报验、报审要求的，施工单位按报验、报审程序，经过本单位审核签认后，方可报建设（监理）单位审批签认。如项目经理负责主持编制的单位工程施工组织设计应提交给施工单位技术负责人或负责人授权的技术人员审批；由专业分包单位编制的分部（分项）或专项工程施工方案，应由专业承包单位技术负责人或技术负责人授权的技术人员审批，审批后在交由总包单位技术负责人审核。施工单位完成审核、审批签认后，根据施工合同要求提交建设（监理）单位审批签认，最终形成“单位工程施工组织设计报审表”。

（3）施工文件的报验、报审有时限性要求的，相关单位已在合同中约定报验、报审文件的申报时间及审批时间，并约定应承担的责任；当无约定时，施工文件的报审不得影响正常施工。如“隐蔽工程验收”，依据《建设工程合同（示范文本）》程序约定，工程隐蔽部位经承包人自检确认具备覆盖条件的，承包人应在共同检查前48h书面通知监理人检查；监理人应按时到场检查。监理人不能按时进行检查的，应在检查前24h向承包人提交书面延期要求，但延期不能超过48h。监理人未按时进行检查，也未提出延期要求的，视为隐蔽工程检查合格。

十一、收集、审查与整理施工资料

施工资料管理主要包括：资料形成管理；资料的收集、整理、归档管理；资料的安全、使用管理。

资料的形成管理阶段主要强调资料的形成单位和相关人员形成的资料内容应具有真实性、完整性和准确性。资料的编制、填写、审核、审批及签认应及时，内容应符合相关的规定。资料的文字、图表、印章应清晰。

资料的收集、整理、归档管理阶段的主要工作内容：按照施工文件档案资料管理计划的要求分级分类地收集、审查、整理、组卷、移交、备案、归档施工文档管理资料。

资料的安全、使用管理主要工作内容：对资料的内容和载体采取有效的保护措施，负责施工资料的来往传递、追溯及借阅管理，负责提供管理数据、信息资料。

（一）施工资料收集、审查

按照《建设工程文件归档规范》GB/T 50328—2014（2019 年版）的要求，工程文件的内容及其深度应符合国家现行有关工程勘察、设计、施工、监理等标准的规定。工程文件的内容必须真实、准确，应与工程实际相符合。归档的纸质工程文件应为原件。工程文件应字迹清楚，图样清晰，图表整洁，签字盖章手续完备。因此，工程文件资料应具有真实性、完整性和准确性。

1. 收集的施工资料应有真实性

施工资料收集后首先应审查内容的真实性，建设工程文件资料是建设工程档案的基本组成部分，是处理工程质量问题、工程安全事故和评定工程质量的重要依据，因此，收集的施工资料必须具备真实性即不存在虚假记载，误导性陈述。保证资料的真实性应必须保证施工资料的形成与工程建设同步。“同步”的含义并不是非常严格的“同时”，而是要求施工资料与工程进度应基本保持对应、及时形成。

收集的施工资料应为原件，原件是原始记录，能够真实反映资料的原始内容，是资料的真实性得到有效保证。但在资料收集时经常会遇到原件份数不能满足需求，因此在实际工程资料收集过程中，经常采用复印件加盖印章并应由经办人签字及日期的方式，最大程度提高复印件的真实性。

2. 收集的施工资料应有完整性

施工资料的填写、编制、审核、审批等内容应符合国家规范和技术标准的有关规定，内容完整、结论明确、签认手续齐全。“内容完整”是要求资料对其有效性、有决定性影响的内容应填写完整。“结论明确”是指资料中需要给出结论时，应按照“是、否”的要求给出明确的结论。不应填写成“基本合格”“未发现异常”等不确定词语。“签章齐全”是指应在文件资料上签字、盖章的人员及单位应当及时签章，不应出现空缺、代签、补签或代章等。填写或编制的文件资料内容深度应符合国家的有关规范和标准要求。

3. 收集的施工资料应有准确性

施工文件资料是工程档案文件来源的基础，文件的准确性是文件档案保存价值基本保证。工程资料准确性判断应确定文件结论是否重大遗漏、数据是否有误、计算是否正确；保证数据或结论的准确应分析确认结果的准确性、计算的准确性和检查的准确性。例如提高建筑材料性能检测结果的准确性，检测时应严格遵守试样的取样方式，检测设备的操作方法、实验数据分析处理、试验结果的误差判断。

（二）工程资料文件的填写与审查

工程档案文件通常有文本、图纸、图表声像、电子文件等形式。各类文件在填写时通常有如下基本要求：

（1）工程名称应填写工程名称的全称，与合同或招投标文件中的工程名称一致。

（2）建设单位填写合同文件中的甲方单位，名称也应写全称，与合同签章上的单位名称相同。

（3）建设单位项目负责人（代表）应填写合同书上签字人或签字人以书面形式委托的代表工程的项目负责人，工程完工后竣工验收备案表中的建设单位项目负责人应与此一致。

（4）设计单位填写设计合同中签章单位的名称，其全称应与印章上的名称一致。设计单位的项目负责人，应是设计合同书签字人或签字人以书面形式委托的该项目负责人，工程完工后竣工验收备案表中的设计单位项目负责人也应与此一致。

（5）项目监理机构填写单位全称，应与合同或协议书中的名称一致。

（6）监理工程师应是合同或协议书中明确的项目监理负责人，也可以是监理单位以书面形式明确的该项目监理负责人，必须有监理工程师任职资格证书，专业要对口。

（7）施工单位填写施工合同中签章单位的全称，与签章上的名称一致。

（8）项目经理、项目技术负责人与合同中明确的项目经理、项目技术负责人一致。

（三）检验批质量验收记录表填写与审查

1. 表头部分的填写

单位（子单位）工程名称：按合同文件上的单位工程名称填写。

分部（子分部）、分项工程名称：按《建筑工程施工质量验收统一标准》GB 50300—2013 附录 B“建筑工程的分部、分项划分”标准确定。

施工单位、分包单位：填写施工单位、分包单位的全称，与合同上公章名称相一致。

项目负责人：填写合同中指定的项目负责人。有分包单位时，也应填写分包单位全称，分包单位的项目负责人也应是合同中指定的项目负责人。这些人员由填表人填写，不需要本人签字，只是标明他是项目负责人。

检验批容量：检验批的容量是指该检验批所含的工程量。因为，在工程质量验收时采用的是全数检验和抽样检验，全数检验的样本容量是个无限值，而抽样检验即在一定的样本容量中抽取具有一定代表性的最小抽样数量，其目的是要保证验收检验具有一定的抽样量，可按检验批实际工程量的单位填写。

验收部位：指一个分项工程中验收的那个检验批的抽样范围，要标注清楚，如二层①～⑩、Ⓐ～Ⓕ轴线砖砌体。

施工依据：填写企业的标准系列名称（操作工艺、工艺标准、工法等）及编号，企业标准应有编制人、批准人、批准时间、执行时间、标准名称及编号，并要在施工现场有这项标准，工人在执行这项标准。

验收依据：填写对应的建筑工程质量验收规范及标准代号。

2. 质量验收项目栏

质量验收项目栏：填写规范规定的相关质量要求，在制表时就已填写好验收规范中主控项目、一般项目的全部内容。但由于表格的地方小，多数指标不能将全部内容填写下，所以，只将质量指标归纳、简化描述或题目及条文号填写上，作为检查内容提示。以便查对验收规范的原文：对计数检验的项目，将数据直接写出来。规范上还有基本规定、一般规定等内容，它们虽然不是主控项目和一般项目的条文，但这些内容也是验收主控项目和一般项目的依据。所以验收规范的质量指标不宜全抄过来，故只将其主要要求及如何判定注明。这些在制表时就印上去了。

3. 主控项目、一般项目施工单位检查评定记录

填写方法分以下几种情况，判定验收不验收均按施工质量验收规范进行判定。

（1）对定量项目根据规范的要求的检查数量直接填写检查的数据。

（2）对定性项目，填写实际发生的检查内容。

（3）有混凝土、砂浆强度等级的检验批，按规定制取试件后，可填写试件编号，待试件试验报告出来后，对检验批进行判定，并在分项工程验收时进一步进行强度评定及验收。

4. 最小/实际抽样数量

各专业验收规范对一般项目都有明确规定，定性项目必须基本达到。定量项目按照抽样方案执行，具体的抽样方案按有关专业规范执行。

5. 检查记录、检查结果

施工单位按照“最小/实际抽样数量”检查，并在“检查记录”栏按实际检查结果填写，“抽查×处，合格×处”，在检查结果栏填写合格率。

6. 监理单位检查结果

通常监理人员应进行平行、旁站或巡回的方法进行监理，在施工过程中，对施工质量进行察看和测量，并参加施工单位的重要项目的检测，以了解质量水平和控制措施的有效性及执行情况，在整个过程中，随时可以测量等。在检验批验收时，对主控项目、一般项目应逐项进行验收。对符合验收规范规定的项目，填写“合格”或“符合要求”，对不符合验收规范规定的项目，暂不填写，待处理后再验收，但应做标记。

7. 施工单位检查结果

施工单位自行检查评定合格后，由项目专业质量检查员根据执行标准填写检查的实际结果。特别是针对一般项目采用计数抽样检验时，合格点率应符合专业验收规范的规定，且不得存在严重缺陷。对于计数抽样的一般项目，正常检验一次、二次抽样判定应符合《建筑工程施工质量验收统一标准》GB 50300—2013 附录 D 的规定。结果应给出是否符合设计或规范规定。结论表述应文字简练，技术用语规范。有数据的项目，将实际测量的数值填入表格内。

专业工长栏由本人签字。项目专业质量检查员代表企业逐项检查评定合格，填表并写明结果，签字后，交专业监理工程师验收。

8. 监理单位验收结论

注明“合格”，专业监理工程师签字。

（四）分项工程质量验收记录表填写与审查

分项工程验收由监理工程师组织项目专业技术负责人等进行验收。分项工程是在检验批验收合格的基础上进行，通常起一个归纳整理的作用，是一个统计表，没有实质性验收内容。只要注意三点就可以了，一是检查检验批是否覆盖了整个工程，有没有漏掉的部位；二是检查有混凝土、砂浆强度要求的检验批，到龄期后能否达到规范规定；三是将检验批的资料统一，依次进行登记整理，方便管理。

表的填写：表名填上所验收分项工程的名称，表头单位（子单位）按合同文件上的单位工程名称填写、分部（子分部）工程名称填写同检验批一致。检验批容量按实际检验的数量填写，检验批部位、区段，施工单位检查评定结果，由施工单位项目专业质量员填写，由施工单位的项目专业技术负责人检查后可按《建筑工程施工质量验收统一标准》GB 50300—2013 第 5.0.2 条注明检查结果并签字，交监理单位或建设单位验收。

监理单位验收结论应由专业监理工程师逐项审查并填写验收结论，同意项填写“合格”，不同意项暂不填写，待处理后再验收，但应做标记。验收结论应注明“合格”或“不合格”的意见，如同意验收并签字确认，不同意验收请指出存在问题，明确处理意见和完成时间。

（五）分部工程验收记录表填写与审查

分部工程的质量验收，是质量控制的一个重点。由于单位工程体量的增大，复杂程度的增加，专业施工单位的增多，为了分清责任、及时整修等，分部工程的验收就显得较重要，分部工程的质量验收除了分项工程的核查外，还有质量控制资料完整性地核查，安全和功能项目的检验，主要涉及安全、节能、环境保护和主要使用功能的地基与基础、主体结构和设备安装等分部工程进行的有关的见证检验和抽样检验；观感质量的检验是以实测（靠、吊、量、套）和目测（看、摸、敲、照）的方式进行观感质量验收。

分部工程应由施工单位将自行检查评定合格的表填写好后，由项目经理交监理单位验收。由总监理工程师组织施工单位项目负责人及有关勘察（地基与基础部分）、设计（地基与基础及主体结构等）单位项目负责人进行验收，并按分部工程验收记录表的要求进行记录。

分部工程验收记录表格的填写可按《建筑工程施工质量验收统一标准》GB 50300—2013 第 5.0.3 条注明。

1. 表名及表头部分

（1）表名：分部工程的名称填写要具体，写在分部工程的前边。

（2）表头部分项目与检验批、分项工程、单位工程验收表的内容一致。

2. 验收内容

（1）子分部工程名称：符合《建筑工程施工质量验收统一标准》GB 50300—2013 附录 B“建筑工程的分部工程、分项工程划分”的规定。

（2）分项工程名称

按分项工程检验批施工先后的顺序，将分项工程名称填写上，在紧后一栏内分别填写各分项工程实际的检验批数量，即分项工程验收表上的检验批数量，并将各分项工程评定表按顺序附在表后。

施工单位检查结果栏，填写施工单位自行检查评定的结果。核查一下各分项工程是否都通过验收，有关有龄期试件的合格评定是否达到要求；有全高垂直度或总的标高的检验项目的应进行检查验收。自检符合要求的可按“合格”标注，否则按“不合格”标注。有“不合格”的项目不能交给监理单位或建设单位验收，应进行返修达到合格后再提交验收。监理单位由总监理工程师组织审查，在符合要求后，在监理单位验收结论栏内签注“合格”意见。

（3）质量控制资料

施工单位应按单位工程质量控制资料核查记录表中的相关内容来确定所验收的分部工程的质量控制资料项目，按资料核查的要求，逐项进行核查并由核查人签署核查意见及签认。能基本反映工程质量情况，达到保证结构安全和使用功能的要求，即可通过验收。全部项目都通过，即可送监理单位核查验收，监理单位也是逐项检查并由核查人签署核查意见及签认。监理单位全部项目都核查通过，最后由施工单位项目负责人和总监理工程师在结论栏内签注“完整”意见。

(4) 安全和功能检验结果

安全和功能检验结果是指竣工抽样检测的项目，能在分部工程中检测的，尽量放在分部工程中检测。检测内容按单位工程安全和功能检验资料核查及主要功能抽查记录中相关内容确定抽查项目。

施工单位在核查时要注意，抽样检查结果是否符相关专业质量验收规范的规定，如符合，即可在施工单位检查评定栏内标注“符合规定”。由施工单位送监理单位验收，监理单位总监理工程师组织审查，在符合要求后，施工单位项目负责人和总监理工程师在验收结论栏内签注“符合规定”的意见。

(5) 观感质量验收

由施工单位项目负责人组织进行现场检查，以观察、触摸或简单量测的方式进行观感质量验收，并结合验收人的主观判断，综合给出“好”“一般”“差”的质量评价结果。对于“差”的检查点应进行返修处理。实际检查内容不仅包括外观质量，还有能启动或运转的要启动或试运转，能打开看的打开看，有代表性的房间、部位都应走到，并经检查合格后，将施工单位填写的内容填写好后，由项目经理签字后交监理单位或建设单位验收。

观感质量检查记录中的“质量评价结果”按照表中“抽查质量状况”填写“好”“一般”“差”，可由各方协商确定，也可以按以下原则确定：项目检查点有一处或多于一处“差”可评价为“差”，有60%及以上的检查点“好”可评价为好，其余情况可评价为“一般”。

监理单位由总监理工程师组织验收，在听取参加检查人员意见的基础上，以总监理工程师为主导共同确定“观感质量综合评价”为“好”“一般”“差”。“评价结论”由施工单位的项目负责人和总监理工程师共同签认。如评价观感质量差的项目，能修理的尽量修理，如果确实难修理时，只要不影响结构安全和使用功能的，可采用协商解决的方法进行验收，并在验收表上注明，然后将验收评价结论填写在分部（子分部）工程观感质量验收意见栏格内。

3. 验收单位签字认可

按表列参与工程建设责任单位的有关人员应亲自签名，以示负责，以便追查质量责任。

勘察单位可只签认地基基础分部工程，由项目负责人亲自签认。

设计单位可只签地基基础、主体结构及节能分部工程，由项目负责人亲自签认。

施工单位总承包单位必须签认，由项目负责人亲自签认，有分包单位的分包单位也必须签认其分包的分部工程，由分包项目负责人亲自签认。

监理单位作为验收方。由总监理工程师亲自签认验收。如果按规定不委托监理单位的工程，可由建设单位项目专业负责人亲自签认验收。

（六）单位工程质量竣工验收记录表填写与审查

单位工程质量验收由五部分内容组成，每一项内容都有自己的专门验收记录表，单位工程质量竣工验收记录是一个综合性的表，是各项目验收合格后填写的。

单位工程由建设单位项目负责人组织施工（含分包单位）、设计、勘察单位项目负责人、监理单位总监理工程师共同进行验收。单位工程质量竣工验收记录表应由参加验收单位盖章，并由负责人签字。质量控制资料核查记录表、安全和功能检验资料核查及主要功能抽查记录表、观感质量检查记录表应均由施工单位项目负责人和总监理工程师签字。可按《建筑工程施工质量验收统一标准》GB 50300—2013 第 5.0.4 条注明。

1. 表头填写

表头的填写均按合同文件上的单位工程名称、结构类型、层数/建筑面积、开工日期、完工日期等填写。

2. 分部工程验收填写

对所含分部工程逐项检查。首先由施工单位的项目负责人组织有关人员逐个分部（子分部）进行检查评定。所含分部（子分部）工程检查合格后，由项目负责人提交验收。经验收组成员验收后，由施工单位填写"验收记录"栏。注明共验收几个分部，经查符合设计及标准规定的几个分部。审查验收的分部工程全部符合要求，由监理单位在验收结论栏内，写上"均合格"的结论。

3. 质量控制资料核查

这项内容先由施工单位检查合格，再提交监理单位验收。其全部内容在分部工程中已经审查。通常单位工程质量控制资料核查，也是按分部工程逐项检查和审查，每个分部工程检查审查后，也不必再整理分部工程的质量控制资料，只将其依次装订起来，前边的封面写上分部工程的名称，并将所含子分部工程的名称依次填写在下边就行了。然后将各分部工程审查的资料逐项进行统计，填入验收记录栏内。

通常质量控制资料应该核查的各个项目，经审查也都应符合要求。如果出现有核定的项目的，应查明情况，只要是协商验收的内容，填在验收结论栏内，通常严禁验收的事件，不会留在单位工程来处理。这项也是先施工单位自行检查评定合格后，提交验收，由总监理工程师组织审查符合要求后，在验收记录栏内填写项数。在验收结论栏内，写上"完整"的意见。同时要在单位工程质量竣工验收记录表中的序号 2 栏内的验收结论栏内填"完整"。

4. 安全和主要使用功能核查及抽查结果

这个项目包括两个方面的内容。一是对于安全和功能的检验项目，要核查其检测报告是否完整。二是对于安全和功能抽测项目，要核查其是否符合有关专业质量验收规范的规定。这个项目也是由施工单位检查评定合格，再提交总监理工程师组织审查，然后由总监理工程师或建设单位项目负责人在验收结论栏内填写"完整、符合规定"的结论。如果返工处理后仍达不到设计要求，就要按不合格处理程序进行处理。

5. 观感质量验收

观感质量检查的方法同分部工程，单位工程观感质量检查验收不同的是项目比较多，是一个综合性验收。实际是复查一下各分部工程验收后，到单位工程竣工的质量变化，成品保护以及分部工程验收时还没有形成部分的观感质量等。

这个项目也是先由施工单位检查评定合格，提交验收。由总监理工程师组织审查，程序和内容基本是一致的。按核查的项目数及符合要求的项目数填写在验收记录栏内，如果没有影响结构安全和使用功能的项目，由总监理工程师为主导意见，评价“好”“一般”“差”，则不论评价为“好”“一般”“差”的项目，都可作为符合要求的项目。由总监理工程师在验收结论栏内填写“好”“一般”的结论。如果有不符合要求的项目，就要按不合格处理程序进行处理。

6. 综合验收结论

施工单位应在工程完工后，由项目负责人组织有关人员对验收内容逐项进行查对，并将表格中应填写的内容进行填写，自检评定符合要求后，在验收记录栏内填写各有关项数，交建设单位组织验收。综合验收是指在前五项内容均验收符合要求后进行的验收，即按单位工程质量竣工验收记录表进行验收。验收时，在建设单位组织下，由建设单位相关专业人员及监理单位专业监理工程师和设计单位、施工单位相关人员分别核查验收有关项目，并由总监理工程师组织进行现场观感质量检查。经各项目审查符合要求时，由监理单位或建设单位在“验收结论”栏内填写“合格”的意见。各栏均同意验收且经各参加检验方共同同意商定后，由建设单位填写“综合验收结论”，可填写为“通过验收”。

7. 参加验收单位签名

勘察单位、设计单位、施工单位、监理单位、建设单位都同意验收时，各单位的单位项目负责人要亲自签字，以示对工程质量的负责，并加盖单位公章，注明签字验收的年月日。

（七）竣工图资料的收集、审查、整理

1. 竣工图资料的收集

竣工图资料收集主要包括：承包单位施工过程中产生的设计变更通知单、文件（技术核定单）、设计交底记录。

（1）设计变更通知单：设计院要求的变更，由设计院发文，签字、盖章确认后生效。

（2）技术核定单：施工单位、监理单位在施工过程中提出的变更，由施工单位、监理公司提出，施工、监理、设计、建设单位四方签字，盖章后确认。

（3）设计交底记录：在设计交底会议上，建设单位、施工单位和监理单位将图纸会审中的设计问题整理成设计交底记录，经四方签字、盖章确认。

2. 竣工图的审核

（1）竣工图编制完成后，监理单位应督促和协助竣工图编制单位检查其竣工图编制情况，发现不准确或短缺时要及时修改和补齐。

（2）竣工图内容应与施工图设计、设计变更、洽商、材料变更，施工及质量检验记录相符合。

（3）竣工图按单位工程分专业编制，并配有详细编制说明和目录。

（4）竣工图应使用新的或干净的施工图，并按要求加盖并签署竣工图章。

（5）一张变更通知单涉及多图的，如果图纸不在同一卷册的，应将复印件附在有关卷册中，或在备考表中说明。

3. 竣工图的整理

（1）竣工图按单位工程分专业进行立卷，依据《建设工程文件归档规范》GB/T 50328—2014（2019年版）的规定竣工图可分为建筑、结构、钢结构、幕墙、室内装饰、建筑给水排水及供暖、建筑电气、智能建筑、通风与空调、室外工程、规划红线内的室外给水排水供电照明管线、规划红线内的道路、园林绿化、喷灌设施等竣工图。

（2）不同幅面的工程图纸，应统一折叠成A4幅面（297mm×210mm）。应图面朝内，首先沿标题栏的短边方向以W形折叠，然后再沿标题栏的长边方向以W形折叠，并使标题栏露在外面。

（八）现场安全资料的收集、审查、整理

现场安全资料收集的内容主要包括：安全生产责任制，目标管理，施工组织设计（专项方案），分部（分项）工程安全技术交底，安全检查，安全教育，班前安全活动，特种作业持证上岗，工伤事故处理，安全标志，安全防护用品、临时设施费管理，各类设备、设施验收及检查记录，文明施工等共计13类。

A01　安全生产责任制

A0101 各级管理人员安全生产责任制

A0102 管理人员花名册

A0103 各部门及各管理人员安全生产责任制考核办法

A0104 安全责任制、目标考核记录

A0105 各项安全生产管理制度

A0106 经济承包合同

A0107 各工种安全技术操作规程

A0108 项目经理、安全员安全资格审查

A0109 安全值班制度

A0110 安全值班记录

A0111 建设工程施工安全监督备案表

A0112 建设工程开工前施工安全条件审查表

A0113 建设工程施工安全评价报告书

A02 目标管理

A0201 安全管理目标

A0202 安全责任目标分解

A0203 安全责任目标考核规定

A0204 安全生产责任制、目标考核记录

A03 施工组织设计

A0301 安全施工组织设计（专项方案）审批表

A04 分部（分项）工程安全技术交底

A0401 分部/分项/工种及其他安全技术交底

A05 安全检查

A0501 安全检查制度

A0502 定期安全检查制度

A0503 安全检查记录

A0504 建筑施工安全检查评分表

A0505 隐患整改（停工）通知

A0506 隐患整改（停工）报告书

A06 安全教育

A0601 安全教育培训制度

A0602 施工现场从业人员安全教育档案

A0603 新入场工人安全教育记录

A0604 变换工种安全记录

A0605 安全教育记录

A0606 ________年度安全培训考核记录

A07 班前安全活动

A0701 班前安全活动制度

A0702 班前安全活动记录

A08 特种作业持证上岗

A0801 特种作业人员管理制度

A0802 特种作业人员花名册

A0803 特种作业人员证件管理

A09 工伤事故处理

A0901 工伤事故报告、调查处理和统计制度

A0902 施工现场职工伤亡事故月报表

A0903 职工意外伤害保险凭证

A10 安全标志

A1001 安全标志台账

A1002 施工现场安全标志布置总平面图

A11 安全防护用品、临时设施费管理

A1101 安全防护、临时设施费管理制度

A1102 安全防护、临时设施费统计表

A1103 安全防护用品验收记录

A1104 安全防护用品验收资料附件

A12　各类设备、设施验收及检查记录

A1201 脚手架验收表

(落地式 L、悬挑式 X、吊篮式 D、附着式 F、门式 M)

A1202 悬挑式平台验收表

A1203 落地式平台验收表

A1204 模板工程验收表

A1205 模板拆除申请报告

A1206 基坑支护验收表

A1207 安全防护用品及设施验收表

A1208 临时用电验收表

A1209 塔式起重机安装验收表

A1210 塔式起重机顶升验收表

A1211 塔式起重机安全保护装置检查表

A1212 塔式起重机附着锚固验收表

A1213 物料提升机（龙门架、井字架）安装验收表

A1214 物料提升机（龙门架、井字架）安全装置检查表

A1215 外用电梯（人货两用电梯）安装验收表

A1216 外用电梯（人货两用电梯）安全装置检查表

A1217 外用电梯（人货两用电梯）接高安装验收表

A1218 外用电梯（人货两用电梯）附着锚固验收表

A1219 施工机具安装验收表

A1220 施工机械维修保养记录

A1221 接地电阻测试记录

A1222 设备绝缘电阻测试记录

A1223 电工巡视维修记录

A1224 垂直运输机械试车检查记录

A1225 机械设备交接班记录

A13　文明施工

A1301 文明施工管理制度

A1302 五牌二图（工程概况牌，安全纪律牌，防火须知牌，安全无重大事故计时牌，安全生产、文明施工牌；施工总平面图，项目经理部组织构架及主要管理人员名单图）

A1303 门卫制度及外来人员登记

A1304 施工现场门卫交接班记录

A1305 宿舍管理制度

A1306 消防管理制度及责任制

A1307 动火审批表

A1308 治安保卫制度及责任分解

A1309 食堂管理制度

A1310 食堂卫生许可证及食堂人员健康证

A1311 卫生防病宣传教育材料

A1312 事故应急救援预案及急救人员上岗证

A1313 夜间施工许可证

A1314 施工防尘防噪声及不扰民措施等

一般施工现场安全资料收集后主要审查的内容可分为：表头填写、资料编制内容、资料报送结论部分。审查表头部分可统一填写，不需具体人员签名，只是明确负责人的地位。资料报送结论部分，主要确认结论和签章是否完整，签章或签字人是否是本人签名，且是否与合同一致。

十二、施工资料的处理、存储、检索、传递、追溯、应用

施工资料管理贯穿施工阶段全过程，衔接各个参与方。施工资料管理的基本环节包括：计划、形成、收集、处理、存储、检索、传递、追溯、应用。

（一）资料的处理和存储

建设工程资料的处理、存储是在资料收集后的必要管理过程。资料的处理主要是把建设各方得到的数据和信息进行鉴别、选择、核对、合并、排序、更新、计算、汇总、转储、生成不同形式的资料，提供给不同需求的各类管理人员使用。资料的处理和存储是信息系统流程的主要组成部分。信息系统的流程图有业务流程图、数据流程图，一般先找到业务流程图，通过绘制业务流程图再进一步绘制数据流程图。通过绘制业务流程图可以了解到具体处理事务的过程，发现业务流程图的问题和不完善处，进而优化业务处理过程。数据流程图则把数据在内部流动的情况抽象化，独立考虑数据的传递、处理、存储是否合理，发现和解决数据流程中的问题。数据流程图的绘制是经过层层细化、整理、汇总后得到总的数据流程图，根据总的数据流程图可以得到系统的信息流程图。资料管理数据流程图主要由相应的软件来完成，对于用户主要是找到数据间的关系和数据流程图，决定处理的时间要求和选择必要的、适合的软件和数学模型来实现加工、整理和存储的过程。目前国内已开发出多种类似的资料管理系统软件，并已在企业中得到广泛的应用。

（二）资料的检索和传递

资料的检索和传递是在通过对收集的资料进行分类加工处理后，及时提供给需要使用资料的部门，资料的传递要根据需要来传递，资料的检索则要建立必要的分级管理制度，一般由使用软件来保证实现数据和信息的传递、检索，关键是要决定传递和检索的原则。传递和检索的原则是：需要的部门和使用人，有权在需要的第一时间，方便得到所需要的，符合规定形式提供的一切资料，而保证不向不该知道的部门（人）提供任何资料。建立传递制度要根据项目管理的工作特点进行，考虑传递设计时的主要内容和考虑检索设计的基本要求：

1. 考虑传递设计时的主要内容

（1）了解使用部门（人）的使用目的、使用周期、使用频率、得到时间、数据的安全要求。

（2）决定分发的项目、内容、分发量、范围、数据来源。

（3）决定分发信息和数据的数据结构、类型、精度和如何组合成规定的格式。

（4）决定提供的信息和数据介质（纸张、视频、磁盘或其他形式）。

2. 考虑检索设计的基本要求

（1）允许检索的范围、检索的密级划分、密码的管理。

（2）检索的信息和数据能否及时、快捷地提供，采用何种手段（网络、通信、快递）。

（3）提供检索需要的数据和信息输出的形式、能否实现智能检索。

3. 施工资料检索的工作内容

存储阶段的著录标引、组织检索工具；查找阶段的确定查找内容、查找操作等。

（1）著录标引包括著和录，著，即标引，将其内容的主题的自然语言转化成检索的标准语言的过程。录是将文案文献的形式特征例如作者、时间等著录在著录条目上。

（2）组织检索工具是指按照一定的标准组合制作的，用于快速查找档案文件及其内容的指引性目录和信息工具，是记录、报道、查找档案文件的手段。记录是指资料管理部门登记保存资料的内容和外形特征、档号、存址等，介绍所存资料的内容和成分，向利用者提供鉴别、确认资料的依据。报道是指资料管理部门通过每条记录，向相关人员介绍本资料管理部门保存什么样的档案资料，供利用者选择或使用。查找是根据每个条目上记载的项目和提供的检索途径，把利用者所需要的材料迅速、准确地提供出来。记录是基础，报道、查找是手段，目的是识别施工资料和检索施工资料。

4. 施工资料的传递和检索程序

首先在项目组织内部将所有文件档案资料送交指定的信息管理部门（人员）处，进行统一整理分类，归档保存，然后根据项目负责人和工作需求，分别将文档资料传递给有关的职能部门。任何职能人员在授权范围内都可以随时自行查阅经分类整理后的文件和档案。此外，项目组织外部，在发送和接受建设单位、设计单位、监理单位、材料供应单位及其他单位的文件和资料时，也应由信息管理部门或人员负责进行，这样使所有的文件档案资料仅有一个进出口通道，从而在组织上保证施工文件档案资料的有效管理。

（三）施工资料的追溯和应用

施工资料的追溯是指在施工管理活动中的每一道工序、每一个环节、每一次活动的信息来源和数据均可以有确定的出处，可以逆向查找到问题的源头。例如，在《建设工程文件归档规范》GB/T 50328—2014（2019 年版）中规定：施工文件 C2 类“技术交底记录”由施工单位填写一式二份，建设单位和施工单位各选择性保存一份。“图纸会审记录”则一式五份，建设、设计、施工、监理单位和城建档案馆必须各保存一份。这种规定的文档存放处即指明的追溯源头。施工资料的可追溯性有利于鉴别产品、追溯其历史和产品来源。它并不能保证产品安全，而是一个管理工具。它有助于保障产品安全，并且在发现产品不安全的时候有助于采取必要的行动。

具有可追溯性的施工资料应具有四个关键特征：鉴别和追溯接受了什么（原材料、设备）；鉴别和追溯制造了什么，由什么制造的，何时制造的；鉴别和追溯产品被送往哪里；保留有效记录。建立一个可追溯性资料系统的时候，可追溯性的施工资料的四个关键特征即可构成其四个组成部分：组织和设计资料的可追溯性；执行可追溯性；验证可追溯性的有效性；建立文件和保持记录。

建立文件和保持记录的目的是为了与可追溯性的目标及实施保持一致，有效的记录保持对成功的实施和维持可追溯性是至关重要的，文件和记录的作用可分为：证据；内部的（公司内）和外部的（消费者和法律机构）；参考；有文件证明的可追溯性系统；培训教育；案例。

十三、建设电子工程文件、信息安全管理

（一）建立建设工程文件的安全防护措施

建设工程文件档案资料的安全管理是指建设文档资料的形成单位、保存单位对文档的信息内容和物资载体采取有效的保护措施，避免受到自然灾害或人为侵害，使其处于安全状态的管理工作。

目前建设工程文档保存类型分纸质档案和电子档案。建设电子档案是指具有参考和利用价值并作为档案保存的建设电子文件及相应的支持软件、参数和其他相关数据。建设工程电子文件是在工程建设过程中通过数字设备及环境生成的，以数码形式存储于磁带、磁盘或光盘等载体，依赖计算机等数字设备阅读、处理，并可在通信网络上传送的文件。

《建设电子文件与电子档案管理规范》CJJ/T 117—2017 规定，电子文件和电子档案的形成、保管和提供利用单位应采取有效的技术手段和管理措施，确保信息安全和保密。建设工程文件档案的安全管理涵盖了工程建设的全部过程，要经历收集与积累、整理、鉴定、归档、验收与移交等环节。所有环节中均应保持建设文件的真实性、完整性、有效性、安全性。

1. 保存管理

（1）存储与备份

建设电子档案保管单位应对在线存储和离线存储的电子档案进行保管。应配备符合规定的计算机机房、硬件设备、信息管理系统和网络设施，实现对电子档案的有效管理。保管电子档案存储媒体，应符合下列规定：

1）电子档案磁性存储媒体宜放入防磁柜中保存。

2）单片、单个存储媒体应装在盘、盒等包装中，包装应清洁无尘，并竖立存放，且避免挤压。

3）环境温度应保持在 14～24℃之间，昼夜温度变化不超过±2℃；相对湿度应保持在 35%～45%之间，相对湿度昼夜变化不超过±5%。

4）存储媒体应与有害气体隔离。

5）存放地点应做到防火、防虫、防鼠、防盗、防尘、防湿、防高温、防光和防振动。

电子档案保管单位应定期检查电子档案读取、处理设备。设备环境更新时应确认电子档案存储媒体与新设备的兼容性，如不兼容，应进行存储媒体转换，原存储媒体保留时间不应少于 3 年。

（2）定期检查

电子档案的保管单位对保存的电子档案，应进行定期检查。检查应符合下列规定：

1）检查方法包括人工抽检和机读检测。

2）对脱机保存的电子档案，应根据不同存储媒体的寿命，定期进行人工抽检。

3）对系统中运转的在线数据，应定期进行机读检测。

4）在定期检查过程中发现问题应及时采取补救措施。

（3）备份管理

城建档案管理机构应定期备份电子档案。备份应符合下列规定：

1）应采取本地备份和异地备份并行的工作策略。

2）应同时备份保障数据恢复的管理系统与应用软件。

3）对电子档案内容的备份，可根据实际情况选择完全备份、差异备份或增量备份。

4）备份方式可采用数据脱机备份或数据热备份，数据热备份所采用的网络应确保数据安全。

5）对于备份的数据每年应安排一次恢复演练，备份数据应可恢复。

（4）迁移

建设电子档案保管单位必须在计算机软硬件系统升级或更新之后，存储媒体过时或电子档案编码方式、存储格式淘汰之前，将建设电子档案迁移到新的系统、媒体或进行格式转换，保证其可持续访问和利用。

电子档案迁移之前，电子档案保管单位应明确迁移的要求、策略和方法。建设电子档案迁移完成后，需要对迁移后的数据进行校验。数据迁移后的校验是对迁移质量和数量的检查，同时数据校验的结果也是判断新系统能否正式启用的重要依据。

对迁移后的数据进行校验：一般可以通过新旧系统查询数据对比检查，通过运行新旧系统对相同指标的数据进行查询，并比较最终的查询结果。有条件的可编写有针对性的检验程序，对迁移后的数据完整性进行质量分析。电子档案保管单位对迁移的操作人员、时间、过程和结果进行完整记录，目的是保证迁移工作的可回溯。

2. 安全保护

电子文件管理系统和城建档案信息管理系统的安全等级保护定级工作，应符合国家相关规定的要求。电子档案保管单位应采取下列措施满足电子档案基本安全要求：

（1）技术上应对电子档案管理系统的网络安全、设备安全、系统安全、应用安全和数据安全等进行保护。

（2）管理上应制定运行维护、安全管理制度，设置安全管理岗位，落实计算机机房日常管理、系统运行安全等责任保障机制。

（3）电子档案存储媒体运行和保管的环境应符合现行国家标准《计算机场地通用规范》GB/T 2887—2011 和《计算机场地安全要求》GB/T 9361—2011 的规定。

（4）电子档案保管单位应根据网络设施、系统主机和信息应用，采取身份鉴别、访问控制、资源控制、安全审计、边界完整性检查、入侵防范、恶意代码防范、剩余信息保护、通信完整性、通信保密性、抗抵赖、软件容错等保护信息安全的措施。

（5）电子档案保管单位应制定电子签名管理制度，加强对电子印章的管理。

3. 鉴定销毁

电子档案保管单位对电子档案的鉴定应包括下列内容：

（1）对保管期满的档案重新判断保存价值，确无继续保存价值的，列入销毁范围；仍有保存和利用价值的，列入续存范围。

（2）对保密期满的电子档案进行解密。

电子档案鉴定应按国家关于档案鉴定销毁的有关规定和本单位档案归档范围及保管期限表执行，并应按下列程序办理：

（1）电子档案保管单位应组织成立由档案管理人员和有关职能部门组成的鉴定小组，并应成立由档案保管单位和文件形成单位负责人组成的鉴定委员会。

（2）编制符合《建设电子文件与电子档案管理规范》CJJ/T 117—2017 附录 F 的保管期满档案销毁清册。

（3）对保管期满、仍有保存和利用价值的电子档案，鉴定小组应重新划定保管期限，编制符合《建设电子文件与电子档案管理规范》CJJ/T 117—2017 附录 G 的保管期满档案续存清册。

（4）鉴定小组应将电子档案鉴定工作情况写成报告，并应将保管期满档案销毁清册、保管期满档案续存清册一同提交鉴定委员会讨论。

（5）鉴定委员会应研究讨论，形成审查意见。

（6）电子档案保管单位应将鉴定委员会审查意见报上级有关主管部门批准。

对批准销毁的电子档案应在档案管理系统删除相关数据，对光盘等存储媒体应进行物理销毁，销毁清册应永久保存。非保密建设电子档案可进行逻辑删除。属于保密范围的电子档案被销毁时，按《中华人民共和国保守国家秘密法》有关规定执行。

4. 电子档案的利用

电子档案保管单位应建立检索系统，向利用者提供在线和离线等多种形式的电子档案利用和信息服务。当利用计算机网络发布电子档案信息或在线利用电子档案时，应遵守国家相关保密规定。在线利用系统应设置权限控制措施，实行审批和登记程序，建立可溯源的审计跟踪记录。电子档案不得超授权范围利用、复制或公布。电子档案保管单位应建立专门的电子档案利用数据库，与长期保存的电子档案数据库分离。脱机电子档案存储媒体和入库的电子档案存储媒体不得外借，当利用时应使用复制件；未经批准，任何单位或人员不得擅自复制、修改、转送他人。

（二）建立信息安全管理制度和程序、信息保密制度

信息安全主要分技术与管理两大环节，包括信息安全的技术防范、信息的发布审核、信息的检查、信息安全责任制的落实。信息安全管理任务主要有：建立信息安全管理制度和程序、建立信息保密制度；全面负责信息安全技术体系的建设；信息安全应急处置预案的制定，突发事件的报告和处理；相关信息管理设备的维护。

1. 信息安全管理制度和程序

（1）信息管理部门全面负责信息的巡检，建立责任人自检，部门负责人抽检制度。

（2）信息也必须来源于指定的机构，任何人不得将未经许可的媒体或机构的信息转载

发布，确保信息来源必须在规定范围内。

(3) 发布信息，必须有相关领导的批准，部门进行登记，方可发布。未经许可的信息不得发布。

(4) 加强信息维护人员政治思想教育，进一步提高对各类信息的鉴别能力，收集正确信息，加强信息安全防范意识，严把信息安全关，确保信息的正确性、可靠性。

(5) 严格落实责任制，增强应急处置能力。本着“谁主管、谁负责”的原则，层层落实安全管理责任，将信息安全制度落到实处。

(6) 提高信息管理与人员的工作责任心，发现问题迅速报告，相关部门及时处理，使突发事件的影响和损失降到最低。如因个人失职、渎职，造成不良影响和损失的，将追究有关人员的责任。

2. 信息保密制度

(1) 信息涉密载体保密制度

信息的涉密载体，是指以文字、数据、符号、图形、视频、音频等方式记载、存储秘密和工作秘密信息的纸介质、磁介质及半导体介质等各类物品。

涉密载体除正在使用或按照有关规定留存、存档外，应当及时予以销毁。销毁工作要指定专人负责，不定期将需销毁载体进行登记、造册并经领导签字后，派人送至指定地点统一销毁。

1) 涉密载体的销毁范围

① 日常工作中不再使用的涉密文件、资料。

② 淘汰、报废或按照规定不得继续使用的处理过涉密信息的计算机、移动存储介质、传真机、复印机等通信和办公设备。

③ 涉密会议和涉密活动清退的文件、资料。

④ 领导干部和涉密人员离岗（退休、调离、辞职、辞退等）时清退的秘密文件、资料。

⑤ 已经解密但不宜公开的文件、资料。

⑥ 经批准可复制使用的涉密文件、资料的复制品。

⑦ 其他需要销毁的涉密载体。

2) 禁止未经批准私自销毁秘密载体；禁止非法捐赠或转送秘密载体；禁止将秘密载体作为废品出售；禁止将秘密载体送销毁工作机构或指定的承销单位以外的单位销毁。

3) 对违反上述规定的涉密人员或秘密载体的管理人员，情节轻微的，给予批评教育；情节严重，造成重大泄密隐患的，据情节严肃处理。

4) 对玩忽职守、滥用职权，造成涉密载体流失、失控，泄露秘密的人员，视情节轻重，依法给予处分或追究刑事责任。

(2) 公共信息网络发布信息保密管理制度

1) 在公共信息网络上发布的信息是指经主要领导或分管领导审核批准，提供给公众信息网站，向社会公开、让公众了解和使用的信息。

2) 公共信息网络发布信息保密管理坚持“谁发布、谁负责”的原则。凡向公共信息网络站提供或者发布信息，必须经过保密审查批准，报主管领导审批。提供信息的单位应当按照一定的工作程序，完善和落实信息登记、保密审核制度。

3）除新闻媒体已公开发表的信息外，各单位提供的上网信息应确保不涉及国家秘密。

4）严禁利用网站、网页上开设的电子公告系统、聊天室、论坛等发布、谈论和传播国家秘密信息。

5）单位（企业）内部工作秘密、内部资料等应作为内部事项进行管理，未经主管领导批准不得擅自发布。

6）禁止网上发布信息的基本范围

① 标有密级的国家秘密。

② 未经有关部门批准的，涉及国家安全、社会政治和经济稳定等敏感信息。

③ 未经制文单位批准，标注有“内部文件（资料）”和“注意保存（保管、保密）”等警示字样的信息。

④ 认定不宜公开的内部办公事项。

7）提供信息发布的部门应履行的职责

① 对拟发布信息（即将向网络发布的信息）是否涉及国家秘密进行审查。

② 对已发布信息进行定期地保密检查，发现涉密信息的，立即采取补救措施，查清泄密渠道和原因，并及时向保密工作领导小组报告。

③ 接受上级机关和保密工作部门的监督检查。

8）保密工作领导小组应履行的职责

① 定期对网络管理人员进行保密法规、保密纪律、保密常识教育，增强信息保密观念和防范意识，自觉遵守并执行有关保密规定。

② 建立健全上网信息保密管理制度，落实各项安全保密防范措施。

③ 发现国家秘密网上发布的，立即采取补救措施，并及时向上级保密机关报告。

④ 定期或不定期向保密机关通报网上发布信息保密管理情况。

⑤ 违反本规定，对网上发布信息保密审查把关不严，导致严重后果或安全隐患的，按照相关规定严肃查处。

十四、建立项目施工资料计算机辅助管理平台

建设工程施工资料管理是施工管理的一项重要组成部分，施工资料的编制、收集、整理和归档等管理工作直接反映了工程项目施工管理的水平。档案资料管理应用计算机技术是提高档案信息管理电子化的必然趋势。

档案信息电子化，就是以档案资料为主要对象，用计算机对档案文件进行收集、整理、分类和不同层次的加工，使之转化为计算机软件形式的二次文献信息供人们利用的过程。档案信息电子化，可提高档案信息的利用率、时效性、信息加工的经济性。

实现档案信息电子化，必须建立包含硬件、软件和局域网等的项目施工资料计算机辅助管理平台。

（一）建立硬件平台

1. 计算机

在计算机的选型上要考虑到采购成本等因素，以“适用为主、够用为度”的原则，根据资料管理岗位的计算机辅助管理平台的实际需要，来确定计算机的各项参数和配置。使其能够完全满足工程资料管理软件、绘图软件、办公软件等软件的运行。

2. 项目部局域网搭建

整个项目的实施期间，各个部门、各个岗位会有很多的协同工作，并且有大量的数据及文件需要相互调用。越来越多的项目部管理软件实现了网络化，这些都需要项目部建立一个局域网来提供承载平台。为了简化网络的日常维护及项目部局域网应用较为简单的特点，通常都选择对等网络结构，以 100M 交换为核心，搭建局域网。

3. 其他硬件设施

对于项目工程资料管理而言，要合理选择需要的外部设备，如打印机、扫描仪等。计算机与外部设备共同构成整个硬件系统。考虑到工作效率，在打印机的选型上大多选择激光打印机。

（二）建立软件平台

工程资料管理软件平台主要包括计算机操作系统、杀毒软件、办公软件、绘图软件、项目管理软件（包括工程资料管理软件）等。

国内工程资料管理软件产品很多，基本都是以国家现行的规范、标准及强制性条文为

基础，结合国家与各省、市地区的有关法律、法规和行政规章等，参照行政主管部门对工程资料管理的具体要求而开发的。施工企业都是依据各级建设行政主管部门上报资料的格式要求选择软件产品。

（三）局域网设置

1. 设置计算机名称和工作组

同一个局域网中不能有相同的计算机名称，将项目部的工作组设为相同，也可以使用默认的 WORKGROUP 设置。在桌面“我的电脑”图标上单击右键，选择“属性”。在“系统属性”窗口单击“计算机名”→“更改”。在“计算机名称更改”窗口中可以改写计算机名称和工作组，如图 14-1 所示。

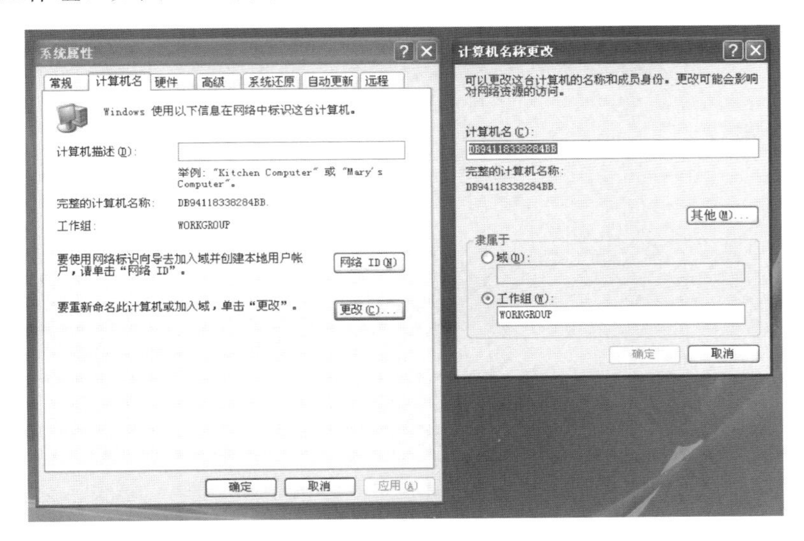

图 14-1　设置计算机名称和工作组

2. 设置 TCP/IP 协议

为了使网络上的计算机能够相互通信，必须制定统一的通信规则。通信规则是网络设备之间进行相互通信的语言和规则。TCP/IP 协议是 Internet 信息交换规则、规范的集合，是 Internet 的标准通信协议，要访问 Internet，必须在网络协议添加 TCP/IP 协议。

在桌面“网上邻居”图标上单击右键，选择“属性”。在“网络连接”窗口中右键单击“本地连接”图标，选择“属性”。出现“本地连接属性”窗口，“此连接使用下列项目”中“Microsoft 网络的文件和打印共享”和“Internet 协议（TCP/IP）”选项前要打钩，双击“Internet 协议（TCP/IP）”。在“Internet 协议（TCP/IP）属性”窗口中可以改写计算机 IP 地址、子网掩码、默认网关和 DNS 服务器等，如图 14-2 所示。

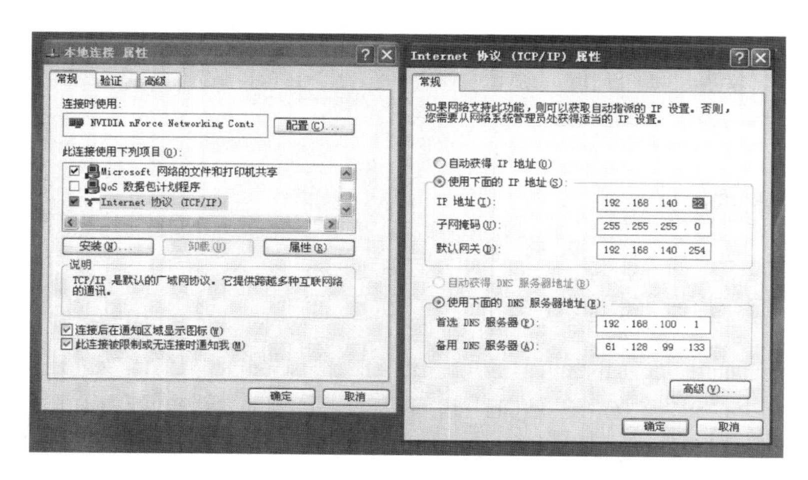

图 14-2　设置 TCP/IP 协议

十五、应用专业软件进行施工资料的处理

（一）施工资料管理软件的操作与管理

施工资料管理软件种类很多，在这以 PKPM 建筑工程资料管理软件为例进行说明。

1. 安装

（1）将光盘放入光驱后，安装程序自动运行或以手动方式运行光盘根目录下的 CMIS. exe 应用程序，进入安装界面。选择安装，用鼠标点击“施工系列软件安装”后进入安装欢迎界面，点击“下一步”。如图 15-1 所示。

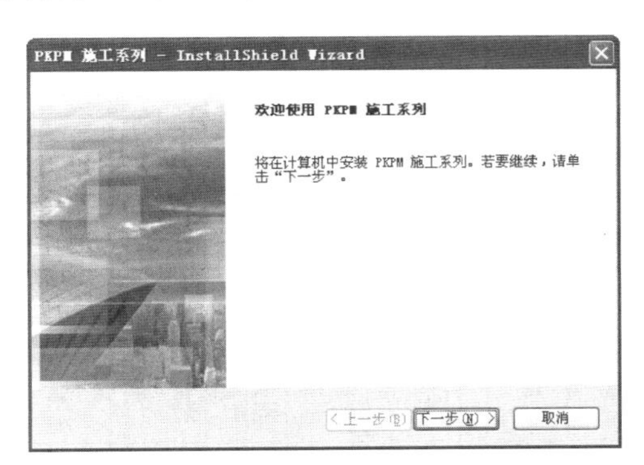

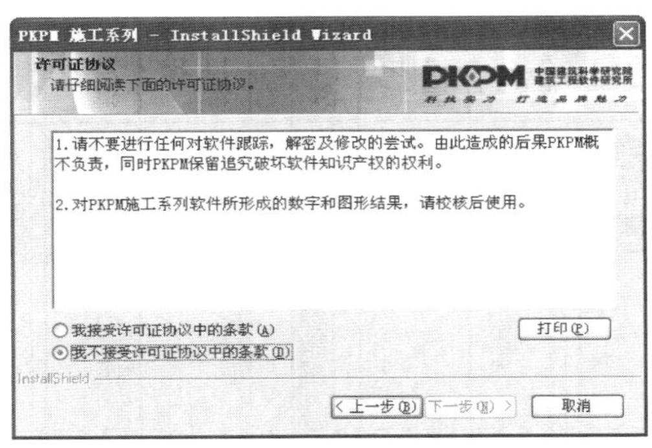

图 15-1　许可协议界面

（2）必须选择“我接受许可证协议中的条款”才能点击“下一步”继续安装。如图 15-2、图 15-3 所示。

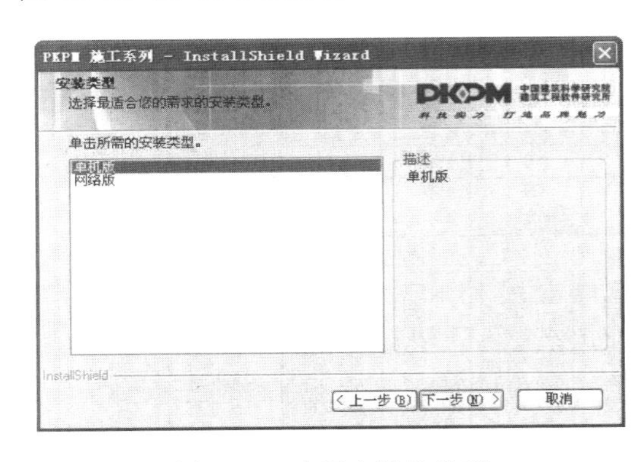

图 15-2　选择安装的类型

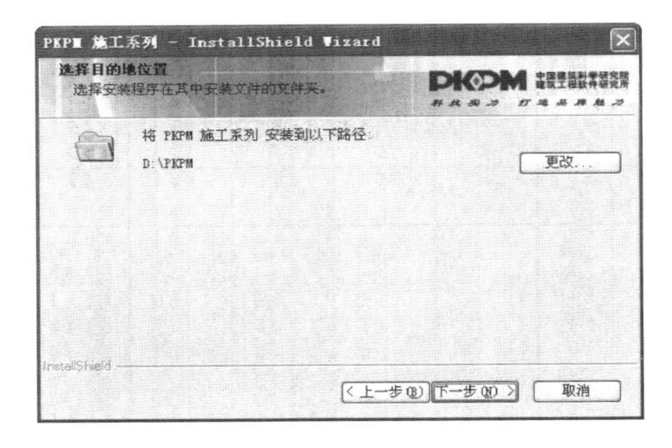

图 15-3　选择安装目录

（3）根据用户购买的软件类型来选择是单机版或网络版的安装类型，点击“下一步”。

（4）指定软件的安装路径，点击“下一步”。如图 15-4 所示。

（5）进入软件模块选择安装界面，勾选需要安装的软件模块（程序默认是全部安装），如果用户不需要安装资料以外的其他程序，可以将其他软件前的“√”点击去掉，点击“下一步”。如图 15-5 所示。

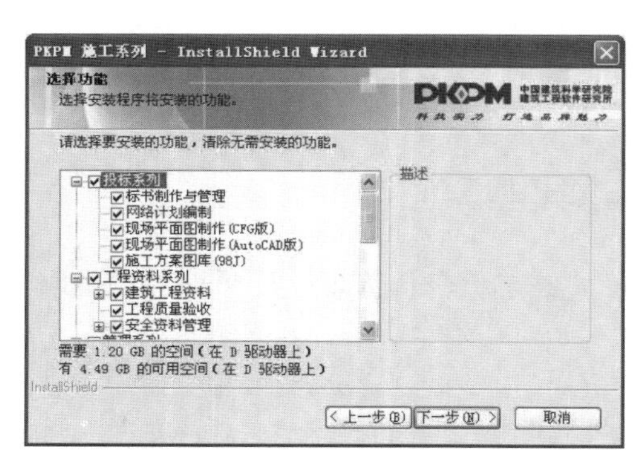

图 15-4　选择要安装的模块

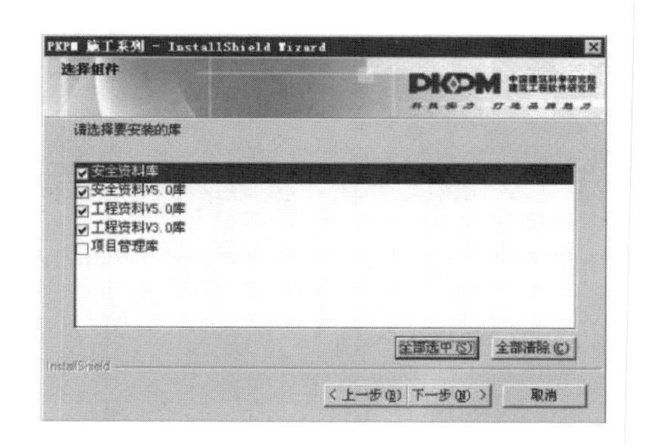

图 15-5　选择要安装的库

（6）进入资料库的选择安装界面，勾选所购买资料软件对应的资料库以保证软件的正常使用（程序默认是全部安装），点击“下一步”。

（7）点击“安装”，开始进行软件的安装。如图 15-6、图 15-7 所示。

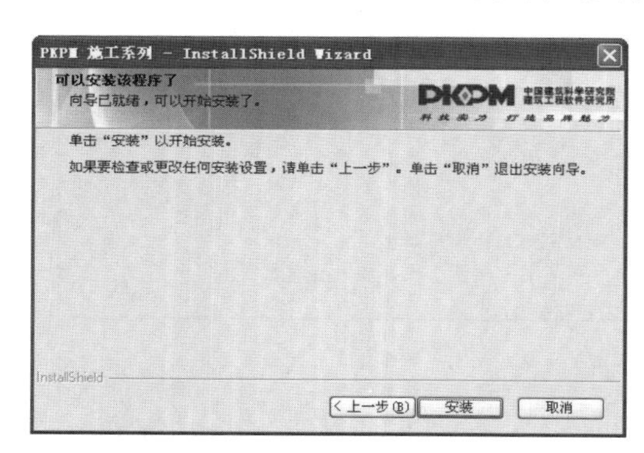

图 15-6　安装准备完成

图 15-7　软件安装进度

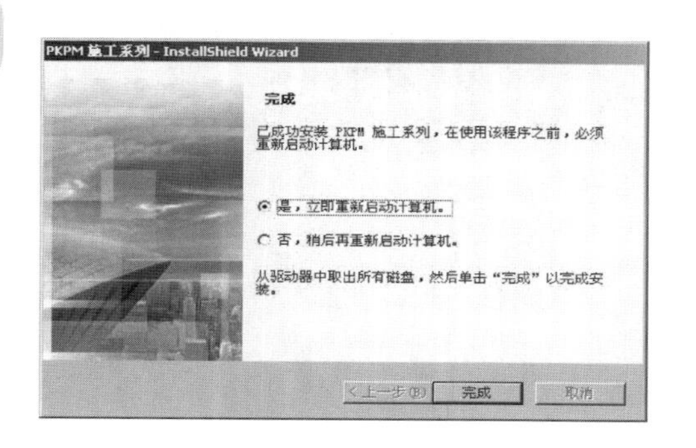

图 15-8　安装完成重启计算机提示

（8）安装结束后提示重启计算机，用户必须重新启动计算机才能保证软件的正常运行。如图 15-8 所示。

2. 登录

软件安装完成后，桌面上自动生成一个“PKPM 施工”的快捷图标，双击图标，在弹出的主界面菜单中点取“工程资料系列”，点击“建筑工程资料”，进入建筑工程资料软件使用界面。建立自己的工作路径，然后双击“建筑工程资料 V5.0”模块（图 15-9）。选择所在地区，并确认（图 15-10）。系统自动进入开始向导界面。系统默认以管理员身份 admin 登录，密码为空，进去后可以修改密码，建立不同的用户，并赋予不同的权限（图 15-11）。

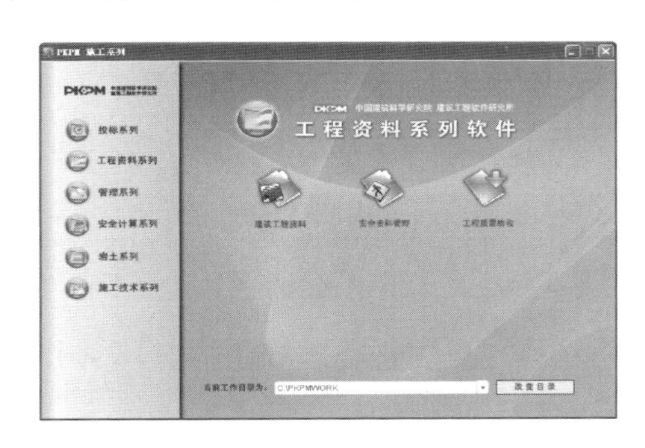

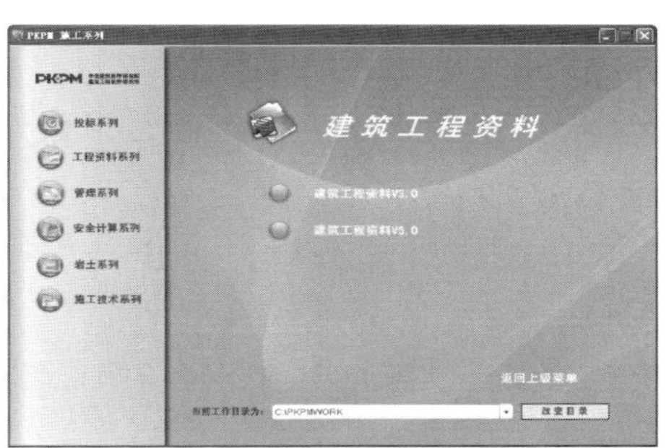

图 15-9　PKPM 软件系统主界面

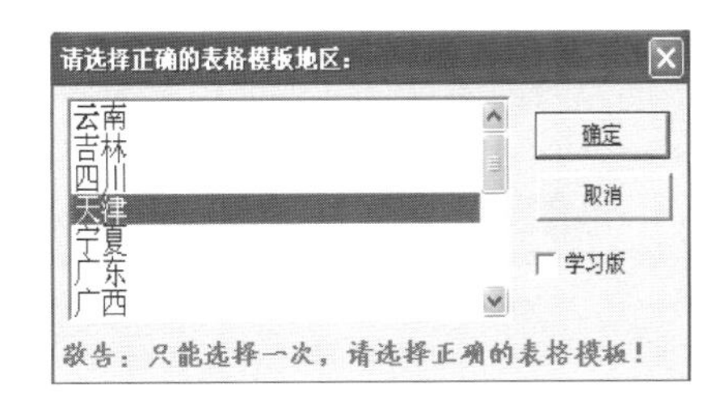

图 15-10　选择地区模板

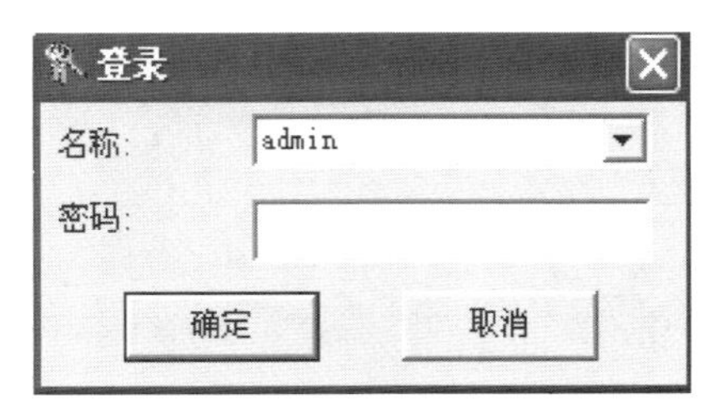

图 15-11　用户登录选择界面

3. 卸载

方法一：点“开始”—“程序”找到 PKPM 施工系列文件夹，选择“卸载”，确认弹出的卸载对话框。

方法二：打开“控制面板”双击“添加或删除程序”，找到 PKPM 施工系列软件，点击右边的“更改/删除”按钮，确认弹出的卸载对话框。

（二）应用专业软件处理施工资料常见问题

使用计算机专业软件来实现建筑工程资料管理过程中，会出现各种各样的问题，给使用者带来很多的不便，大大降低了工作的效率，甚至会影响到建筑工程资料管理的进度。现将软件常见的问题及解决方法简单举例如下：

（1）软件运行速度较慢，或运行中死机。

答：在安装软件时要注意在选择安装目录时不能指定为根目录，如 C:\或 D:\等。这样安装的过程会将文件安装在根目录，从而引起软件运行速度慢或死机。要指定目录名称，如 C:\PKPM。

（2）在进入软件后，部分软件功能打不开，软件变为学习版。

答：看软件锁是否插好。

（3）使用软件时，开始都很正常，突然软件能编辑但不能保存。

答：看软件锁是否插好。

（4）最新的资料软件安装完成后，软件没有显示资料库、技术交底、安全交底等。

答：这个是因为没有安装，在光盘里面带有资料库和交底软件的安装程序你只要安装上就有了。

注意：要安装在跟资料软件同一目录，如：资料软件装在D盘，那资料库和交底库也安装在D就可以了。

（5）打印表格时部分单元格出现灰色背景，不符合规范要求，预览时如图15-12所示。

答：出现上图现象是因为在打印设置时没有选择“单色打印”。按图15-13操作。

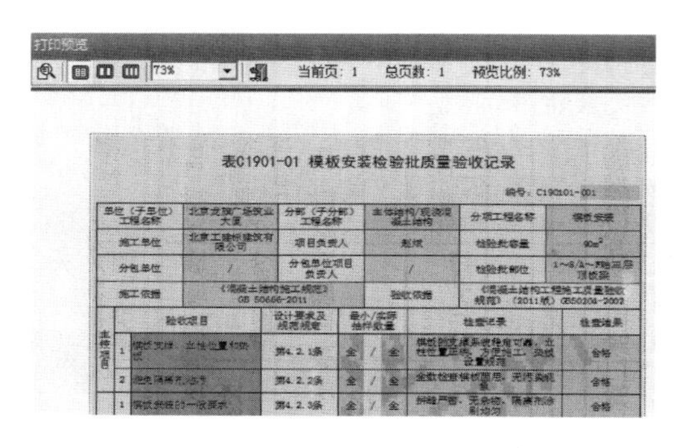

图15-12

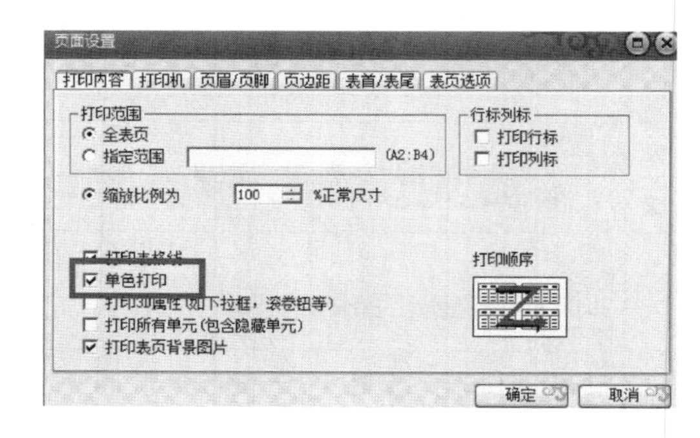

图15-13

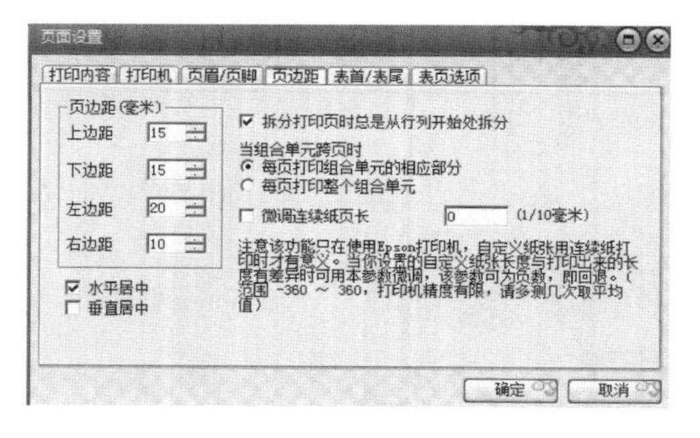

图15-14

（6）打印表格时发现表头没有打印出来，或者下部签字栏处没有打印出来。

答：进行“页面设置”的“页边距”调整。如图15-14所示。

（7）如何调整文字的大小及对齐方式？

答：可以利用单元格的设置单元格格式、设置字体与字号，调整文字的大小；可以调整字体的对齐方式。

（8）如何填写检验批中烦琐的允许偏差值？

答：本系统是一个开放性的系统，用户可以在表格右键菜单中单击“设置评定标准窗口”，在出现的标准设置中设置企业标准和国家标准，然后在相应的表格中点右键“填充”选择“随机数”选择标准，填写即可。

十六、建筑工程资料管理专业技能案例

建筑工程资料管理专业技能实务是以××市××中学教学楼施工图作为实例，按照施工程序把地基与基础、主体结构两项分部工程，作为计划编制项目，每个项目均按照《建设工程文件归档规范》GB/T 50328—2014（2019 年版）的分类要求将建筑工程施工资料按 8 类收集、填写并进行整理、组卷。

掌握施工资料管理专业技能，在实务中采用编制资料管理计划、依据资料管理计划编制资料收集汇总目录，按照资料收集汇总目录制定资料技术交底方案，最终完成从事先计划到实施过程中，依据资料的编制计划、资料的技术交底、资料收集到分类、组卷、编目的资料全过程的管理和有效控制。能够完成从编制计划、资料交底到完整的资料目录的编制的全过程工作，也就基本具备资料员岗位的专业技能。

（一）××市××中学教学楼施工资料管理实训背景资料

××市××中学教学楼工程位于××路××市××中学校区内，地下一层，地上四层，局部五层，建筑高度 21.00m。总建筑面积 6763.18m^2，其中地下建筑面积 1313.64m^2，地上建筑面积 5449.54m^2，建筑基底面积 1329.51m^2。

建筑结构形式为框架结构，建筑结构的类别为乙类，合理使用年限为 50 年，抗震设防烈度为 9 度（计算 8 度）。建筑耐火等级地上为二级，地下为一级。屋面防水等级为Ⅱ级，地下防水等级为Ⅰ级。

1. 建筑设计概况

（1）建筑设计标高

本工程室内外高差为 600mm，±0.000 标高为相对标高 944.16m。基础类型为独立基础加防水筏板（钢筋混凝土扩展基础）。地基基础设计等级为乙类，无人防。

（2）地下室防水

地下室防水等级为Ⅰ级，防水层为合成高分子防水卷材两层，基础防水底板厚 300mm，混凝土强度等级为 C30、P6，其上为 C30、P6 独立基础加条形基础，地下室四周为 C30、P6 混凝土挡土墙，其他构件混凝土强度等级详见表 17-2、表 17-3 所列。

（3）墙体工程

本工程非承重外围护墙采用 250mm 厚 MU2.5 陶粒混凝土空心砌块，M5 砂浆砌筑，外贴 80mm 厚聚苯板保温，内隔墙采用 150mm 厚 MU7.5 陶粒混凝土空心砌块，M5 砂浆砌筑。

（4）节能设计

1）总建筑面积：6763.18m^2；建筑层数：地上 5 层，地下 1 层。

2）该工程项目为教学楼，属于公共建筑。

3）项目地处气候分区：严寒地区B区。

4）建筑物体形系数（具体计算详见计算书）建筑物外表面积 $F=4850.29m^2$；建筑物体积 $V=22050.83m^3$；建筑物体形系数 $S=F/V=0.22$。

5）单一朝向外窗（包括透明幕墙）墙面积比（具体计算详见计算书）西南向0.31；东北向0.32；东南向0.09；西北向0.18；总窗墙比0.27。

6）屋面：保温层EPS板150mm厚，K_i 值经查表计算得，传热系数 $K_i=0.29$；满足 $K_i\leqslant K=0.45$。

外墙：保温层EPS板80mm厚，K_i 值经查表计算得，传热系数 $K_i=0.45$；满足 $K_i\leqslant K=0.50$。

外窗：单框双玻塑钢窗，（4＋12＋4）mm空气间隔层；需提供检验报告 K_i 值必须≤2.5；满足 $K_i\leqslant K$。

外门：采用成品节能外门需提供检验报告，K_i 值必须≤2.5；满足 $K_i\leqslant K$。

（5）消防设计

1）建筑特征：本工程为多层教学楼，其耐火等级为地上二级，地下一级。

2）消防控制室设在首层，由200mm厚陶粒空心砌块墙分隔，设直接对外出口。

3）楼梯共设有三部楼梯，楼梯总疏散宽度为：6.935m。

本工程由××勘察设计研究院勘察设计；××建筑安装有限公司施工；××监理有限责任公司监理。以上单位均通过招标投标方式与建设单位签订了合同。

建设单位与施工单位间签订的合同约定：计划××年×月×日开工，××年×月×日完工，施工天数214d。

2. 结构设计概况

（1）工程概况

本项目位于××市××中学院内。

由五层教学楼和两层办公楼组成。地下为一层，无人防。教学楼与办公楼之间设有抗震缝。结构概况见表16-1。

结构概况表 **表16-1**

项目名称	地上层数	地下层数	高度（m）	宽度（m）	长度（m）	结构形式	基础类型
教学楼	5	1	21.00	18.000	72.400	框架	独立基础加防水底板

（2）地基基础

1）本工程根据上部结构荷载及工程地基情况采用人工复合地基，CFG桩法。处理后的复合地基承载力特征值300kPa（由有资质的岩土工程部门设计处理）。

2）地基局部超深时采用C20素混凝土垫层升台，地基大部分超深时另行处理。

3）钢筋混凝土基础底面应做强度为C15的100mm厚混凝土垫层，垫层宜比基础每侧宽出100mm。

4）基础施工完毕（有地下室时在地下室顶板施工完毕，基础外侧防水、防腐施工完成后），用不含对基础有侵蚀作用的戈壁土、角砾土或黄土分层回填夯实，工程周围回填应按《地下工程防水技术规范》GB 50108—2008 中第 9.0.6 条要求施工。回填土压实系数不小于 0.97。

5）地下室为主体结构的嵌固层，按建筑保温要求外墙防水层在冻土深度以上可采用厚度不大于 70mm 的挤塑聚苯板兼防护，在冻土深度以下严禁用低密度材料防护（包括挤塑聚苯板）。

（3）地下结构防水、防腐蚀

1）地下结构防水等级为二级。

2）如基底有地下水出现，施工时应采取有效措施降低地下水位，保证正常施工。

3）地下钢筋混凝土防水结构，应采用防水混凝土。

4）基础埋置深度≤10m 时基础底板、挡土墙、水箱、水池及地下一层顶与土壤接触的梁板抗渗设计等级为 P6。防水混凝土的施工配合比应通过试验确定，抗渗等级应比设计要求提高一级（0.2MPa）。

5）与非腐蚀性水、土壤直接接触的钢筋混凝土挡土墙、柱、梁（不包括有建筑防水做法的一侧）在接触面刷冷底子油一道，涂改性沥青两道。

6）与弱腐蚀性水、土壤直接接触的钢筋混凝土挡土墙、柱、梁、基础（不包括有建筑防水做法的一侧）在接触面涂冷底子油两遍和沥青胶泥两遍。

（4）主要结构材料

1）钢筋：原材料应符合国家有关标准、规程、规范的规定。

2）混凝土强度等级见表 16-2。

地基与基础混凝土强度等级　　　　表 16-2

项目名称	独立柱基及墙下条基	防水底板	素混凝土垫层
教学楼	C30 P6	C30 P6	C15

3）主体结构构件混凝土强度等级见表 16-3。

主体结构构件混凝土强度等级　　　　表 16-3

项目名称	部位	挡土墙	框架柱	梁	板	楼梯
教学楼	地下室（基础面至－0.120m）	C30 P6	C40	C30	C30	C30
	一至二层（－0.120m 至 7.680m）		C40	C30	C30	C30
	三层（7.680m 至 11.580m）		C35	C30	C30	C30
	四至顶层（11.580m 标高以上）		C30	C30	C30	C30

4）构造柱、填充墙水平系梁、填充墙洞口边框、压顶、现浇过梁混凝土强度等级采用 C20，并须符合使用环境条件下的混凝土耐久性基本要求。女儿墙等外露现浇构件及其他未注明的现浇混凝土构件均采用 C30 混凝土浇筑。

5）填充墙

填充墙所用材料详见建筑施工图，其材料强度按以下要求施工：

直接置于基础顶面上的填充墙，防潮层以下用 M10 水泥砂浆砌强度等级为 MU10 的烧结普通砖（当用多孔砖时须用 M5 水泥砂浆灌孔）。

6）所有外露铁件应涂刷防锈漆二底二面。

(二)××市××中学教学楼施工资料管理计划编制

1. 工程概况

×××市××中学教学楼工程概况，见表16-4。

工程概况表(C1.1)　　　　**表16-4**

工程名称		××市××中学教学楼	编号	00-00-C1-×××
一般情况	建设单位	××市××中学		
	建设用途	用于教学办公	设计单位	××勘察设计研究院
	建设地点	××市××路×号	勘察单位	××勘察设计研究院
	建筑面积	6763.18m^2	监理单位	××监理有限责任公司
	工期	214d	施工单位	××建筑安装有限公司
	计划开工日期	××年×月×日	计划竣工日期	××年×月×日
	结构类型	框架	基础类型	独立基础加防水底板
	层次	地下1层、地上5层	建筑檐高	21.00m
	地上面积	5449.54m^2	地下面积	1313.64m^2
	人防等级		抗震等级	抗震设防烈度9度
构造特征	地基与基础	C30P6防水底板厚300mm，其上为C30P6独立基础加条形基础，地下室为混凝土挡土墙，强度等级C30P6		
	柱、内外墙	地下室至二层构架柱混凝强度等级为C40，地上外墙M5.0水泥砂浆砌250mm厚MU2.5陶粒混凝土空心砌块，外贴80mm厚聚苯板保温层，内墙M5.0水泥浆砌150mm厚MU7.5陶粒混凝土空心砌块		
	梁、板、楼盖	梁、板、楼盖采用C30混凝土现浇，板为现浇空心板		
	外墙装饰	外墙外贴80厚聚苯板保温层，外墙饰面为防水涂料		
	内墙装饰	室内乳胶漆，过道，卫生间吊顶。详见装饰表		
	楼地面装饰	配电室为水泥砂浆地面，卫生间为防滑地面砖，其余房间地面为现浇水磨石		
	屋面构造	150mm保温层、30mm厚CL7.5轻集料混凝土找坡层，30mm厚C20细混凝土找平层、两层1.2mm厚自带保护层合成高分子防水卷材		
	防火设备	设置火灾报警和消防联动控制系统，消火栓灭火系统、自动喷淋灭火系统、感烟探测器、消防风机、应急照明、疏散指示标志灯、消防广播		
机电系统名称		10/0.4kV供配电系统、低压配电系统、照明与应急系统、动力配电系统、防雷接地系统、综合布线系统、有线电视系统、广播系统、火灾报警及联动系统		
其他				

2. 分部、分项、检验批划分

××市××中学教学楼地基与基础分部、分项、检验批划分，见表16-5。地基与基础分部工程地下主体分部的主要施工工艺流程为：基坑一层开挖→一层锚杆→二层开挖→二层锚杆→垫层→砖砌保护墙→卷材水平防水层→保护层→防水底板、独立基础、墙下条基(模板、钢筋、混凝土)→房心土方回填→地下室挡土墙、柱(模板、钢筋、混凝土)→

地下室外墙立面防水→地下室顶梁板梯（模板、钢筋、混凝土）→室外土方回填。

地基与基础分部、分项、检验批划分表　　表 16-5

<table>
<tr><th>分部工程</th><th>子分部工程</th><th colspan="2">分项工程名称</th><th>检验批</th><th>检验批数量</th></tr>
<tr><td rowspan="25">01 地基与基础</td><td>01 地基</td><td colspan="2">土和灰土挤密桩复合地基</td><td>土和灰土挤密桩（CFG 桩）复合地基检验批质量验收记录</td><td>1</td></tr>
<tr><td rowspan="9">02 钢筋混凝土扩展基础</td><td colspan="2">模板</td><td>基础模板安装、拆除检验批质量验收记录（防水板、独立基础、墙下条形基础）</td><td>2</td></tr>
<tr><td colspan="2" rowspan="3">钢筋</td><td>钢筋原材（防水板、独立基础、地梁）</td><td>按批次</td></tr>
<tr><td>钢筋加工（防水板、独立基础、地梁）</td><td>1</td></tr>
<tr><td>钢筋连接、安装（防水板、独立基础、地梁）</td><td>1</td></tr>
<tr><td colspan="2" rowspan="3">混凝土</td><td>混凝土原材</td><td>按批次</td></tr>
<tr><td>防水板 C30P6、独立基础 C30P6、墙下条形基础 C30P6、混凝土原材及配合比设计检验批质量验收记录（配合比设计按强度等级和耐久性及工作性能划分）</td><td>1</td></tr>
<tr><td>垫层；防水层保护层混凝土；独立基础、防水板、施工检验批质量验收记录</td><td>2</td></tr>
<tr><td colspan="2" rowspan="2">现浇结构（可不列）</td><td>现浇结构外观质量检验批质量验收记录（基础）</td><td>2</td></tr>
<tr><td>现浇结构尺寸偏差检验批质量验收记录（基础）</td><td>2</td></tr>
<tr><td>03 基坑支护</td><td colspan="2">锚杆</td><td>锚喷支护检验批质量验收记录（分两层支护）</td><td>2</td></tr>
<tr><td rowspan="2">04 地下水控制</td><td colspan="2">降水与排水</td><td>降水与排水检验批质量验收记录</td><td>1</td></tr>
<tr><td colspan="2">回灌</td><td>回灌检验批质量验收记录</td><td>1</td></tr>
<tr><td rowspan="4">05 土方</td><td colspan="2">土方开挖</td><td>土方开挖检验批质量验收记录（分两层开挖）</td><td>2</td></tr>
<tr><td colspan="2" rowspan="2">土方回填</td><td>室内回填检验批质量验收记录（分两层）</td><td>2</td></tr>
<tr><td>室外回填检验批质量验收记录（按规范分层、均厚 30cm 一个回填层）</td><td>15</td></tr>
<tr><td colspan="2">场地平整</td><td>施工前期场地平整、施工后期场地平整检验批质量验收记录</td><td>2</td></tr>
<tr><td rowspan="2">06 边坡</td><td colspan="2">边坡开挖</td><td>边坡开挖质量检验批质量验收记录</td><td>1</td></tr>
<tr><td colspan="2">挡土墙</td><td>砖砌体（防水保护层）质量检验批质量验收记录</td><td>1</td></tr>
<tr><td rowspan="6">07 地下防水</td><td rowspan="2">主体结构防水</td><td>防水混凝土</td><td>防水混凝土工程检验批质量验收记录（防水底板，地下室挡土墙）</td><td>2</td></tr>
<tr><td>卷材防水层</td><td>卷材防水层检验批质量验收记录（垫层上水平防水、地下室挡土墙立面防水）</td><td>2</td></tr>
<tr><td rowspan="4">细部构造防水</td><td>变形缝</td><td>变形缝检验批质量验收记录</td><td>1</td></tr>
<tr><td>施工缝</td><td>施工缝检验批质量验收记录</td><td>1</td></tr>
<tr><td>穿墙管</td><td>穿墙管检验批质量验收记录</td><td>1</td></tr>
<tr><td>坑、池</td><td>坑、池检验批质量验收记录</td><td>1</td></tr>
</table>

3. 施工资料管理计划、交底编制案例（××市××中学教学楼）

地基与基础分部工程施工资料管理计划（交底），见表 16-6。

地基与基础分部工程施工资料管理计划（交底）一览表 表16-6

工程资料类别		工程资料名称（子目录）	资料分目录	细目录	工程资料单位来源	完成或提交时间	责任人或部门	审核、审批、签字
施工管理文件C1类	1	工程概况表			施工单位	与施工组织设计编制同步完成	项目技术部	项目经理
	2	施工现场质量管理检查记录			施工单位	进场后、开工前填写	项目经理部	工程参与方项目负责人/总监
	3	企业资质证书及相关专业人员岗位证书			施工单位	进场后、开工前提交核验	项目经理部	专业监理/总监
	4	分包单位资质报审表	××岩土工程公司资质报审表		施工单位	分包工程开工前	项目经理部	项目经理/专业监理/总监
			××防水工程公司资质报审表					
	5	建设工程质量事故调查、勘查记录	按事故发生次数列分目录		调查单位	事故发生后48h内提交	项目质量管理部门	项目经理或项目主要负责人/调查负责人
	6	建设工程质量事故报告书	按事故发生次数列分目录		调查单位	事故发生后48h内提交		项目经理、调查负责人
	7	施工检测计划	HPB300钢筋原材检测计划		施工单位	分部、分项工程开工前提交	项目技术部	专业监理
			HRB335钢筋原材检测计划					
			HRB400钢筋原材检测计划					
			硅酸盐水泥52.5水泥检测计划					
			普通硅酸盐42.5水泥检测计划					
			矿渣硅酸盐42.5水泥检测计划					
			火山灰硅酸盐32.5水泥检测计划					
			粉煤灰硅酸盐32.5水泥检测计划					
			砂检测计划					
			5～20mm、20～40mm石子检测计划（卵石）					

续表

工程资料类别		工程资料名称（子目录）	资料分目录	细目录	工程资料单位来源	完成或提交时间	责任人或部门	审核、审批、签字
施工管理文件C1类	7	施工检测计划	基础防水卷材检测计划		施工单位	分部、分项工程开工前提交	项目技术部	专业监理
			基础钢筋焊接（闪光对焊）检测计划					
			外加剂检测计划		施工单位		项目技术部	专业监理
			混凝土试块（C30P6、C40、C15）检测计划					
			混凝土配合比（C30P6、C40、C15）检测计划					
			冷底子油检测（地下室外墙）计划					
			改性沥青检测（地下室外墙）计划					
	8	见证试验检测汇总表	水泥见证试验检测汇总表		施工单位	随工程进度按周或月提交	施工单位/监理单位	取样人和见证人
			钢筋原材见证试验检测汇总表					
			砂见证试验检测汇总表					
			5～20mm、20～40mm石子见证试验检测汇总表					
			基础防水卷材见证试验检测汇总表					
			基础钢筋焊接见证试验检测汇总表		施工单位	随工程进度按周或月提交	施工单位/监理单位	取样人和见证人
			外加剂见证试验检测汇总表					
			混凝土试块见证试验检测汇总表					
			混凝土配合比见证试验检测汇总表					
			冷底子油见证试验检测汇总表					
			改性沥青胶泥见证试验检测汇总表					
	9	施工日志	土建专业施工日志		施工单位	从工程开工起至工程竣工逐日记载	工程部	专业工长、施工员
			水电设备专业施工日志					

续表

工程资料类别		工程资料名称（子目录）	资料分目录	细目录	工程资料单位来源	完成或提交时间	责任人或部门	审核、审批、签字
施工技术文件C2类	1	工程技术文件报审表	施工组织设计报审表	施工组织设计报审表	施工单位	工程项目开工前	项目总工 项目技术部	项目总工、技术部/专业监理、总监
				安全施工组织设计报审表				
			施工方案文件报审表	临时用电施工方案报审表				
			重点部位、关键工序施工工艺文件报审表	基坑支护施工方案报审表				
				降排水工程施工方案报审表	施工单位	工程项目开工前	项目总工 项目技术部	项目总工、技术部/专业监理、总监
				脚手架工程施工方案报审表				
				模板工程施工方案报审表				
				地下防水工程施工方案报审表				
				塔式起重机安装、拆除施工方案报审表				
	2	施工组织设计及施工方案	施工组织设计	施工组织设计	施工单位	单位或分项工程开工10d前完成	项目总工 项目技术部	单位总工或项目技术负责人、专业监理/总监
				安全施工组织设计				
			施工方案	临时用电施工方案				
			重点部位、关键工序施工方案	基坑支护施工方案				
				降排水工程施工方案				
				脚手架工程施工方案	施工单位	单位或分项工程开工10d前完成	项目总工 项目技术部	单位总工或项目技术负责人、专业监理/总监
				模板工程施工方案				
				地下防水工程施工方案				
				塔式起重机安装、拆除施工方案				
	3	危险性较大分部分项工程施工方案专家论证表	基坑支护、降水工程方案专家论证表		施工单位	单位或分项工程开工前完成	项目总工 项目技术部	单位总工、项目技术负责人/组长、专家
			土方开挖工程方案专家论证表					
			模板工程及支撑体系方案专家论证表					
			起重吊装及安装拆卸工程方案专家论证表					
			脚手架工程方案专家论证表					
			人工挖扩孔桩工程方案专家论证表					

续表

工程资料类别		工程资料名称（子目录）	资料分目录	细目录	工程资料单位来源	完成或提交时间	责任人或部门	审核、审批、签字
施工技术文件C2类	4	技术交底记录	土方开挖工程技术交底		施工单位	单位或分项工程开工2d前完成	项目总工 项目技术部	工长，技术、分包等相关责任人
			锚杆支护工程技术交底					
			降排水工程技术交底					
			土方回填工程技术交底					
			基础模板工程技术交底					
			基础钢筋工程技术交底					
			基础混凝土工程技术交底					
			地基处理工程技术交底					
			地下防水工程技术交底					
			基础砌体工程技术交底					
	5	图纸会审记录	建筑专业图纸会审记录		施工单位	图纸会审后7d内整理完成并提交	项目总工 项目技术部	各方技术、专业负责人
			结构专业图纸会审记录					
			水、暖、电气专业图纸会审记录					
			设备专业图纸会审记录					
	6	设计变更通知单	建筑专业设计变更通知单	按事项列细目录	施工单位	图纸会审后7d内整理完成并提交	项目总工 项目技术部	各方技术、专业负责人
			结构专业设计变更通知单					
			水、暖、电气专业设计变更通知单					
			设备专业设计变更通知单					
	7	工程洽商记录（技术核定单）	建筑专业洽商记录	按事项列细目录	提出单位	洽商提出后7d内完成	项目总工 项目技术部	各方技术、专业人员
			结构专业洽商记录					
			水、暖、电气专业洽商记录					
			设备专业洽商记录					

续表

工程资料类别		工程资料名称（子目录）	资料分目录	细目录	工程资料单位来源	完成或提交时间	责任人或部门	审核、审批、签字
进度造价文件C3类	1	工程开工报审表	××市××中学教学楼工程开工报审表		施工单位	满足开工条件正式开工前	施工单位项目部	施工项目经理/总监/建设单位代表
	2	工程复工报审表	按工程暂停令设分目录		施工单位	施工单位自检符合复工条件		
	3	施工进度计划报审表	地基与基础工程施工进度计划报审表		施工单位	完成施工年、季、月进度计划		
			地基与基础工程月进度计划报审表					
	4	施工进度计划	地基与基础工程施工进度计划		施工单位			
			地基与基础工程月进度计划	××月进度计划				
				××月进度计划				
	5	人、机、料动态表	××月人、机、料动态表		施工单位	每月25日前提交	机械员、材料员、劳务员	项目经理
			……					
	6	工程延期申请表	按延期事项设分目录		施工单位	符合工程延期要求	项目经理/责任人	总监
	7	工程款支付申请表	××月工程款支付申请表		施工单位	合同约定日期或工程完成并验收合格	施工单位项目经理	施工项目经理/总监/建设单位代表
			……					
	8	工程变更费用报审表	按工程变更事项设分目录		施工单位	工程变更完成经项目监理部验收合格	项目经理/责任人	施工项目经理/总监/建设单位代表
	9	费用索赔申请表	按费用索赔事项设分目录		施工单位	索赔事件发生后28d内提交	项目经理/责任人	施工项目经理/总监/建设单位代表

续表

工程资料类别		工程资料名称（子目录）	资料分目录	细目录	工程资料单位来源	完成或提交时间	责任人或部门	审核、审批、签字
施工物资出厂质量证明及进场检测文件C4类	C4.1	出厂质量证明文件及检测报告						
	1	砂、石、砖、水泥、钢筋、隔热保温、防腐材料、轻集料出厂质量证明文件	砂材料出厂质量证明文件	按砂材料进场批次设细目录	供货单位	随物资进场提交	供应单位提供，项目物资部收集	供应单位技术负责人
			卵石材料出厂质量证明文件	按石材料进场批次设细目录				
			烧结空心砖出厂质量证明文件	按砖材料进场批次设细目录				
			普通硅酸盐水泥出厂质量证明文件	按水泥材料进场批次设细目录				
			矿渣硅酸盐水泥出厂质量证明文件					
			粉煤灰硅酸盐水泥出厂质量证明文件					
			HPB300 钢筋出厂质量证明文件	按钢筋材料进场批次设细目录	供货单位	随物资进场提交	供应单位提供，项目物资部收集	供应单位技术负责人
			HRB335 钢筋出厂质量证明文件					
			陶粒混凝土空心砌块出厂质量证明文件	按陶粒混凝土空心砌块进场批次设细目录				
			聚苯板隔热保温材料出厂质量证明文件	按隔热保温材料进场批次设细目录				
			冷底子油防腐材料出厂质量证明文件	按防腐冷底子油进场批次设细目录				
			沥青胶泥防腐材料出厂质量证明文件	按沥青胶泥防腐材料冷底子油进场批次设细目录				
	2	其他物资出厂合格证、质量保证书、检测报告和报关单或商检证等	外加剂	按各类物资进场批次设细目录	供货单位	随物资进场提交	供应单位提供，项目物资部收集	供应单位技术负责人
			防水材料					
			焊接材料					
	3	材料、设备的相关检验报告、型式检测报告、3C强制认证合格证书或3C标志	新型防腐材料型式检测报告	按物资进场批次设细目录	供货单位	随物资进场提交		供应单位技术负责人

续表

工程资料类别		工程资料名称（子目录）	资料分目录	细目录	工程资料单位来源	完成或提交时间	责任人或部门	审核、审批、签字
施工物资出厂质量证明及进场检测文件C4类	6	涉及消防、安全、卫生、环保、节能的材料、设备的检测报告或法定机构出具的有效证明文件	沥青胶泥防腐材料有效证明文件	按各类物资进场批次设细目录	供货单位	随物资进场提交	供应单位提供，项目物资部收集	供应单位技术负责人
			冷底子油防腐材料有效证明文件					
			聚苯板隔热保温材料有效证明文件					
	C4.2	进场检验通用表格						
	1	材料、构配件进场检验记录	钢材进厂检验记录	按类别进场批次设细目录	施工单位	进场验收通过后1d内提交	项目物资部、机电部	材料员/专业质检员/监理工程师
			水泥进厂检验记录					
			砂进厂检验记录					
			卵石进厂检验记录					
			防水涂料进厂检验记录					
			防水卷材进厂检验记录					
			普通烧结砖进厂检验记录					
			陶粒混凝土空心小型砌块进厂检验记录					
			聚苯板隔热保温材料进厂检验记录					
			冷底子油防腐材料进厂检验记录					
			沥青胶泥防腐材料进厂检验记录					
	C4.3	进场复试报告						
	1	钢材试验报告	HRB335钢筋原材试验报告	按进场的批次和抽样检验方案确定	检测单位	正式使用前提交，复验时间3d左右	试验单位提供，项目试验员收集	试验单位试验人员、审核人、批准人签认
			HRB400钢筋原材试验报告					
			HRB550钢筋原材试验报告					

续表

工程资料类别		工程资料名称（子目录）	资料分目录	细目录	工程资料单位来源	完成或提交时间	责任人或部门	审核、审批、签字
施工物资出厂质量证明及进场检测文件C4类	2	水泥试验报告	硅酸盐水泥试验报告	按进场的批次和抽样检验方案确定	检测单位	正式使用前提交快测4d；常规28d	试验单位提供，项目试验员收集	试验单位试验人员、审核人、批准人签认
			普通硅酸盐水泥试验报告	按进场的批次和抽样检验方案确定				
			粉煤灰硅酸盐水泥试验报告	按进场的批次和抽样检验方案确定				
			矿渣硅酸盐水泥试验报告	按进场的批次和抽样检验方案确定				
	3	砂试验报告	砂试验报告	按进场批次设细目录	检测单位	正式使用前提交，复试时间3d左右	试验单位提供，项目试验员收集	试验单位试验人员、审核人、批准人签认
	4	碎（卵）石试验报告	碎石试验报告	按进场批次设细目录	检测单位			
			卵石试验报告					
	5	外加剂试验报告	缓凝剂试验报告	按进场批次设细目录	检测单位	正式使用前提交，复试时间3～28d		
			泵送剂试验报告	按进场批次设细目录				
	6	防水涂料试验报告	SBS橡胶改性沥青防水涂料试验报告	按进场批次设细目录	检测单位	正式使用前提交，复试时间7d左右		
			聚氨酯防水涂料试验报告					
	7	防水卷材试验报告	SBS橡胶改性沥青防水卷材试验报告	按进场批次设细目录	检测单位	正式使用前提交，复试时间7d左右	试验单位提供，项目试验员收集	试验单位试验人员、审核人、批准人签认
			聚氨酯防水卷材试验报告					
	8	砖（砌块）试验报告	普通烧结砖试验报告	按进场批次设细目录	检测单位			
			陶粒混凝土空心小型砌块试验报告	按进场批次设细目录				
	23	节能工程材料复试报告	陶粒混凝土空心小型砌块复试报告	按进场的批次设细目录	检测单位	随物资进场提交	试验单位提供，项目试验员收集	试验单位试验人员、审核人、批准人签认
			聚苯板隔热保温材料复试报告					
	24	其他物资进场复试报告						

续表

工程资料类别		工程资料名称（子目录）	资料分目录	细目录	工程资料单位来源	完成或提交时间	责任人或部门	审核、审批、签字
施工记录文件C5类	1	隐蔽工程验收记录	基础土方工程隐蔽验收记录	按隐蔽工程检验部位设细目录	施工单位	检查合格1d内、检验批验收前	项目工程部、质量部	质量员、专业工长/监理工程师
			基础CFG桩隐蔽工程验收记录	按隐蔽工程检验部位设细目录				
			基础地下防水隐蔽工程验收记录	按隐蔽工程检验部位设细目录				
			基础钢筋隐蔽工程验收记录					
			基础土方回填隐蔽工程验收记录	按隐蔽工程检验部位设细目录				
	2	施工检查记录	基础土方开挖工程施工检查记录	一层土方开挖工程施工检查记录	施工单位	检查合格1d内、检验批验收前	项目工程部、质量部	质量员、专业工长/监理工程师
				二层土方开挖工程施工检查记录				
			基坑锚杆支护工程施工检查记录	一层基坑锚杆支护工程施工检查记录	施工单位			
				二层基坑锚杆支护工程施工检查记录				
			基坑降水排水工程施工检查记录		施工单位	检查合格1d内、检验批验收前	项目工程部、质量部	质量员、专业工长/监理工程师
			基础垫层及矮挡墙施工检查记录					
			基础防水层及保护层施工检查记录					
			基础钢筋工程施工检查记录					
			基础模板工程施工检查记录					
			基础混凝土工程施工检查记录					
			地下室防水层及保护层施工检查记录					
			房心及室外回填施工检查记录					

续表

工程资料类别		工程资料名称（子目录）	资料分目录	细目录	工程资料单位来源	完成或提交时间	责任人或部门	审核、审批、签字
施工记录文件C5类	3	交接检查记录	土方开挖班组—锚杆支护班组交接检查记录	土方开挖—锚杆支护交接检查记录	施工单位	交检查合格后1d内提交	移交单位	接收单位 见证单位
			锚杆支护班组—土建班组交接检查记录	锚杆支护—地基处理、基础垫层交接检查记录				
			土建班组—防水班组交接检查记录	基础垫层—基础水平防水层交接检查记录				
			防水班组—土建班组交接检查记录	基础水平防水层—防水混凝土保护层交接检查记录				
			土建班组—钢筋班组交接检查记录	防水混凝土保护层—筏板、地梁、独立基础钢筋连接安装交接检查记录				
			钢筋班组—木工班组交接检查记录	基础钢筋—基础模板交接检查记录				
			钢筋工、木工班组—土建班组交接检查记录	基础模板—基础混凝土交接检查记录	施工单位	交接检查合格后1d内提交	移交单位	接收单位 见证单位
			钢筋班组—木工班组交接检查记录	地下室挡土墙、柱钢筋—模板交接检查记录				
			木工班组—钢筋班组交接检查记录	地下室梁、板、楼梯模板—钢筋交接检查记录				
			钢筋、木工班组—土建班组交接检查记录	地下室梁、板、楼梯模板、钢筋—地下室混凝土交接检查记录				
			土建班组—防水班组交接检查记录	地下室混凝土—地下室立面防水层交接检查记录				
			钢筋班组—土建瓦工班组交接检查记录	地下室构造柱、拉结筋—砌体、配筋砌体交接检查记录				
	4	工程定位测量记录			施工单位	定位测量完成后2d内提交	项目测量员或委托测量单位	技术、质量、测量相关人员/专业工程师
	5	基槽验线记录			施工单位	验线完成后2d内提交	项目测量员	

续表

工程资料类别		工程资料名称（子目录）	资料分目录	细目录	工程资料单位来源	完成或提交时间	责任人或部门	审核、审批、签字
施工记录文件C5类	6	楼层平面放线记录	基础平面放线记录		施工单位	楼层抄测完成后1d内提交	项目测量员	技术、质量、测量相关人员/专业工程师
	7	楼层标高抄测记录	基础标高抄测记录					
	8	建筑物垂直度、标高观测记录	基础垂直度、标高观测记录					
	12	地基验槽记录	①～⑧轴、Ⓐ～Ⓕ轴地基验槽记录		施工单位	地基验槽完成后1d内提交	专业质量员	施工、设计、勘察、监理、建设单位项目负责人、总监
			⑨～⑪轴、Ⓒ～Ⓕ轴地基验槽记录					
	13	地基钎探记录	①～⑧轴、Ⓐ～Ⓕ轴地基钎探记录		施工单位勘察单位	地基钎探完成后1d内提交	记录人	专业工长/技术负责人/勘察单位项目负责人
			⑨～⑪轴、Ⓒ～Ⓕ轴地基钎探记录					
	14	混凝土浇灌申请书	垫层C15浇灌申请书		施工单位	每批次混凝土浇筑前提交	项目部	工长、专业技术负责人
			防水层防水底板C30P6浇灌申请书					
			独立基础墙下条基C30P6浇灌申请书					
	15	预拌混凝土运输单	垫层C15混凝土运输单		混凝土供应商	随混凝土运输车提交	供应单位提供	供应单位/现场工长
			防水层防水底板C30P6混凝土运输单					
			独立基础墙下条基C30P6混凝土运输单					
	16	混凝土开盘鉴定	C30P6混凝土开盘鉴定		施工单位	每次鉴定通过的当日完成，混凝土原材料及配合比设计检验批验收前1d提交	混凝土试配单位负责人	施工技术负责人/监理工程师
			C15混凝土开盘鉴定					
			C30混凝土开盘鉴定					

续表

工程资料类别		工程资料名称（子目录）	资料分目录	细目录	工程资料单位来源	完成或提交时间	责任人或部门	审核、审批、签字
施工记录文件C5类	17	混凝土拆模申请单	①～⑧轴、Ⓐ～Ⓕ轴基础、条基拆模申请单		施工单位	每次拆模前完成，模板拆除检验批验收前提交	专业工长	专业工长/质量员/技术负责人
			⑨～⑪轴、Ⓒ～Ⓕ轴基础、条基拆模申请单					
	23	地下工程防水效果检查记录	①～⑧轴、Ⓐ～Ⓕ轴防水底板防水效果检查记录		施工单位	检查通过当日内完成，地下防水工程验收前提交	专业工长/专业技术负责人/专业质检员	专业工程师
			⑨～⑪轴、Ⓒ～Ⓕ轴防水底板效果检查记录					
施工试验记录及检测文件C6类	C6.2	建筑与结构工程						
	1	锚杆试验报告	一层（－3.0～－0.6m）锚杆试验报告		检测单位	支护、桩（地）基工程验收前10d提交	有资质检测单位提供，专业分包单位负责汇总	专业试验员/专业试验单位
			二层（－5.2～－3.0m）锚杆试验报告					
	2	地基承载力检验报告	①～⑧轴、Ⓒ～Ⓕ轴地基承载力检验报告					
			⑨～⑪轴、Ⓒ～Ⓕ轴地基承载力检验报告					
	3	桩基检测报告	①～⑧轴、Ⓒ～Ⓕ桩基检测报告					
			⑨～⑪轴、Ⓒ～Ⓕ桩基检测报告					
	4	土工击实试验报告	基础房心回填土工击实试验报告		检（试）验单位	回填施工前完成，击实试验3～7d	有资质的试验单位提供，专业分包单位负责汇总	专业试验员/专业试验单位
	5	回填土试验报告（应附图）	基础房心回填土试验报告		检（试）验单位	随回填土施工进度完成干密度试验3d左右		专业试验员/专业试验单位
	6	钢筋机械连接试验报告	基础梁钢筋机械连接实验报告			钢筋隐蔽验收前完成力学试验1～3d		
	7	钢筋焊接连接试验报告	基础梁钢筋焊接连接实验报告					

续表

工程资料类别		工程资料名称（子目录）	资料分目录	细目录	工程资料单位来源	完成或提交时间	责任人或部门	审核、审批、签字
施工试验记录及检测文件C6类	11	混凝土配合比申请单、通知单	C15 混凝土配合比申请单、通知单		施工单位	混凝土浇筑前开始提交	有资质试验单位提供试验员收集	专业试验员/专业试验单位
			C30P6 混凝土配合比申请单、通知单					
	12	混凝土抗压强度等级试验报告	C15 混凝土抗压强度等级试验报告	基础垫层	检测单位	标养 30d 内提交，同条件养护视龄期而定	有资质试验单位提供试验员收集	专业试验员/专业试验单位
			C30P6 混凝土抗压强度等级试验报告	独立柱基、墙下条基、防水底板				
			C40 混凝土抗压强度等级试验报告					
	13	混凝土试块强度等级统计、评定记录	C15 混凝土抗压强度等级统计、评定记录		施工单位	同一验收批强度报告齐全后评定，分项质量验收前 1d 提交	现场试验员统计	质量员/项目技术负责人
			C30P6 混凝土抗压强度等级统计评定记录					
			C40 混凝土抗压强度等级统计、评定记录					
	14	混凝土抗渗试验报告	C30P6 混凝土抗压强度等级试验报告	独立柱基、墙下条基、防水底板	检测单位	混凝土分项工程质量验收前提交抗渗试验 30～90d	有资质试验单位提供试验员收集	专业试验员/专业试验单位
	16	混凝土碱总量计算书	C15 混凝土碱总量计算书		施工单位	配合比基本相同混凝土第一次使用时提供	有资质试验单位提供试验员收集	专业试验员/专业试验单位
			C30P6 混凝土碱总量计算书					
			C40 混凝土碱总量计算书					
	34	结构实体混凝土强度等级检验记录	C30P6 结构实体防水混凝土强度检验记录		施工单位	地基分部工程验收前提交	项目质量部	专业试验员/专业试验单位
	35	结构实体钢筋保护层厚度检验记录	结构实体钢筋保护层厚度检验记录（基础钢筋）					
	39	其他建筑与结构施工试验记录与检测文件						

续表

工程资料类别		工程资料名称（子目录）	资料分目录	细目录	工程资料单位来源	完成或提交时间	责任人或部门	审核、审批、签字
施工质量验收文件C7类	1	检验批质量验收记录	土方开挖（分项）	土方开挖检验批工程质量验收记录（−3.0～−0.6m）	施工单位	随施工同步完成按周、月提交	项目质量部	专业质量员/专业工长/专业监理工程师
				土方开挖检验批工程质量验收记录（−5.2～−3.0m）				
			土方回填（分项）	室内土方回填检验批质验收记录（−4.8～−4.5m）	施工单位	随施工同步完成按周、月提交	项目质量部	专业质量员/专业工长/专业监理工程师
				室内土方回填检验批质验收记录（−4.5～−4.2m）				
				室外土方回填检验批质验收记录（−5.2～−4.9m）				
				室外土方回填检验批质验收记录（−4.9～−4.6m）				
				室外土方回填检验批质验收记录（−4.6～−4.3m）				
				室外土方回填检验批质验收记录（−4.3～−4.0m）				
			降水与排水（分项）	降水与排水检验批质量验收记录（1份）	施工单位	随施工同步完成按周、月提交	项目质量部	专业质量员/专业工长/专业监理工程师
			锚杆（分项）	锚杆支护检验批质量验收记录（−3.0～−0.6m）	施工单位	随施工同步完成按周、月提交	项目质量部	专业质量员/专业工长/专业监理工程师
				锚杆支护检验批质量验收记录（−5.2～−3.0m）				
			土和灰土挤密桩（CFG桩）	土和灰土挤密桩复合地基检验批质量验收记录1份	施工单位	随施工同步完成按周、月提交	项目质量部	专业质量员/专业工长/专业监理工程师
			结构防水	防水混凝土工程检验批质量验收记录（防水板、条基、独立基础）	施工单位	随施工同步完成按周、月提交	项目质量部	专业质量员/专业工长/专业监理工程师
			卷材防水层	卷材防水层检验批质量验收记录（基础水平防水层）	施工单位	随施工同步完成按周、月提交	项目质量部	专业质量员/专业工长/专业监理工程师

续表

工程资料类别		工程资料名称（子目录）	资料分目录		细目录	工程资料单位来源	完成或提交时间	责任人或部门	审核、审批、签字
施工质量验收文件C7类	1	检验批质量验收记录	细部构造防水	变形缝	变形缝检验批质量验收记录	施工单位	随施工同步完成按周、月提交	项目质量部	专业质量员/专业工长/专业监理工程师
				施工缝	施工缝检验批质量验收记录				
				穿墙管	穿墙管检验批质量验收记录				
				坑、池	坑、池检验批质量验收记录				
			模板		基础模板安装、拆除检验批质量验收记录（2个）	施工单位	随施工同步完成按周、月提交	项目质量部	专业质量员/专业工长/专业监理工程师
			钢筋		基础钢筋原材料记录（按批次）	施工单位	随施工同步完成按周、月提交	项目质量部	专业质量员/专业工长/专业监理工程师
					防水板、独立基础、地梁钢筋加工检验批质量验收记录（1个）				
					防水板、独立基础、地梁钢筋连接、安装工程检验批质量验收记录（1个）				
			混凝土		防水板、独立基础、墙下条基防水混凝土检验批质量验收记录（C30P6）	施工单位	随施工同步完成按周、月提交	项目质量部	专业质量员/专业工长/专业监理工程师
					垫层混凝土原材及配合比检验批质量验收记录（C15）				
					混凝土施工检验批质量验收记录（C40、C30、C15）（3个）				
			现浇结构		基础现浇结构外观质量检验批质量验收记录（1个）	施工单位	随施工同步完成按周、月提交	项目质量部	专业质量员/专业工长/专业监理工程师
					基础现浇结构尺寸偏差检验批质量验收记录（1个）				
			砖砌体		防水保护层砖砌体（1个）	施工单位	随施工同步完成按周、月提交	项目质量部	专业质量员/专业工长/专业监理工程师

续表

工程资料类别		工程资料名称（子目录）	资料分目录	细目录	工程资料单位来源	完成或提交时间	责任人或部门	审核、审批、签字
施工质量验收文件C7类	2	分项工程质量验收记录	土方	土方开挖分项工程质量验收记录	施工单位	分项工程验收前3d提交（混凝土除外）	项目质量部	项目技术负责人/专业监理工程师
				土方回填分项工程质量验收记录				
			地下水控制	降水、排水分项工程质量验收记录	施工单位	分项工程验收前3d提交（混凝土除外）	项目质量部	项目技术负责人/专业监理工程师
			基坑支护	锚杆分项工程质量验收记录	施工单位	分项工程验收前3d提交（混凝土除外）	项目质量部	项目技术负责人/专业监理工程师
			地基	（CFG桩）土和灰土挤密桩地基分项工程质量验收记录	施工单位	分项工程验收前3d提交（混凝土除外）	项目质量部	项目技术负责人/专业监理工程师
			地下防水	防水混凝土分项工程质量验收记录	施工单位	分项工程验收前3d提交（混凝土除外）	项目质量部	项目技术负责人/专业监理工程师
				卷材防水层分项工程质量验收记录				
				细部构造分项工程质量验收记录				
			混凝土基础	模板分项工程质量验收记录	施工单位	分项工程验收前3d提交（混凝土除外）	项目质量部	项目技术负责人/专业监理工程师
				钢筋分项工程质量验收记录				
				混凝土分项工程质量验收记录				
				现浇结构分项工程质量验收记录				
	3	分部（子分部）工程质量验收记录	地基与基础分部（子分部）工程质量验收记录		施工单位	分部工程验收前3d提交（混凝土除外）	项目质量部	施工项目经理、设计勘察项目负责人/总监

（三）施工资料目录汇总表例

（仅以地基与基础分部为例）

（1）地基与基础分部工程资料总目录，见表16-7。

地基与基础分部工程资料总目录 **表16-7**

地基与基础分部工程资料总目录					
工程名称		××市××中学教学楼			
序号	工程资料类别	编制单位	编制日期	页次	备注
1	施工管理文件C1	××建筑工程有限公司××项目部	××年××月××日	××	
2	施工技术文件C2	××建筑工程有限公司××项目部	××年××月××日	××	
3	进度造价文件C3	××建筑工程有限公司××项目部	××年××月××日	××	
4	施工物资出厂质量证明及进场检测文件C4	××建筑工程有限公司××项目部	××年××月××日	××	
5	施工记录文件C5	××建筑工程有限公司××项目部	××年××月××日	××	
6	施工试验记录及检测文件C6	××建筑工程有限公司××项目部	××年××月××日	××	
7	施工质量验收文件C7	××建筑工程有限公司××项目部	××年××月××日	××	
8	施工验收文件C8	××建筑工程有限公司××项目部	××年××月××日	××	

（2）地基与基础分部工程资料子目录，见表16-8。

地基与基础分部工程资料子目录 **表16-8**

工程名称		××市××中学教学楼				
序号	工程资料类别	工程资料名称（子目录）	编制单位	编制日期	页次	备注
1	施工管理文件C1	工程概况表	施工单位	××年××月××日	××	
		施工现场质量管理检查记录	施工单位	××年××月××日	××	
		企业资质证书及相关专业人员岗位证书	施工单位	××年××月××日	××	
		分包单位资质报审表	施工单位	××年××月××日	××	按事故发生次数列分目录
		建设工程质量事故调查、勘查记录	调查单位	××年××月××日	××	按事故发生次数列分目录
		建设工程质量事故报告书	调查单位	××年××月××日	××	按事故发生次数列分目录
		施工检测计划	施工单位	××年××月××日	××	按检测项目列分目录
		见证记录	监理单位	××年××月××日	××	按检测项目列分目录
		见证试验检测汇总表	施工单位	××年××月××日	××	
		施工日志	施工单位	××年××月××日	××	按专业归类（不单列分目录和细目录）
		监理工程师通知回复单	施工单位	××年××月××日	××	按事项列分目录

续表

工程名称：	××市××中学教学楼					
序号	工程资料类别	工程资料名称（子目录）	编制单位	编制日期	页次	备注
2	施工技术文件C2	工程技术文件报审表	施工单位	××年××月××日	××	按施工组织设计、施工方案、重点部位、关键工序施工工艺、“四新”内容列分目录
		施工组织设计及施工方案	施工单位	××年××月××日	××	按专项方案设分目录
		危险性较大分部分项工程施工方案专家论证表	施工单位	××年××月××日	××	按分项设细目录
		技术交底记录	施工单位	××年××月××日	××	按分项工程设分目录
		图纸会审记录	施工单位	××年××月××日	××	按专业归类（不单列分目录和细目录）
		设计变更通知单	设计单位	××年××月××日	××	
		工程洽商记录（技术核定单）	施工单位	××年××月××日	××	按事项列分目录
3	进度造价文件C3	工程开工报审表	施工单位	××年××月××日	××	
		工程复工报审表	施工单位	××年××月××日	××	按工程暂停令设分目录
		施工进度计划报审表	施工单位	××年××月××日	××	按约定设分目录
		施工进度计划	施工单位	××年××月××日	××	按约定设分目录
		人、机、料动态表	施工单位	××年××月××日	××	按月列分目录
		工程延期申请表	施工单位	××年××月××日	××	按延期事项设分目录
		工程款支付申请表	施工单位	××年××月××日	××	按合同约定设分目录
		工程变更费用报审表	施工单位	××年××月××日	××	按事项设分目录
		费用索赔申请表	施工单位	××年××月××日	××	按事项设分目录
4	施工物资出厂质量证明及进场检测文件C4	出厂质量证明文件及检测报告				
		砂、石、砖、水泥、钢筋、隔热保温、防腐材料、轻集料出厂质量证明文件	施工单位	××年××月××日	××	按类别设分目录；分批次按品种、规格列细目录
		其他物资出厂合格证、质量保证书、检测报告和报关单或商检证等	施工单位	××年××月××日	××	
		材料、设备的相关检验报告、型式检测报告、3C强制认证合格证书或3C标志	检测单位	××年××月××日	××	
		进口的主要材料设备的商检证明文件	检测单位	××年××月××日	××	
		进场检验通用表格				
		材料、构配件进场检验记录	检测单位	××年××月××日	××	按类别设分目录；分批次按品种、规格列细目录
		进场复试报告				
		钢材试验报告	检测单位	××年××月××日	××	按品种设分目录；分批次按规格列细目录
		水泥试验报告	检测单位	××年××月××日	××	

续表

工程名称：		××市××中学教学楼				
序号	工程资料类别	工程资料名称（子目录）	编制单位	编制日期	页次	备注
4	施工物资出厂质量证明及进场检测文件 C4	砂试验报告	检测单位	××年××月××日	××	按品种设分目录；分批次列细目录
		碎（卵）石试验报告	检测单位	××年××月××日	××	按品种设分目录；分批次按规格列细目录
		外加剂试验报告	检测单位	××年××月××日	××	按品种设分目录；分批次列细目录
		防水涂料试验报告	检测单位	××年××月××日	××	
		防水卷材试验报告	检测单位	××年××月××日	××	
		砖（砌块）试验报告	检测单位	××年××月××日	××	按品种设分目录；分批次按强度等级、规格列细目录
5	施工记录文件 C5	通用表格				
		隐蔽工程验收记录	施工单位	××年××月××日	××	按项目列分目录；按部位列细目录
		施工检查记录	施工单位	××年××月××日	××	
		交接检查记录	施工单位	××年××月××日	××	按项目列分目录；按部位列细目录
		工程定位测量记录	施工单位	××年××月××日	××	
		专用表格				
		基槽验线记录	施工单位	××年××月××日	××	
		楼层平面放线记录	施工单位	××年××月××日	××	按楼层列分目录
		楼层标高抄测记录	施工单位	××年××月××日	××	
		基坑支护水平位移监测记录	施工单位	××年××月××日	××	
		地基验槽记录	施工单位	××年××月××日	××	按施工段列分目录
		地基钎探记录	施工单位	××年××月××日	××	按检验批列分目录
		混凝土浇灌申请书	施工单位	××年××月××日	××	按混凝土强度等级列分目录；按检验批设细目录
		预拌混凝土运输单	施工单位	××年××月××日	××	
		混凝土开盘鉴定	施工单位	××年××月××日	××	按混凝土强度等级列分目录
		混凝土拆模申请单	施工单位	××年××月××日	××	按检验批设分目录
		混凝土预拌测温记录	施工单位	××年××月××日	××	
		焊接材料烘焙记录	施工单位	××年××月××日	××	
		地下工程防水效果检查记录	施工单位	××年××月××日	××	
		防水工程试水检查记录	施工单位	××年××月××日	××	
6	施工试验记录及检测文件 C6	专用表格				
		建筑与结构工程				

续表

工程名称：		××市××中学教学楼				
序号	工程资料类别	工程资料名称（子目录）	编制单位	编制日期	页次	备注
6	施工试验记录及检测文件C6	锚杆试验记录	检测单位	××年××月××日	××	按检验批列分目录
		地基承载力检验报告	检测单位	××年××月××日	××	
		桩基检测报告	检测单位	××年××月××日	××	
		土工击实试验报告	检测单位	××年××月××日	××	
		回填土试验报告（应附图）	检测单位	××年××月××日	××	
		钢筋机械连接试验报告	检测单位	××年××月××日	××	
		钢筋焊接试验报告	检测单位	××年××月××日	××	
		砂浆配合比申请单、通知单	检测单位	××年××月××日	××	按强度列分目录
		砂浆抗压强度试验报告	检测单位	××年××月××日	××	按强度列分目录；按检验批列分目录
		砌筑砂浆试块强度统计、评定记录	施工单位	××年××月××日	××	按强度列分目录
		混凝土配合比申请单、通知单	检测单位	××年××月××日	××	按强度列分目录
		混凝土抗压强度试验报告	检测单位	××年××月××日	××	按强度列分目录；按检验批列细目录
		混凝土试块强度统计、评定记录	施工单位	××年××月××日	××	按强度列分目录
		混凝土抗渗试验报告	检测单位	××年××月××日	××	按强度列分目录；按检验批列细目录
		砂、石、水泥放射性指标报告	检测单位	××年××月××日	××	按类别列分目录；按检验批列细目录
		混凝土碱总量计算书	施工单位	××年××月××日		
		超声波探伤报告、探伤记录	检测单位	××年××月××日	××	按检验批列分目录
		磁粉探伤报告	检测单位	××年××月××日	××	
		结构实体混凝土强度检验记录	施工单位	××年××月××日	××	按检验批列细目录
		结构实体钢筋保护层厚度检验记录	施工单位	××年××月××日	××	按检验批列细目录
7	施工质量验收文件C7	检验批质量验收记录	施工单位	××年××月××日	××	按分项列分目录；按检验批列细目录
		分项工程质量验收记录	施工单位	××年××月××日	××	按子分部列分目录；按分项列细目录
		分部（子分部）工程质量验收记录	施工单位	××年××月××日	××	
8	施工验收文件C8					

(3) 地基与基础分部工程施工技术交底分目录资料表，见表16-9。

地基与基础分部工程施工技术交底分目录资料表　　**表16-9**

施工技术交底　(分目录)						
工程名称		××市××中学教学楼				
序号	工程资料名称	编制单位	编制日期	份数	填写或编制	审核、审批、签字
1	土方开挖工程技术交底	××建筑工程有限公司××项目部	××年××月××日	××	施工员或项目技术负责人	机械工、普工
2	锚杆支护工程技术交底	××建筑工程有限公司××项目部	××年××月××日	××	施工员或项目技术负责人	木工、普工
3	降排水工程技术交底	××建筑工程有限公司××项目部	××年××月××日	××	施工员或项目技术负责人	混凝土浇筑工、瓦工
4	回填工程技术交底	××建筑工程有限公司××项目部	××年××月××日	××	施工员或项目技术负责人	普工
5	基础模板工程技术交底	××建筑工程有限公司××项目部	××年××月××日	××	施工员或项目技术负责人	木工
6	基础钢筋工程技术交底	××建筑工程有限公司××项目部	××年××月××日	××	施工员或项目技术负责	钢筋工
7	基础混凝土工程技术交底	××建筑工程有限公司××项目部	××年××月××日	××	施工员或项目技术负责	混凝土工、普工
8	地基处理工程技术交底	××建筑工程有限公司××项目部	××年××月××日	××	施工员或项目技术负责人	普工
9	地下防水工程技术交底	××建筑工程有限公司××项目部	××年××月××日	××	施工员或项目技术负责人	防水工

(4) 地基与基础分部工程隐蔽工程验收记录分目录资料表，见表16-10。

地基与基础分部工程隐蔽工程验收记录分目录资料表　　**表16-10**

隐蔽工程验收记录　(分目录)						
工程名称		××市××中学教学楼				
序号	工程资料名称	编制单位	编制日期	页次	填写或编制	审核、审批、签字
1	基础CFG桩隐蔽工程验收记录	××建筑工程有限公司××项目部	××年××月××日	××	专业工长、质量员、专业技术负责人	专业监理工程师
2	地下防水隐蔽工程验收记录	××建筑工程有限公司××项目部	××年××月××日	××	专业工长、质量员、专业技术负责人	专业监理工程师
3	基础钢筋隐蔽工程验收记录	××建筑工程有限公司××项目部	××年××月××日	××	专业工长、质量员、专业技术负责人	专业监理工程师
4	土方回填隐蔽工程验收记录	××建筑工程有限公司××项目部	××年××月××日	××	专业工长、质量员、专业技术负责人	专业监理工程师

（5）地基与基础分部工程见证记录分目录资料表，见表16-11。

地基与基础分部工程见证记录分目录资料表 **表16-11**

见证记录　（分目录）						
工程名称		××市××中学教学楼				
序号	工程资料名称	编制单位	编制日期	页次	填写或编制	审核、审批、签字
1	钢筋原材见证记录（按检验批次）	××监理公司××项目部	××年××月××日	××	监理见证人	取样人
2	不同种类水泥见证记录（32.5、42.5）	××监理公司××项目部	××年××月××日	××	监理见证人	取样人
3	水洗砂、普通用砂见证记录	××监理公司××项目部	××年××月××日	××	监理见证人	取样人
4	5-20、20-40石子见证记录（卵石）	××监理公司××项目部	××年××月××日	××	监理见证人	取样人
5	地下防水卷材见证记录	××监理公司××项目部	××年××月××日	××	监理见证人	取样人
6	基础钢筋焊接见证记录（闪光对焊）	××监理公司××项目部	××年××月××日	××	监理见证人	取样人
7	地下室柱钢筋焊接见证记录（电渣压力焊）	××监理公司××项目部	××年××月××日	××	监理见证人	取样人
8	外加剂见证记录	××监理公司××项目部	××年××月××日	××	监理见证人	取样人
9	混凝土试块见证记录（C30P6、C15、C40、C30不同标号）	××监理公司××项目部	××年××月××日	××	监理见证人	取样人
10	砂浆、混凝土配合比见证记录	××监理公司××项目部	××年××月××日	××	监理见证人	取样人

（6）地基与基础分部工程施工检查记录细目录资料表，见表16-12。

地基与基础分部工程施工检查记录细目录资料表 **表16-12**

施工检查记录　（细目录）							
工程名称		××市××中学教学楼					
序号	工程资料名称	施工部位	编制单位	编制日期	页次	填写或编制	审核、审批、签字
1	土方开挖工程施工检查记录	基坑	××建筑工程有限公司××项目部	××年××月××日	××	专业质检员	专业技术负责人、专业工长
2	基坑锚杆支护工程施工检查记录	基础	××建筑工程有限公司××项目部	××年××月××日	××	专业质检员	专业技术负责人、专业工长

续表

施工检查记录　（细目录）							
工程名称		××市××中学教学楼					
序号	工程资料名称	施工部位	编制单位	编制日期	页次	填写或编制	审核、审批、签字
3	基坑降水排水工程施工检查记录	基础	××建筑工程有限公司××项目部	××年××月××日	××	专业质检员	专业技术负责人、专业工长
4	基础垫层及矮挡墙施工检查记录	基础	××建筑工程有限公司××项目部	××年××月××日	××	专业质检员	专业技术负责人、专业工长
5	基础防水层及保护层施工检查记录	基坑	××建筑工程有限公司××项目部	××年××月××日	××	专业质检员	专业技术负责人、专业工长
6	基础钢筋工程施工检查记录	基础	××建筑工程有限公司××项目部	××年××月××日	××	专业质检员	专业技术负责人、专业工长
7	基础模板工程施工检查记录	基础	××建筑工程有限公司××项目部	××年××月××日	××	专业质检员	专业技术负责人、专业工长
8	基础混凝土工程施工检查记录	基础	××建筑工程有限公司××项目部	××年××月××日	××	专业质检员	专业技术负责人、专业工长
9	地下室防水层及保护层施工检查记录	地下室竖向结构	××建筑工程有限公司××项目部	××年××月××日	××	专业质检员	专业技术负责人、专业工长
10	房心及室外回填施工检查记录	房心及室外	××建筑工程有限公司××项目部	××年××月××日	××	专业质检员	专业技术负责人、专业工长

（7）地基与基础分部工程交接检查记录细目录资料表，见表16-13。

地基与基础分部工程交接检查记录细目录资料表　　表16-13

交接检查记录　（细目录）							
工程名称		××市××中学教学楼					
序号	工程资料名称	施工部位	编制单位	编制日期	页次	填写或编制	审核、审批、签字
1	（土方开挖班组—锚杆支护班组）交接检查记录	土方开挖—锚杆支护	××建筑工程有限公司××项目部	××年××月××日	××	移交单位（土方开挖班组长）	接收单位（锚杆支护班组长）/见证单位（专业工长、质量员）
2	（锚杆支护班组—土建班组）交接检查记录	锚杆支护—地基处理、基础垫层及挡墙	××建筑工程有限公司××项目部	××年××月××日	××	移交单位（锚杆支护班组长）	接收单位（土建班组长）/见证单位（专业工长、质量员）
3	（土建班组—防水班组）交接检查记录	基础垫层—基础水平防水层	××建筑工程有限公司××项目部	××年××月××日	××	移交单位（土建班组长）	接收单位（防水班组长）/见证单位（专业工长、质量员）
4	（防水班组—土建班组）交接检查记录	基础水平防水层—防水混凝土保护层	××建筑工程有限公司××项目部	××年××月××日	××	移交单位（防水班组长）	接收单位（土建班组长）/见证单位（专业工长、质量员）

续表

交接检查记录（细目录）							
工程名称		××市××中学教学楼					
序号	工程资料名称	施工部位	编制单位	编制日期	页次	填写或编制	审核、审批、签字
5	（土建班组—钢筋班组）交接检查记录	防水混凝土保护层—筏形、地梁、独立基础钢连接安装	××建筑工程有限公司××项目部	××年××月××日	××	移交单位（土建班组长）	接收单位（钢筋工班组长）/见证单位（专业工长、质量员）
6	（钢筋班组—木工班组）交接检查记录	基础钢筋—基础模板	××建筑工程有限公司××项目部	××年××月××日	××	移交单位（钢筋班组长）	接收单位（木工工班组长）/见证单位（专业工长、质量员）
7	（钢筋工、木工班组—土建班组）交接检查记录	基础模板—基础混凝土	××建筑工程有限公司××项目部	××年××月××日	××	移交单位（钢筋、木工班组长）	接收单位（土建班组长）/见证单位（专业工长、质量员）

（8）地基与基础分部工程检验批工程质量验收记录细目录资料表，见表16-14。

地基与基础分部工程检验批工程质量验收记录细目录资料表　　表16-14

分项、检验批工程质量验收记录（细目录）							
工程名称			××市××中学教学楼				
序号	工程资料名称		编制单位	编制日期	页次	填写或编制	审核、审批、签字
1	土方开挖（分项）	土方开挖检验批质量验收记录（2份）	××建筑工程有限公司××项目部	××年××月××日	××	专业质检员	专业技术负责人、专业监理
2	土方回填（分项）	土方回填检验批质量验收记录（20份）	××建筑工程有限公司××项目部	××年××月××日	××	专业质检员	专业技术负责人、专业监理
3	降水与排水（分项）	降水与排水检验批质量验收记录（1份）	××建筑工程有限公司××项目部	××年××月××日	××	专业质检员	专业技术负责人、专业监理
4	锚杆（分项）	锚喷支护检验批质量验收记录（2份）	××建筑工程有限公司××项目部	××年××月××日	××	专业质检员	专业技术负责人、专业监理
5	CFG桩	土和灰土挤密桩复合地基检验批质量验收记录（1份）	××建筑工程有限公司××项目部	××年××月××日	××	专业质检员	专业技术负责人、专业监理
6	防水混凝土	防水混凝土检验批质量验收记录（1份）	××建筑工程有限公司××项目部	××年××月××日	××	专业质检员	专业技术负责人、专业监理
7	卷材防水层	卷材防水层检验批质量验收记录（2份）	××建筑工程有限公司××项目部	××年××月××日	××	专业质检员	专业技术负责人、专业监理

续表

分项、检验批工程质量验收记录　（细目录）							
工程名称			××市××中学教学楼				
序号	工程资料名称		编制单位	编制日期	页次	填写或编制	审核、审批、签字
8	变形缝	变形缝检验批质量验收记录（1份）	××建筑工程有限公司××项目部	××年××月××日	××	专业质检员	专业技术负责人、专业监理
	施工缝	施工缝检验批质量验收记录	××建筑工程有限公司××项目部	××年××月××日	××	专业质检员	专业技术负责人、专业监理
	穿墙管	穿墙管检验批质量验收记录	××建筑工程有限公司××项目部	××年××月××日	××	专业质检员	专业技术负责人、专业监理
	坑、池	坑、池检验批质量验收记录	××建筑工程有限公司××项目部	××年××月××日	××	专业质检员	专业技术负责人、专业监理
9	模板	基础模板安装、拆除检验批质量验收记录（2个）	××建筑工程有限公司××项目部	××年××月××日	××	专业质检员	专业技术负责人、专业监理
10	钢筋	地下室钢筋原材料（按批次）	××建筑工程有限公司××项目部	××年××月××日	××	专业质检员	专业技术负责人、专业监理
		地下室钢筋加工（1个）	××建筑工程有限公司××项目部	××年××月××日	××	专业质检员	专业技术负责人、专业监理
		防水板、独立基础、地梁钢筋连接、安装工程检验批质量验收记录（1个）	××建筑工程有限公司××项目部	××年××月××日	××	专业质检员	专业技术负责人、专业监理
11	混凝土	（防水板、独立基础、墙下条基）混凝土原材及配合比C30检验批质量验收记录（1个）	××建筑工程有限公司××项目部	××年××月××日	××	专业质检员	专业技术负责人、专业监理
		（垫层）混凝土原材及配合比C15检验批质量验收记录（1个）	××建筑工程有限公司××项目部	××年××月××日	××	专业质检员	专业技术负责人、专业监理
		（防水）混凝土原材及配合比C30P6检验批质量验收记录（1个）	××建筑工程有限公司××项目部	××年××月××日	××	专业质检员	专业技术负责人、专业监理
		混凝土施工检验批质量验收记录（2个）	××建筑工程有限公司××项目部	××年××月××日	××	专业质检员	专业技术负责人、专业监理

续表

分项、检验批工程质量验收记录　（细目录）							
工程名称			××市××中学教学楼				
序号	工程资料名称		编制单位	编制日期	页次	填写或编制	审核、审批、签字
12	现浇结构	基础现浇结构外观质量检验批质量验收记录（1个）	××建筑工程有限公司××项目部	××年××月××日	××	专业质检员	专业技术负责人、专业监理
		基础现浇结构尺寸偏差检验批质量验收记录（1个）	××建筑工程有限公司××项目部	××年××月××日	××	专业质检员	专业技术负责人、专业监理

（9）地基与基础分部工程施工进度计划报审表细目录资料表，见表16-15。

地基与基础分部工程施工进度计划报审表细目录资料表　　表16-15

施工进度计划报审表　（细目录）						
工程名称		××市××中学教学楼				
序号	工程资料名称	编制单位	编制日期	份数	填写或编制	审核、审批、签字
1	××月××日施工进度计划报审表	××建筑工程有限公司××项目部	××年××月××日	××	项目经理	专业监理工程师
2	…					

附　　图

（一）建筑图节选

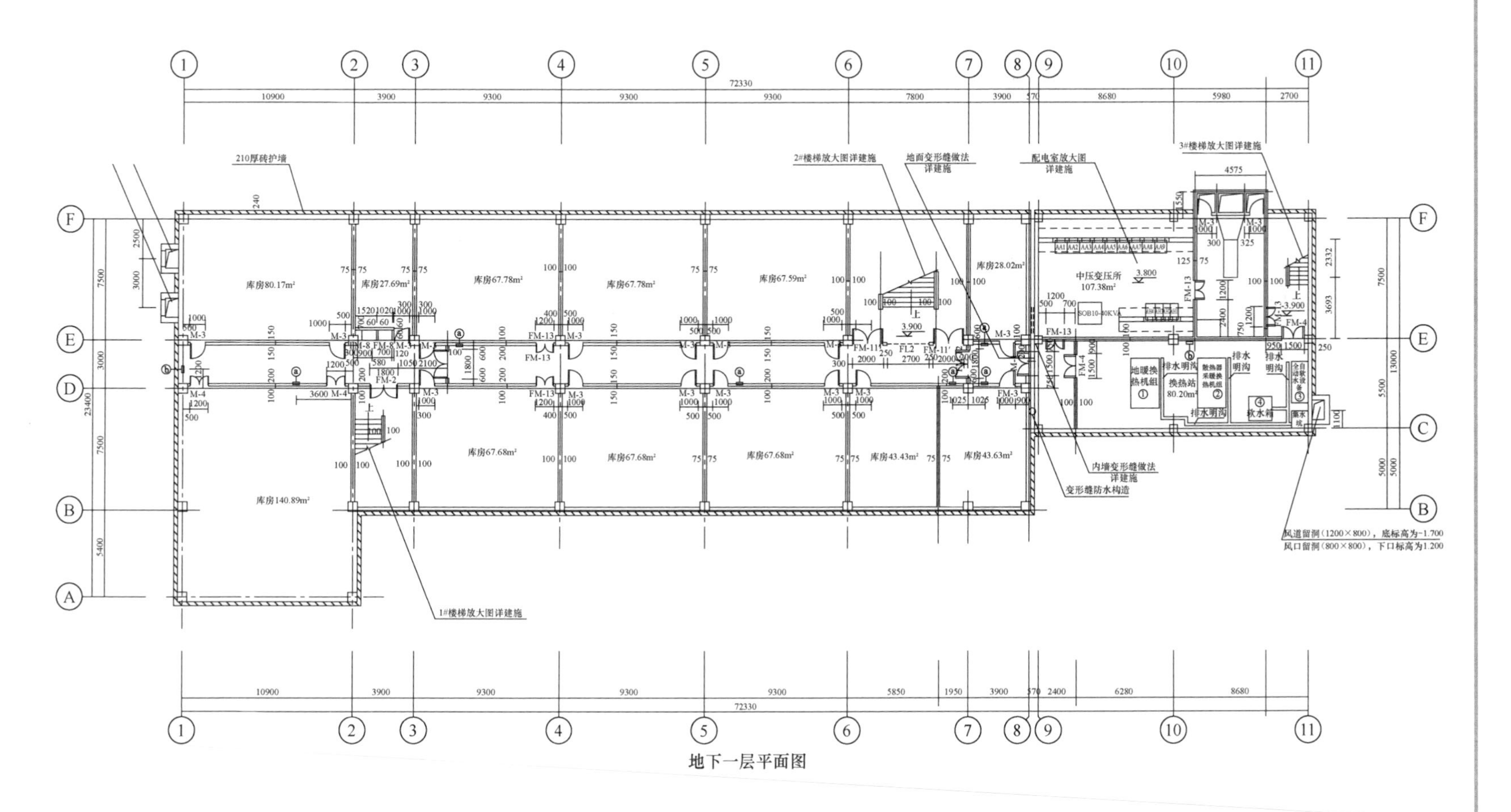

地下一层平面图

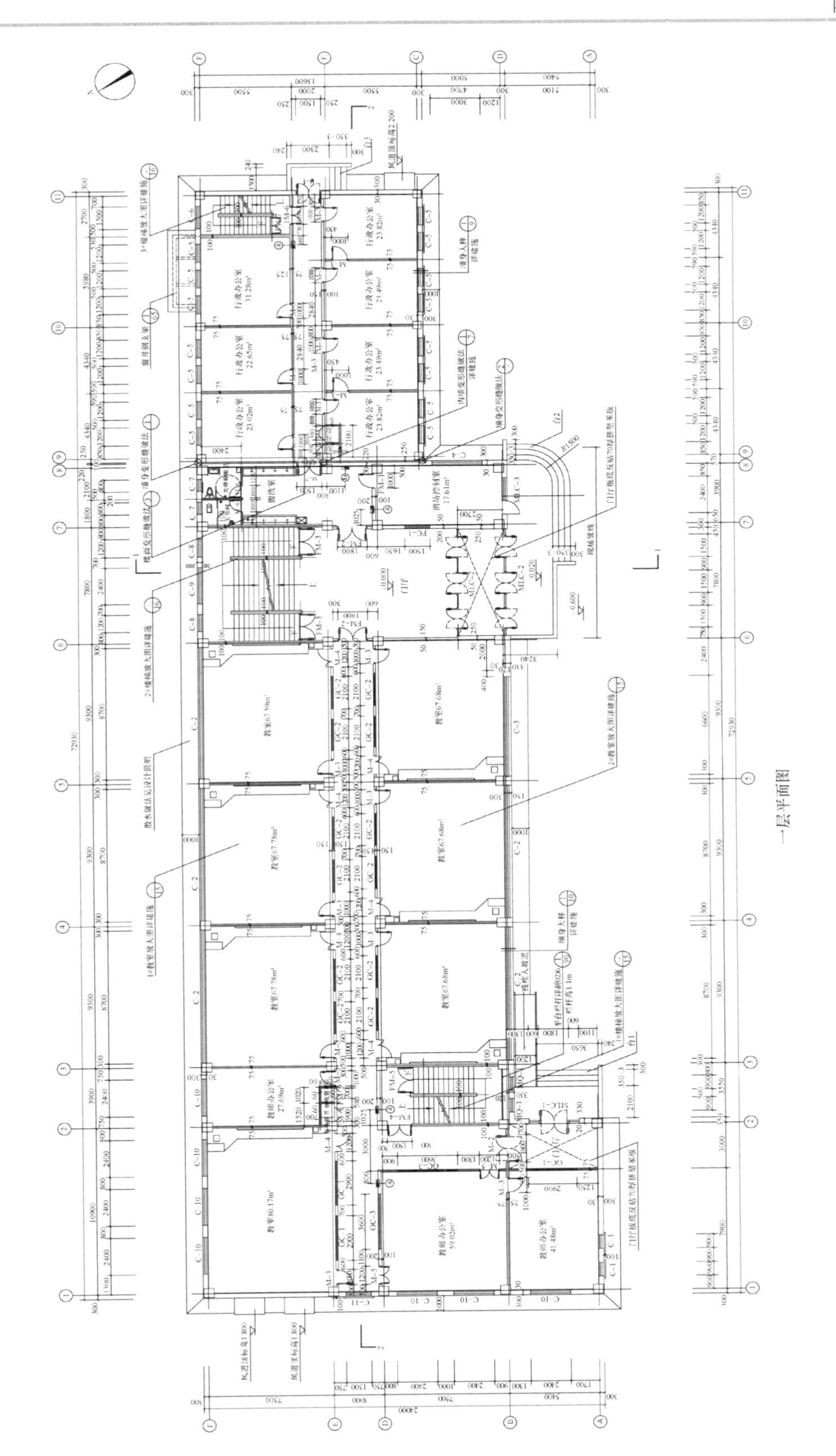

一层平面图

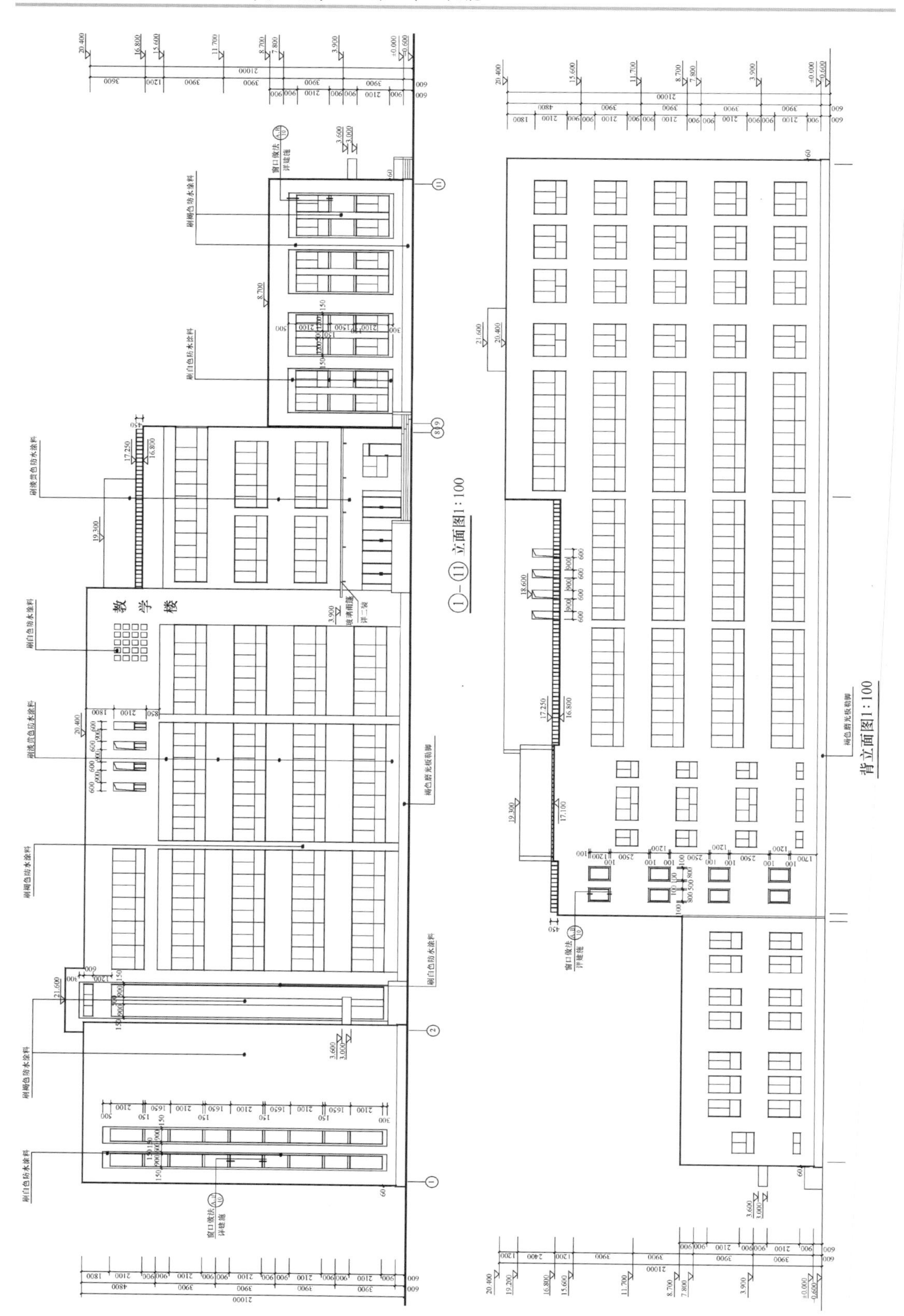

①—⑪立面图1:100

背立面图1:100

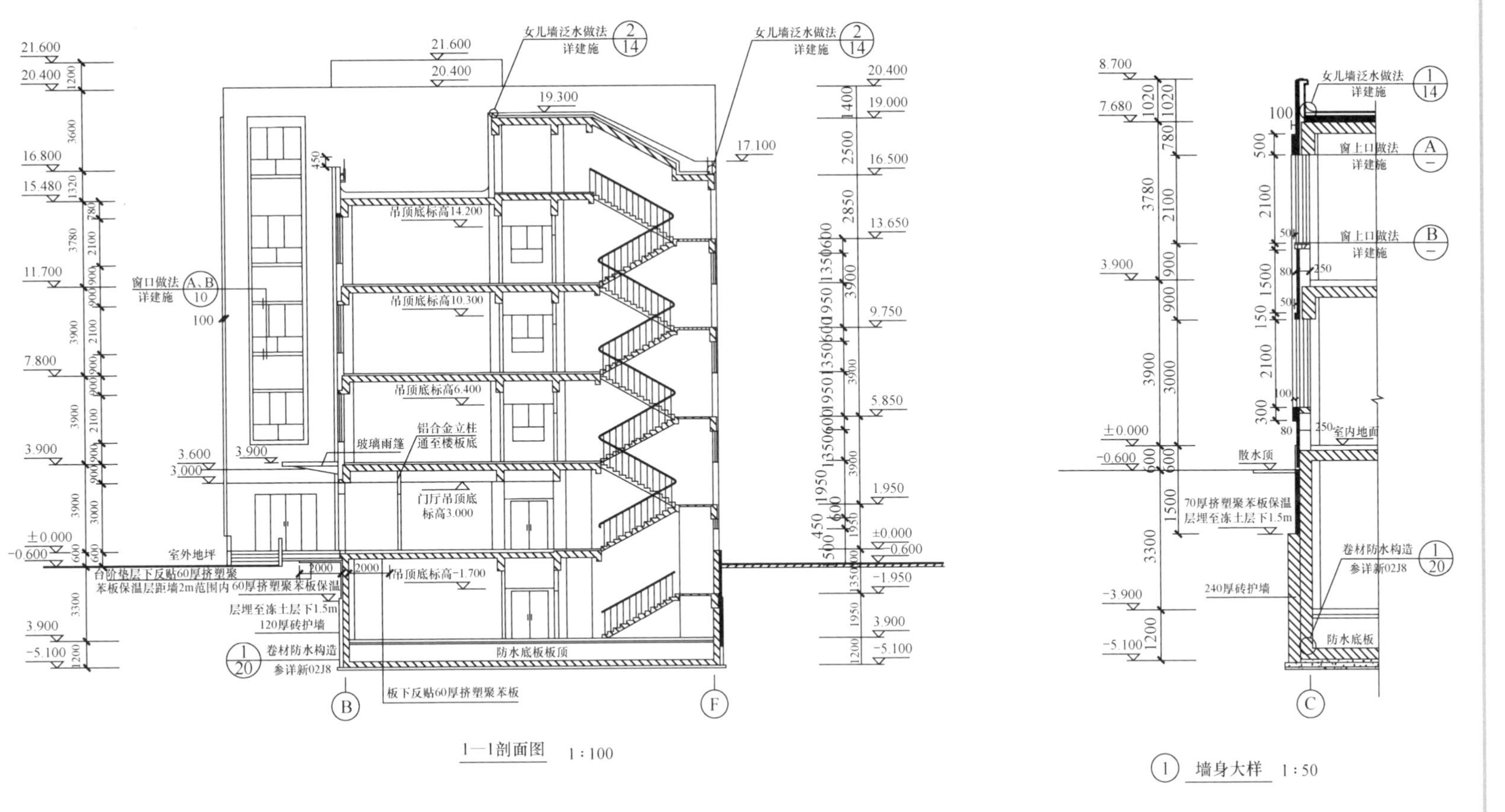

1—1剖面图 1:100

① 墙身大样 1:50

(二) 结构图节选

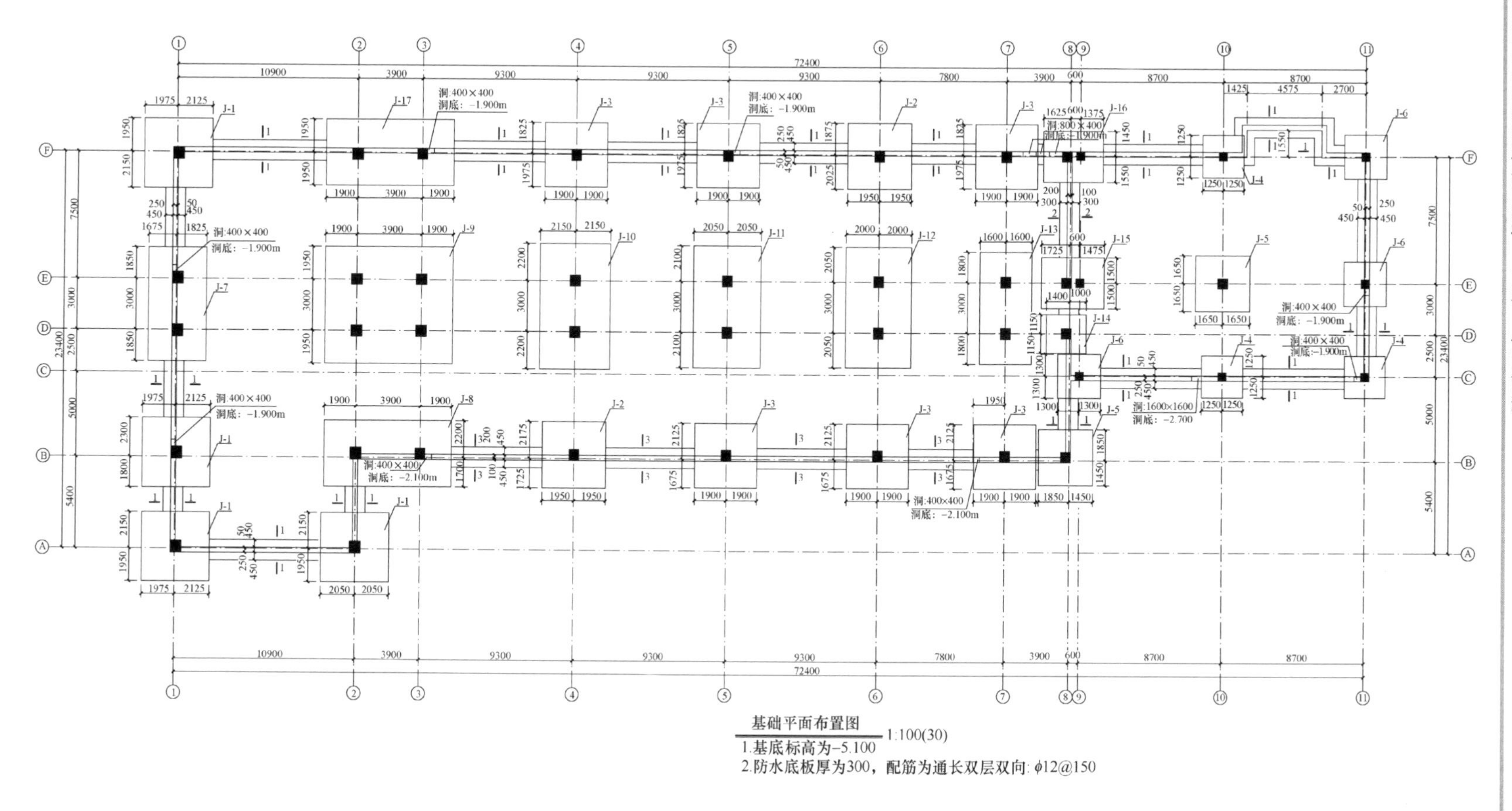

基础平面布置图 1:100(30)

1.基底标高为-5.100

2.防水底板厚为300，配筋为通长双层双向: $\phi 12@150$

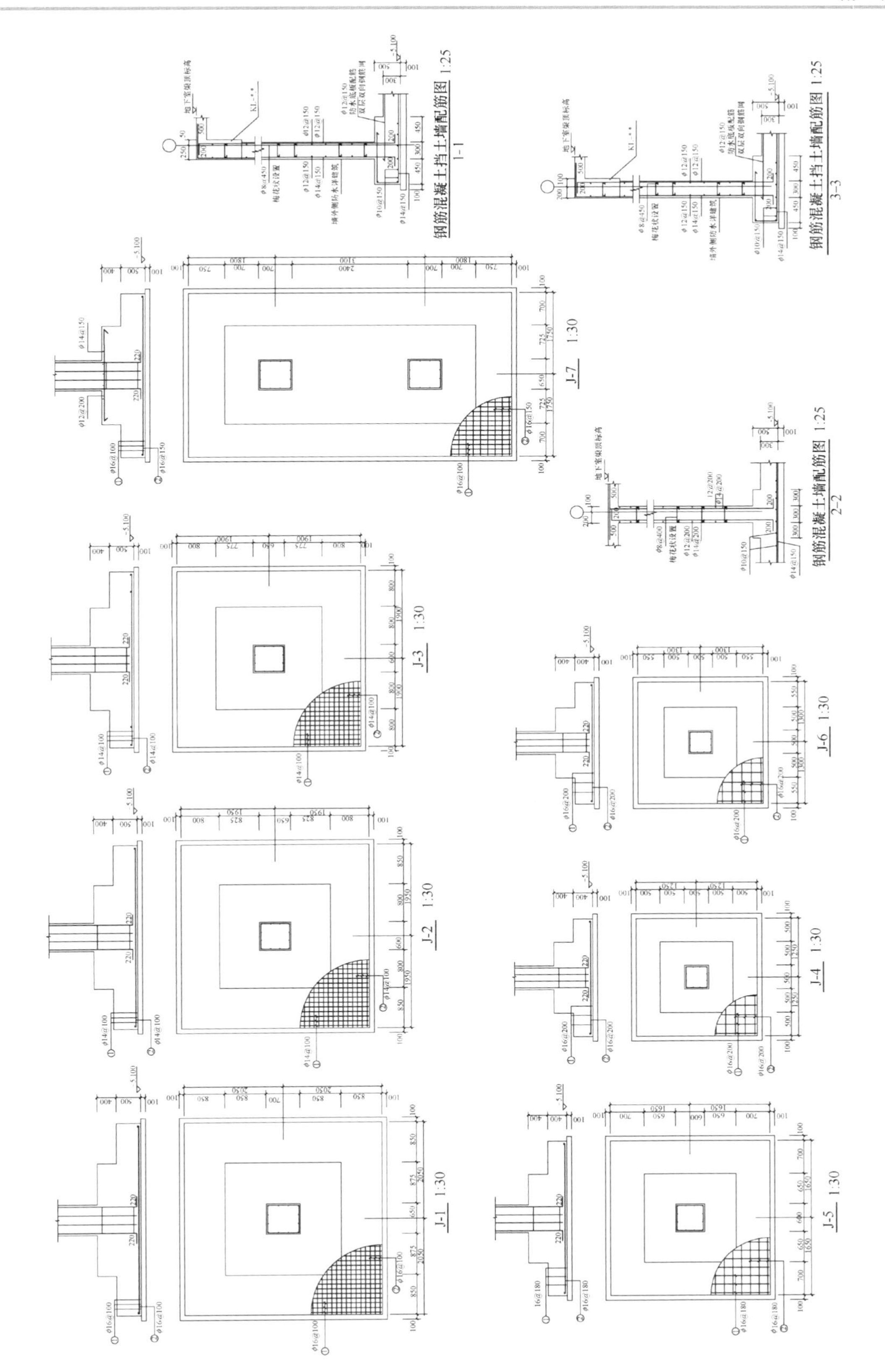
钢筋混凝土挡土墙配筋图 1:25
1-1
钢筋混凝土挡土墙配筋图 1:25
3-3
钢筋混凝土挡土墙配筋图 1:25
2-2
J-7 1:30
J-3 1:30
J-6 1:30
J-2 1:30
J-4 1:30
J-1 1:30
J-5 1:30

参 考 文 献

［1］ 王立信．建筑工程技术资料应用指南[M]．北京：中国建筑工业出版社，2003.
［2］ 张元勃．建筑工程资料组织指南[M]．北京：中国轻工业出版社，2010.
［3］ 江苏省建设教育协会．资料员专业管理实务[M]．北京：中国建筑工业出版社，2014.